가장 오래 살아남은 것들을 향한 탐험

일러두기
– ( )는 지은이가, [ ]는 옮긴이가 보충 설명한 것이다.

RELICS

가장 오래 살아남은 것들을 향한 탐험

피오트르 나스크레츠키 글·사진 | 지여울 옮김

글항아리

크리스틴에게

CONTENTS

여는 글

유 능한 사진작가이자 과학자이며 환경보호론자인 나스크레 츠키가 그 작품으로 자연의 아름다움을 찬미하는 이 책은 우리의 미학적 감성을 자극할 뿐만 아니라 그 목적의식까지 전달한다. 사진이라는 매체에 우리가 살고 있는 이 지구, 경이로운 자연의 운명을 바꾸어놓을 힘이 있는가? 우리는 이 질문에 큰 소리로 그렇다고 대답한다. 미국에서 최초의 국립공원이 탄생하게 된 배경, 아프리카 가봉에서 전에 없던 새로운 개념의 보호지구 체계가 정착하게 된 배경에는 모두 사진의 힘이 있었다. 사진은 대자연이 지닌 고유한 아름다움과 토착 문화의 경이로움을 대중에게 피력하는 데 있어 중추적인 역할을 해왔다. 또한 사진은 멸종의 기로에 선 생물종에 대해서, 그 돌이킬 수 없는 가치에 대해서도 소리 높여 외쳐왔다. 특히 과학적인 관점과 짝지어질 때 사진은 이토록 특별한 자연과 생물을 보호하기 위한 입법과정에서 큰 힘을 발휘할 수 있다.

이미지는 언제나 캠페인을 위한 효과적인 상징으로서, 행동을 촉구하는 압박의 시각적인 수단으로 이용되어왔다. 고故 피터 돔브로브스키스Peter Dombrovskis가 찍은 사진 한 장은 호주 태즈메이니아 주의 장대한 프랭클린-고든와일드 강이 영영 사라질 위험에 처해 있다는 소식을 높이 외치는 비통한 목소리였다. 이 사진은 호주 전역의 관심을 하나로 모으는 피뢰침이 되어 지구상에서 가장 아름다운 강으로 손꼽히는 프랭클린-고든와일드 강 댐 건설 계획에 반대하는 목소리를 이끌어냈다. 사진 한 장으로 이런 일이 가능했던 까닭은 이 사진에 목적의식이 스며 있었기 때문이다. 이 사진에는 북받치는 감정과 위기감과 눈물이 배어 있었다. 이 사진은 사람들이 자신의 눈으로 직접 보지 못하는 그 야생의 아름다움을 널리 알리고 이제 금방이라도 상실될 것의 비길 데 없는 가치를 일깨우려는 목적의식을 품고 있었다.

돔브로브스키스의 사진은 극소수에게만 허락되었던 자연의 아름다움을 많은 사람에게 전해주었다. 마찬가지로 이 책에 실린 피오트르 나스크레츠키의 사진 또한 극히 적은 사람만이 그 존재를 알고 있는 세계로 우리를 안내한다. 자연의 유물, 잔존생물과 잔존생태계의 세계다. 이 유물은 우리 지구가 겪은 진화의 역사를 그 자체로 보여주는 산증인이며 지구 다른 곳에서는 이미 찾아볼 수 없는 유전적 다양성과 환경 조건을 보존하고 있는 캡슐이기도 하다. 단지 이 사실 하나만으로 유물생물은 우리의 보호 목록에서 최우선 순위를 차지할 자격이 있다. 하지만 실상 이런 유물생물의 존재는 일반 대중은 물론 환경보호운동을 하는 이들에게도 제대로 알려져 있지 않다. 이 책을 통해 유물생물의 존재가 세상에 널리 알려지기를 바라는 마음이다.

사진은 우리의 인식을 바꿀 수 있는 효과적인 도구다. 사진은 원칙을 요구하고 영감을 고취시킨다. 우리 사진작가들에게는 자신이 찍는 작품에 한층 높은 목적의식을 불어넣어 단순한 이미지의 아름다움을 훌쩍 뛰어넘는 근본적인 가치를 부여할 수 있는 선택권이 있다.

어떤 이들은 이미지의 아름다움이 목적의식의 부재에서 성취되는 경우도—비록 다 그렇지는 않더라도—많다고 반박할지 모른다. 나는 이렇게 대답하려 한다. 우리 자연세계의 비극적인 손실을 염려하는 마음에서 태어난 사진은 그 사진을 보는 이의 영혼에 가닿을 수 있는 감정의 무게를 지니지 않겠는가.

이 책에 실린 장려한 이미지에는 분명 세계의 이목을 집중시킬 만한 힘이 있다. 이 사진들이 영향력 있는 정책결정자의 손에 자리를 찾아 그 사람들의 인식을 한층 넓혀주기를 바란다. 사진은 세계를 여행하면서 이 빠르게 변화하는 세계의 대사로 활약하게 될 것이다.

나는 사진과 글로 이 책을 빛내준 재능 넘치는 사진작가와 함께 일하게 된 것을 더없는 영광으로 생각한다. 나스크레츠키의 사진은 단순히 아름다운 순간만을 포착하는 사진이 아닌, 다른 이에게 아름다움과 목적의식을 전달하는 작품이다.

국제자연보호사진작가연맹 회장
크리스티나 G. 미터마이어

서 문

물속새 Equisetum fluviatile

우리 인간이 품어왔던 욕망 가운데 시간여행에 대한 집념만큼 끈질기면서 실현 가능성이 이보다 낮은 것은 그리 많지 않을 것이다. 나는 평생에 걸쳐 시간여행이란 것을 꿈꾸어왔다. 어린 시절에는 시간여행이 실현되기 어렵긴 하나 먼 미래에는 불가능한 일만은 아닐 거라고 이야기하는 책과 영화를 많이 본 탓에 언젠가는 시간여행을 할 수 있으리라는 희망에 부풀어 있었다. 나중에 나는 아쉬운 마음으로 시간여행의 가능성을 단념하고는 차선책으로 눈을 돌렸다. 바로 지구 위 생명의 진화에 대한 연구다(좀더 정확하게는 생명의 진화에서 조그맣고 다리가 여섯 개 달린 생물이 차지하는 부분에 대한 연구라 할 것이다).

나는 이 모든 일이 어린 시절 폴란드의 집 앞에서 발견한 돌 하나에서 시작되었다고 생각한다. 어느 날 학교를 마치고 집에 돌아오는 길에 한 모퉁이에서 완벽하게 보존되어 있는 예쁜 조개껍데기를 발견했다. 어찌 보면 가리비를 닮은 그 조개껍데기는 보도 연석 근처에 반쯤 묻힌 큰 돌에 박혀 있었다. 그 조개껍데기가 얼마나 갖고 싶었던지 나는 어느 늦은 밤 어린 팔로 겨우 들어올릴 수 있을 만큼 무거웠던 그 돌덩이를 남의 눈을 피해 파낸 끝에 집까지 질질 끌어 가져오고야 말았다. 내 소박한 자연사 수집품에 새로운 습득물이 추가되었다는 사실을 가장 먼저 눈치챈 사람은 할머니였다. 내가 할머니에게 이 신비로운 조개껍데기에 대해 어떻게 생각하는지 묻자 잠시 머뭇거리던 할머니는 이 조개가 노아의 방주에 미처 타지 못했던 동물들이 숱하게 물에 빠져 죽은 대홍수 때부터 남아 있던 것이 틀림없다고 대답해주었다. 순진한 가톨릭교 소년이었던 나는 할머니의 설명에 고분고분 고개를 끄덕였지만 어딘가 미심쩍은 마음을 떨칠 수 없었다. 원래 물속에 사는 연체동물인 조개가 어떻게 물에 빠져 죽을 수 있단 말인가? 나는 좀더 확실한 답을 얻기 위해 아버지를 찾아갔다. 과학적인 소양을 지녔던 아버지는 책을 한 권 꺼내왔고 우리는 머리를 맞대고 고심한 끝에 내 조개가 지금은 멸종한 완족류brachiopoda일 것이라는 결론을 내렸다. 완족류는 겉모습이 연체동물과 비슷하게 생긴, 지금은 멸종하여 사라진 해양동물이다. 그렇다면 내 조개는 수억 년 전에 살았던 생물인지도 몰랐다. 그것은 책에서 백악기[중생대를 구성하는 3기 중 마지막 기]에 살았던 생물이라고 소개된 조개 그림과 완전히 흡사해 보였다. 책에는 조개 그림과 함께 몸집이 새만 한 거대 잠자리와 너부죽한 머리에 짧고 뭉툭한 다리가 달린, 덩치가 큰 도롱뇽처럼 보이는 동물의 그림도 실려 있었다. 나는 그 그림 속 생물들에 온통 마음을 빼앗겨버렸다. 어린 마음에 이 신기한 생물들이 지금은 모두 사라지고 없으며 다시는 살아서 움직이지 못한다는 사실을 받아들일 수 없었다.

그 뒤 얼마 지나지 않아 나는 고생물학 책을 찾아 읽기 시작했다. 물론 책 내용은 여덟아홉 살 아이가 이해할 수 있는 수준을 훌쩍 뛰어넘었지만 공룡이며 현실에 있을 법하지 않는 노목[고생대 후기의 양치식물]숲이며 삼엽충이며 암모나이트 같은 고대 생물의 그림을 보고 그에 대한 설명을 읽고 있노라면 내 마음은 시간을 거슬러가고 싶다는 이루지 못할 꿈으로 부풀어올랐다. 그러다가 나는 아주 흥미로운 사실과 마주쳤다. 과학자들이 이미 1억 년 전에 멸종했다고 생각한 실러캔스라는 신기한 물고기가 남아프리카 바다에서 살아 헤엄치는 것이 발견되었다는 내용이었다. 살아 숨쉬는 "화석" 동물이었다. 나는 공룡과 같은 시대를 살았던 실러캔스가 아직도 바다를 헤엄치고 있다면 어딘가 살아남은 또다른 생물이 있을지도 모른다고 생각했다. 어딘가 사람의 발길이 닿지 않는 곳에, 동떨어진 고대세계의 골짜기에, 너무나 성급하게 멸종을 선고받은 동식물이 아직 남아 있을지도 몰랐다.

그때 이후 내 머릿속에서는 어떤 생물이 다른 생물보다 더 오래 살아남아왔을 수도 있다는 생각이 떠나지 않았다. 그 생물의 겉모습에는—어쩌면 그 행동 양식에도—지구에 존재해온 생명의 역사, 그 길고도 뒤엉킨 이야기에서 오래전 잊힌 조각이 간직되어 있을지도 모른다. 이런 생물의 존재에서 우리는 새로운 지식을 배울 수 있을 터이다. 그럴 마음이 있는 사람에게 이런 생물은 과거의 생태계와 그 생태계에 서식하던 동식물의 상호작용을 엿볼 수 있는 아주 작디작은 열쇠 구멍이 되어

줄 수 있을 터이다. 사실상 시간여행의 가능성이 전무한 상황에서(희망의 끈을 완전히 놓은 것은 아니지만) 이런 생물의 존재는 이미 오래전 사라진 화석화된 세계에 생명을 불어넣을 수 있는, 우리에게 남은 최선의 기회인지도 모른다. 수많은 생물이 "살아 있는 화석"이라는, 호기심을 자극하는 이름으로 설명되어왔다. 기나긴 지질학적 시간 동안 변화하지 않고 그대로 남아 있는 동식물이 존재하며 이런 동식물의 몸과 행동에 과거 지구의 모습이 남아 있다는 개념을 최초로 지지한 학자는 다름 아닌 진화론을 주창한 찰스 다윈이었다.

　"살아 있는 화석"이라는 개념에 수많은 과학자가 마음을 빼앗겼으며 이 개념을 둘러싸고 숱한 주장이 태어났다. 살아 있는 화석은 생명의 다양성 뒤에 숨은 힘으로서 진화론상의 변천이 존재한다는 주장을 옹호하는 근거로도, 반박하는 근거로도 쓰였다. 생물학에 입문한 애송이 학생이었던 나는 서서히 변화하는 환경에 발맞춰 함께 변화해야 한다는 숨 막히는 압박을 어떻게든 이겨낸 생물이라는 매혹적인 개념을 전폭적으로 지지했다. 이 생물들은 바로 나의 타임머신이며 다시 생명을 얻어 돌아온 화석화된 유해였다.

　살아 있는 화석의 개념은 누가 봐도 단순했고 이 기준에 들어맞는 듯한 동식물의 목록도 줄지어 있었다. 하지만 살아 있는 화석이라는 개념 자체는 서서히 그 근거가 무너지면서 진화생물학자들에게 외면을 받기 시작했다. 우선 생물학자들 사이에서도 '살아 있는 화석'이라는 말이 무엇을 의미하는지에 대한 논의가 제대로 이루

어지지 않았다. 살아 있는 화석은 무엇인가? 처음으로 화석 기록에 자취를 남겼던 모습과 형태를 지금까지 변함없이 유지하고 있는 하나의 생물종을 의미하는가? 아니면 과거 한때 번성했지만 지금은 거의 사라져버린 생물 혈통에 속한 종으로 현재까지 살아남은 생물을 말하는가? 살아 있는 화석으로 인정받으려면 그 생물종은 반드시 특정 서식지에서만 한정적으로 발견되는 진귀한 종이어야 하는가, 아니면 태고의 조상이 있기만 하다면 어디서나 볼 수 있는 흔한 종이어도 상관없는가? 살아 있는 화석으로 정의되기 위해서는 반드시 화석 기록이 남아 있어야 하는가, 아니면 다른 생물과의 관계를 통해 태곳적 기원으로 거슬러 올라가 유추해낼 수 있기만 하면 되는가? 혹은 원시적이라고 인정받는 형질 몇 가지만 지니고 있으면 살아 있는 화석으로 불릴 자격이 충분한가? 지금 우리 몸속 세포 내에 존재하는 DNA 염기서열 또한 최초로 산소를 호흡하는 단세포생물인 원생동물까지 거슬러 올라가므로 우리 또한 살아 있는 화석이라고 할 수 있는가?

　살아 있는 화석이라는 개념은 오랫동안 곧잘 오용되어 그 의미가 희석된 나머지 이 말에 아무런 의미도 남아 있지 않을 지경이었다. 한편 창조론자들은 유치한 직해주의의 허울을 쓰고 "살아 있는 화석"이라는 용어 자체를 물고 늘어져 진화가 존재하지 않는다는 근거로 삼았다. 살아 있는 화석의 개념을 둘러싼 혼란은 오래전에 멸종한 종을 닮은 것뿐인 생물을 두고 현생종의 조상이 아직도 살아남아 있다고 생각하는 오해 탓에 한

층 더 악화되었다. 물론 이런 오해는 사실이 아니다.(공평하게 말하자면 이종교배의 결과 부모 종이 아직 생존하면서 새로운 종이 나타나는 예가 있다. 하지만 이런 경우는 살아 있는 화석과는 전혀 상관없는 다른 이야기다.) 한편 "전형적인" 살아 있는 화석으로 알려진 수많은 생물은(이를테면 뉴질랜드의 파충류인 투아타라 같은) 다른 현대의 "어린" 생물보다 분자 수준에서 볼 때 더 빠르게 진화해온 것으로 나타난다. 그리고 가장 중요한 점은 살아 있는 화석이라는 꼬리표가 붙은 동식물 모두 겉으로 보이는 모습이 화석화된 유해와 아무리 비슷하다고는 해도 오랜 시간 기적

적으로 생존할 수 있었던 조상 생물이 아니라 현대의 환경에 적응하여 최근까지 진화를 거듭해온 종이라는 사실이다. 그런 이유로 현재 수많은 생물학자는 "살아 있는 화석"이라는 용어 자체가 멸종되었다고 여긴다.

하지만 우리는 다른 현대 생물종보다 훨씬 더 오래 전부터 존재해온, 태곳적 혈통을 지닌 생물종이 오늘날에도 살아남아 있다는 사실을 외면할 수 없다. 이런 생물에는 한때 원시 생태계를 주름잡으며 강물처럼 풍부한 종을 자랑하던 생물 혈통이 쇠락한 끝에 그 생물 혈통에서 유일하게 살아남은 생물종도 있다. 한때 번성하

서아프리카의 아트와공룡거미Atewa dinospider, Ricinoides atewa는 3억 년 전의 석탄기[고생대를 구성하는 6기 중 다섯 번째 기]까지 거슬러 올라가는 원시 거미류의 일원이다.

던 물고기 집단에서 유일하게 생존한 종인 실러캔스가 그렇다. 한편 풍년새우fairy shrimp라고 알려진 작은 갑각류 동물처럼 아직까지도 풍부한 종을 자랑하는 생물 혈통에 속하며 주위에서 흔히 볼 수 있으면서 5억여 년 전 화석에서도 그 모습을 찾아볼 수 있는 생물도 있다. 그 밖에 연골 뼈대를 지닌 연골어류인 상어처럼 현대에 적응하여 잘 살아가고 있는 생물이지만 아주 오래된 원시적 형질을 지니고 있는 생물도 있다. 한 가지 분명한 것은 이런 생물을 통해 우리가 고대세계에 대해서 무언가를 배울 수 있다는 사실이다.

"살아 있는 화석"이라는 말의 모호함을 피하기 위해 생물학자들은 이런 동식물을 일컬어 "잔존생물relict"이라 부른다. 미국 고생물학자인 조지 G. 심프슨은 일찍이 1944년에 잔존생물이 현재의 모습에 이르게 된 정황을 기반으로 삼아 현대 잔존생물의 분류체계를 소개했다. 심프슨은 서식지를 잃고는 잔존생물이 된 생물종이 있다는 사실에 주목했다. 이런 잔존생물은 한때 광범위하게 존재했던 생태계가 손실된 후 드문드문 조금씩 남은 생태상의 레퓨지아[과거에 광범위하게 분포했던 생물이 소규모로 남아 생존하는 지역 또는 서식지]에서만 생존 가능했기 때문에 잔존생물이 될 수밖에 없었다(생태학적 잔존생물). 그러나 대부분의 잔존생물은 하나의 혹은 여러 단계의 진화를 거치는 사이 잔존생물로 남겨졌다. 예를 들어 같은 계통에서 좀더 생존에 적합한 혈통이 나타나면서 경쟁에서 탈락한 결과 잔존생물이 되거나(계통발생적 잔존생물), 예전 서식지에서 서서히 분리되어 흩어진 결

과 멸종에 이르러 잔존생물(생물지리적 잔존생물)이 되는 것이다. 심프슨의 분류체계는 발표된 지 70여 년 동안 진화생물학자들에 의해 아주 약간 수정되었을 뿐 그 영구적인 가치와 타당성을 입증하고 있다.

잔존생물종이 지난 지질시대에서 살던 생물의 복제라고는 할 수 없지만(잔존생물 또한 결국 현대 환경에 완벽하게 적응한 생물이므로) 잔존생물의 형태와 행동에서 우리는 과거 전성기를 누렸던 생명이 어떻게 살았는지에 대한 실마리를 얻을 수 있다. 투구게horseshoe crab의 산란 행동에서 우리는 중생대의 바다가 얼마나 위험한 곳이었는지를 미루어 짐작할 수 있다. 투구게는 이런 위험을 피해 알을 낳고자 적대적이기는 하지만 바다보다는 나았던 육지까지 진출하게 되었던 것이다. 한편 최초의 노래하는 곤충과 사촌지간인 산쑥메뚜기의 날개 형태에서 우리는 곤충이 부르는 노래의 기원을 찾아볼 수 있다. 또한 소철류가 품은 독성에서는 태곳적 초식동물이 식물에 가한 엄청난 적응 압력의 증거가 발견되며, 소철류의 수분 전략에서는 식물과 곤충이 아주 오랫동안 유지해온 성공적인 공생관계의 서장이 해명된다. 물속새 수풀은 백악기의 숲이 어떤 모습이었는지를 살짝 보여주며, 바퀴벌레는 그 헌신적인 모성애로 곤충이 복잡한 사회를 꾸리게 된 진화 역사의 단편을 들추어낸다. 각각의 잔존생물은 지구 위에서 생명이 살아온 역사의 한 조각에 가느다란 빛을 비추는 존재다. 우리는 이 잔존생물들을 통해 인간을 비롯한 생명의 경이로울 만큼 다양한 형태가 어떻게 나타나게 되었는지를 한층 더 잘 이해할

수 있다.

또한 잔존생물에서 우리는 후손에게 유전자를 전달하는, 이 절대 끝나지 않을 임무를 수행하는 데 있어 왜 어떤 생물이 다른 생물보다 뛰어난지 그 이유를 찾아볼 수 있다. 모든 잔존생물을 하나로 묶는 궁극적인 공통점 같은 것은 없지만 그래도 부분적인 공통점을 몇 가지 찾아낼 수 있다. 어떤 잔존생물은 다른 경쟁자를 모두 실격시킨 고지대의 춥고 가혹한 환경에 적응하여 살아남을 수 있었다. 또다른 생물은 자신의 조직 속에 치명적인 독성 물질이나 소화되기 어려운 화학물질을 지닌다는 정교하고 효과적인 방어 기제에 의존하여 오랫동안 생존을 이어왔다. 어떤 잔존생물은 경쟁에서 우위를 차지하기 위해 다른 생물을 이용하는 전략을 택하기도 했다. 어떤 생물은 자신의 몸속에 다른 생물을 받아들이기도 하고(남조류와 공생하는 소철류가 좋은 예다), 또다른 생물은 새로이 등장한 한층 진화한 생물이 만들어낸 시장의 틈새를 공략하기도 했다(대표적인 예로 속씨식물이 만들어놓은 서식지를 파고들어 살아남은 양치식물이 있다). 그러나 잔존생물이 가장 흔하게 택한 전략은 단순하다. 바로 생태적 지위의 범위가 넓은 일반 종이 되는 것이다. 멸종에 이르는 데 지름길이 있다면 바로 아주 좁은 생태적 지위에 국한된 특화종이 되는 것이기 때문이다. 지구 생태계에서 절대 변하지 않는 점이 하나 있다면 그것은 생태계가 끊임없이 진화하고 있다는 사실이다. 그러므로 생물이 어떤 일정한 환경에만 의존하여 생존한다면 언젠가는 닥칠 변화로 인해 곤경에 빠지게 마련이다.

나는 이런 잔존생물을 "유물생물relic"이라는 이름으로 부르려 한다.("잔존relict"이라는 표현과는 반대로 "유물relic"이라는 표현에는 값을 매길 수 없는 자연의 유산이라는 의미가 덧붙여진다.) 유물생물은 현재 세계 다른 곳에서는 모습을 감춘 마지막 유전자를 운반하는 주자인 셈이다. 바로 그런 까닭에 지구의 생물다양성이 빠른 속도로 소멸의 내리막길을 내처 달리고 있는 현 시점에서 이 고대의 혈통을 보호하기 위해 노력하는 일은 그 어느 때보다 중요하다. 단순히 종의 다양성을 보호하는 것보다 계통발생적 다양성, 다시 말해 동식물의 서로 다른 유전 혈통과 형태의 다양성을 보호하는 일이 더 가치 있기 때문이다. 이를테면 어느 한쪽만 선택해야 한다고 할 때 보호할 가치가 있는 것은 어느 쪽인가? 앵무새 5종인가, 앵무새 1종과 타조 1종과 벌새 1종인가? 이런 선택의 기로에 서는 일이 실제로 일어나서는 안 되지만 유감스럽게도 우리는 현실에서 종종 이런 상황에 놓인다. 그러므로 지금 무엇보다도 중요한 것은 유전적 생물다양성을 가능한 한 최선의 상태로 유지하기 위해 한정된 보호 자원을 현명하게 배분하여 쓰는 일이다. 그리고 유물생물은 언제나 보호해야 할 최우선 순위에 놓여야 한다.

태곳적부터 지금까지 지구의 표면을 아름답게 꾸미고 있는 유물은 비단 생물종이나 생물 혈통만이 아니다. 서식지와 생태계 또한 이미 오래전에 사라진 환경의 일부를 홀로 간직한 채 남아 있기도 하다. 그리고 이런 잔존생태계는 흔히 다른 곳에서는 모습을 찾아볼 수 없게 된 종들이 모여 사는 안식처가 되어준다. 실로 생물다양성을 보존하는 성역이라고 할 만하다. 또한 이런 생태계는 인간이 아프리카 사바나를 떠난 이래 전 세계로 흩어져 무수한 생물종과 생태계를 짓밟고 다니는 지금 그 이전의 생명의 모습이 남아 있을 수 있는 유일한 피난처이기도 하다. 유물생물과 마찬가지로 이런 생명의 성역 또한 발전의 손이 미치지 못하도록 보호받을 최우선 순위에 올라야 한다. 이 책에서 나는 이런 유물생태계 몇 곳으로 독자 여러분을 안내할 것이다.

찰스 다윈이 모든 생명의 기원에 대해 우리가 알고 있던 교리에 지각 변동을 일으키기 바로 1년 전인 1858년, 스니데르 펠레그리니라는 이탈리아계 미국인 지리학자는 미국 동부 해안선의 윤곽과 아프리카와 유럽의 서쪽 해안선 윤곽이 마치 한때는 서로 붙은 하나의 대륙이었던 양 딱 맞아떨어진다는 신기한 가설을 제기했다. 곧 이를 둘러싼 논란에 불이 붙었다. 『성경』에 뿌리를 깊이 내리고 있는 펠레그리니의 해석에 따르면, 지구의 대륙은 애초에 거대한 하나의 대륙으로 창조되었지만 대홍수가 지구를 휩쓴 뒤 대륙이 조각조각 분리되어 흩어지면서 아메리카("Atlantide") 대륙이 유럽과 아프리카 대륙에서 떨어져 나갔다. 펠레그리니가 오늘날까지 살아 있었다면 대륙의 분리에 대한 자신의 가설이 어느 부분에서는 맞아떨어지지만 창조설 부분에서는 완전히 틀렸다는 사실에 당황할지도 모른다. 현재 우리는 지구 지표면이 끊임없이 움직이는 대륙괴(크레이톤craton)가 모인 판구조로 이루어져 있다는 사실을 알고 있다. 대륙괴는 지금도 쉬지 않고 융합과 분리를 되풀이하고 있지만

우리 인간이 직접 관찰하기에는 그 속도가 무척 느리다. 액체 상태로 존재하는 지구 핵의 움직임에 따라 지표면이 끊임없이 재편되는 현상은 지구 표면에 살고 있는 생물의 진화와 다양화를 촉진하는 거대한 원동력이다. 거대한 초대륙이 분리되면서 떨어져 나온 대륙 조각에는 예외 없이 당시 초대륙에 서식하고 있던 동식물이 타고 있으며, 초대륙에서 떨어져 나오는 순간부터 자신의 조상과 격리된 동식물은 오랜 시간 뒤에 전혀 다른 종으로 진화한다. 우리는 이런 과정의 결과를 뉴질랜드와 호주에만 서식하는 독특한 동식물 집단에서 찾아볼 수 있다. 북반구와 남반구의 식물군락이 서로 다른 까닭도 여기에 있다. 결국 우리가 세계 지리라고 하는 현재 지구의 모습은 계속해서 역동적으로 변화하고 있는 지구의 단 한순간의 모습, 언제고 사라져버릴 스냅사진에 불과하며, 연못 위에 떠 있는 나뭇잎의 모습보다 더 영원한 것이라 할 수 없다. 한편 고대의 거대한 초대륙이 분리되면서 고립된 생물 혈통과 생태계는 다른 곳에서는 흔적도 없이 사라진 원시세계의 특징을 고스란히 간직하고 있기도 하다. 더 오래되고 외딴곳일수록 그곳에 고대 생태계의 일부가 간직되어 있을 가능성, 다른 곳에서는 멸종돼버린 생물종이 남아 있을 가능성이 높다.

지구 45억 년의 역사에서는 이 땅에 살고 있는 생명의 역사에 크나큰 영향을 미친 판구조의 재배열이 몇 차례 일어났다. 대륙이 크게 분리될 때마다 새로운 생명 혈통이 출현했다. 우리는 초대륙인 네나Nena나 로디니아Rodinia 같은 까마득하게 오래전에 존재했던 초대륙

에 대해서는 아는 바가 없지만, 초대륙 판게아Pangaea의 분리로부터 어떤 결과가 일어났는지는 아직도 직접 눈으로 확인할 수 있다. 2억5000만여 년 전 초대륙 판게아는 지구 위에 존재하는 육지 대부분을 하나로 묶고 있는 거대한 대륙이었다. 지구의 판구조에 대해 혁명적인 이론을 창시한 알프레트 베게너는 최초로 이 거대한 초대륙의 형태와 이후 초대륙이 분리된 과정을 재구성했다. 베게너에 따르면 판게아 대륙의 분리는 아주 오랜 기간 몇 차례의 단계를 거쳐 진행되었고, 수많은 대륙 조각이 서로 다른 시기에 판게아에서 떨어져 나왔다. 그리고 약 2억 년 전 판게아 초대륙이 분리되면서 두 개의 거대한 대륙이 탄생했다. 곤드와나Gondwana라고 알려진 서대륙과 로라시아Laurasia라고 알려진 북대륙이다. 이 거대한 분리의 결과는 오늘날 생물다양성의 모습에 그 흔적이 분명하게 남아 있다. 한때 곤드와나 대륙의 일부였던 지역, 즉 남아메리카, 아프리카, 호주, 뉴질랜드에서는 현재 지구 북반구에 위치한, 한때 로라시아 대륙의 일부였던 지역에서 발견되지 않는 수많은 생물 집단이 공통적으로 발견된다.

이 책에서 각기 다른 유물생물과 유물생태계를 어떤 순서로 소개할 것인가를 정하는 데 있어 나는 이 고대의 지리를 기준으로 삼기로 했다. 독자는 이 고대의 지도를 따라 과거의 시공간으로 안내될 것이다. 우리는 곤드와나 대륙의 일부였던 곳에서도 가장 오래되고 고립된 장소에서 이야기를 시작할 것이다. 바로 뉴기니와 뉴질랜드의 섬들이다. 그다음에는 아프리카에 들러 고대

아프리카 생태계를 탐험할 예정이다. 남아프리카공화국의 핀보스와 서큘런트 카루 지대를 거닐면서 중신세에 일어난 극단적 기후 변화를 견뎌낸 유물생물을 살펴본 뒤 서아프리카로 옮겨가 홍적세의 레퓨지아 숲을 방문할 계획이다. 이곳에서는 고대 소철류와 바퀴벌레가 동행이 되어줄 것이다. 그다음 우리는 현재 남아메리카에 남아 있는 아주 오래된 곳인 기아나 순상지Guiana Shield로 발걸음을 옮길 것이다. 귀뚜라미붙이Notoptera에 대한 장은 남반구에서 북반구로 넘어오는 다리 역할을 해줄 것이다. 북반구로 넘어와서 우리는 과거 로라시아 초대륙이었던 곳에서만 발견되는 동식물의 삶을 살짝 엿본 뒤 현재 내가 살고 있는 매사추세츠 주에서 여행을 마칠 예정이다. 이곳에서는 원시의 판게아 대륙보다 훨씬 더 세월을 거슬러 올라가는 조상의 후예들이 아직도 옹기종기 모여 살고 있다.

수년 동안 지구에서도 가장 외떨어진 장소, 생물학적 관점에서 유일무이한 곳을 방문해볼 수 있었던 것은 정말 행운이었다. 나는 이 천혜의 기회를 통해 지구 위에서 가장 흥미로운 유물생물을 찾아보고 기록할 수 있었다. 유물생물이 자연서식지에서 살아가는 모습을 목격함으로써 나는 어린 시절의 시간여행이라는 꿈을 조금이나마 맛볼 수 있었다. 그러나 유물생물을 찾아다니면서, 그리고 몇 년 동안 비정부환경단체에서 일하면서 나는 고대의 모습을 간직한 생물과 서식지를 누릴 수 있는 시간이 얼마나 조금밖에 남지 않았는지를 사무치게 깨달았다. 인간종이 곳곳을 종횡무진하면서 지구를 망

가뜨리는 동안 모든 생태계는 바로 우리 눈앞에서 사라져가고 있다. 지금 이 글을 쓰고 있는 2010년은 전 세계적으로 생물다양성의 해로 지정된 해다. 생물다양성의 해를 맞은 현재, 1992년 전 세계 나라들이 서명하고 비준한(유감스럽게도 미국은 빠져 있다) 생물다양성보존협약 Convention on Biological Diversity에서 합의한 목표, 생물다양성의 손실 속도를 크게 줄이거나 손실 자체를 중지시키는 목표가 성취되기는커녕 오히려 거기서 멀어지고 있다는 사실이 분명해지고 있다. 생물의 멸종 속도, 생물종이 지구상에서 완전히 사라져 다시는 나타나지 않는 속도는 지구에 인간이 등장하기 전과 비교하여 천 배나 빨라졌다. 그리고 한 해가 지날 때마다 생물종이 멸종하는 속도는 점점 더 빨라지고 있다. 어떤 과학자들은 20분마다 동식물의 한 종이 지구 지표면에서 영원히 모습을 감춘다고 분석한다. 이런 분석이 사실이라면(사실일 가능성이 높다) 2010년 한 해 동안에만 우리가 영원히 잃어버린 생물종은 무려 2만6000여 종에 이른다. 이런 계산에 따르면 100년 뒤에는 현재 세계에 존재하는 생물종의 절반이 사라져버릴 예정이다.(심지어 이보다 더 심하고 두려운 전망도 있다.) 여기에서 정말 슬픈 부분은 한창 진행 중인 거대한 멸종 과정에서 사라져버릴 생물종 대부분이 아직 과학자들에게 발견되지 않은, 채 이름도 붙여지지 않은 동식물이라는 사실이다. 이런 비극은 에콰도르에 있는 센티넬라 봉의 이름을 따 센티넬라 멸종Centinelan extinction이라고 알려져 있다. 1978년 생태학자인 알윈 젠트리와 캐러웨이 도슨은 센티넬라 봉에서 아직 학계에 알

려지지 않은 90종의 식물을 발견했다. 그 후 몇 년 지나지 않아 새로 발견된 식물종이 학계에 발표되기도 전에 이 산봉우리는 농장으로 둔갑해버렸고 새로 발견된 식물종은 모두 멸종해버렸다. 종에 이름을 붙이고 분류하는 작업을 하는 분류학자들은 최대한 빠른 속도로 일을 하고 있지만 매년 기록할 수 있는 종은 고작 1만6000종에서 2만여 종뿐이다. 생물종이 멸종하는 속도를 따라잡기에는 터무니없이 느린 속도다.

우리와 함께 지구에서 살아가고 있는 생물 대부분은 인간의 삶에 거의 영향을 주지 않는다. 내일 당장 사라진다고 해도 인간이 그 사실마저 알아채지 못할 생물이 무수하다. 그렇다면 우리가 왜 아무 상관없는 그 생물들의 생존에 관심을 기울여야 하는지 의문을 제기하는 사람이 있을 것이다. 내 대답이 낙천주의자의 헛소리라 치부해도 상관없다. 나는 지구 위에서 함께 살아가는 생물의 안녕에 관심을 기울이고 자연환경을 보호하기 위해 노력하는 것이 바로 우리를 인간답게 만들어주는 속성의 핵심이라고 생각한다. 연민과 이타심, 책임감과 호기심, 우리 인간이 문명화한 지난 100만 년 동안 진화시켜온 속성이다. 그리고 나는 이런 인간다운 속성이 환경보호를 이끄는 주동력이 되어야 한다고 생각한다. 물론 생물다양성을 보호한 결과 우리가 해충 구제며 식물의 수분이며 탄소 격리 같은 값을 매길 수 없을 만큼 귀한 생태계의 혜택을 누릴 수 있다는 실용주의적 주장도 좋다. 생태계가 나누어주는 이런 무상경품은 우리 생명을 구할 수도 있다. 하지만 우리가 자연에 관심을 기울여야

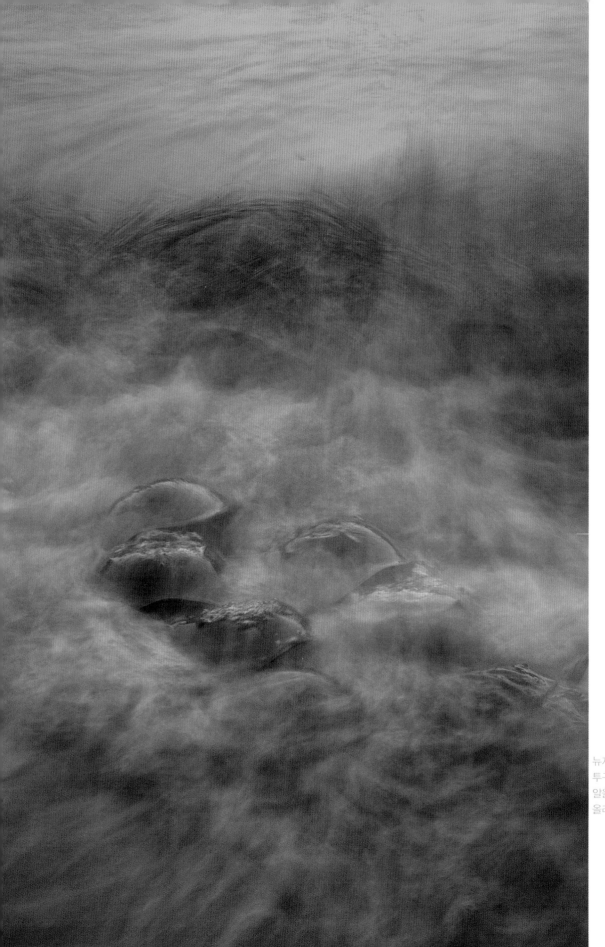

뉴저지 주, 델라웨어 만 해변에서
투구게Limulus polyphemus 한 무리가
알을 낳기 위해 바다에서 육지로
올라오고 있다.

하는 주된 이유는 혜택을 얻기 때문이 아니다. 다음 세기가 오고 그 불길한 예언이 맞아떨어져 지구에 현재 생물종의 절반밖에 남지 않는다고 해도 우리 인간은 아무런 관계없이 살아갈 수 있을 것이다. 하지만 그 삶은 얼마나 슬플 것인가. 나는 우리 세대가 아직 풍족하게 누리고 있는 생물과 생태계가 이미 자연의 유물이 되어버린 지구를 다음 세대에게 물려주고 싶지는 않다. 이 책에 실린 사진과 이야기가 생물과 생태계에 대한 여러분의 관심을 일깨워주기를 진심으로 바란다. 또 관심을 갖

는 것에서 그치지 않고 점차 빠르게 소멸되는 자연을 보호하기 위해 무엇을 할 수 있는지 생각할 기회가 되기를 바란다. 아직 우리가 할 수 있는 일이 많이 남아 있다. 그리고 자연환경을 보호하는 첫걸음은 바로 우리가 무엇을 잃어버리게 될 것인지를 제대로 아는 일이다. 유물생물은 유물생물로 남겨두어도 좋다. 하지만 다른 어떤 생물도, 어떤 서식지도 다시는 유물이라는 이름으로 불리지 않도록 함께 지키고 보호하자.

제1장
예기치 못한 것들의 땅

가만히 앉아 먹잇감을 기다
파푸아숲도마뱀Hypsilurus d
눈으로 곤충과 작은 척추동

가까이 다가가 카메라를 들이대자 초록숲도마뱀Hypsilurus modestus이
불안한 눈빛으로 나를 쳐다본다. 이 도마뱀들은 아주 빠르게 질주할 수 있는 한편
평소에는 은폐적 의태에 의존하여 자신을 노리는 포식동물의 눈을 피하면서
또 자신이 노리는 먹잇감의 눈을 속인다.

숲도마뱀Hypsilurus은 사냥을 위해 한번 자리를 잡으면 그곳에서
거의 움직이지 않는다. 열대우림의 축축하고 습한 대기 속에서 열대 조류와
작디작은 양치식물이 도마뱀의 비늘 위에서 자라는 일도 흔하다.

벌레잡이통풀에서 덩굴줄기보다 높은 곳에 달린
벌레잡이잎(옆 왼쪽)은 땅 위에 달린 벌레잡이잎(옆 오른쪽)과
그 형태나 색이 다르다. 벌레잡이잎은 잎이 달린 위치에 따라
각기 다른 종류의 곤충을 노리기 때문이다.

아름답고 고혹적인 자태의 식충식물인
벌레잡이통풀 Nepenthes mirabilis은 그 화려한 빛깔과
달콤한 꿀로 곤충과 작은 동물을 유혹한다.
잎 끝부분이 늘어나 변형된 벌레잡이잎의 주머니 안은
희석되었지만 끈끈한 생체고분자 물질로 채워져 있어
이 주머니 안으로 빠지는 먹잇감은 질식하여 죽는다.
주머니 안에서 분해된 곤충의 몸에서 벌레잡이통풀은 자신에게
필요한 질소와 인을 빨아들인다. 질소와 인은 이런 식물이
좋아하는 습지대의 토양에서는 부족한 성분이다.
벌레잡이잎에서 밝은 빛을 띠는 주머니의 아가리(위구부)
부분은 아주 매끄러운 데다 가장자리의 낮은 부분에
가시가 나 있기 때문에 한번 빠진 곤충은 다시 기어 나올 수
없다. 하지만 벌레잡이통풀의 치명적인 사냥법이 아주 재미있는
양상을 띨 때도 있다. 어느 벌레잡이통풀의 아시아종은
필요한 영양분을 전부 나무땃쥐에게서 공급받는다.
벌레잡이통풀의 꿀을 마시러 온 나무땃쥐가 벌레잡이잎의
주머니 안으로 정확하게 똥을 누기 때문이다.

받침애주름버섯Mycena chlorophos

내 생애에서 귀를 닫을 수 있다면 얼마나 좋을까 바란 때가 있다면 나카나이 산맥의 구릉지대 위를 날아가고 있던 바로 그 순간일 것이다. 우리 아래로는 울창한 밀림의 융단이 끝도 없이 펼쳐져 있었고 새벽안개는 높이 솟은 나무숲을 타고 피어올랐다. 아직 수줍음을 간직한 햇살이 눈 아래 펼쳐진 어둠 사이로 비껴 들었다. 헬리콥터는 거의 평평한 지형에서 이따금 솟아오른 언덕을 피할 때만 높이 날아올랐고 대개 숲지붕에 스칠 듯이 낮게 날았다. 헬리콥터에서 내려다보는 전경은 내가 전에 보았던 그 무엇과도 비교할 수 없는 것이었다. 하지만 헬리콥터의 회전날개가 내는 굉음이 귀를 송곳으로 찌르는 듯해 나는 이토록 손에 잡힐 듯 가깝게 다가온, 혼이 나갈 듯한 경탄에 빠져들지 못하고 있었다. 나는 이전에는 이토록 사람의 손을 타지 않아 자연이 고스란히 남아 있는 천연의 풍광을 한 번도 본 적이 없었다. 원시 그 자체였고, 순수함 그 자체였다. 나는 몇 시간이고 그 표면 위를 미끄러지듯 고요하게 날면서 안개를 들이마시고 싶었다. 천천히 물 위를 미끄러져가는 카누에 타고 손을 내밀어 수면을 만지듯이 손끝으로 숲지붕의 나무 꼭대기를 어루만지고 싶은 심정이었다. 나는 이 생명의 성역, 완전히 외따로 고립되어 있었기에 그 고유함을 간직하고 있는, 아직은 안전한 이 성역에 홀로 버려지고 싶었다. 그러나 헤드폰에서 터져나온 전파는 내 환상을 깨버리고 나를 다시 현실로 잡아끌었다. "찾았습니다." 조종사가 말했다.

지난 며칠 동안 우리는 탐험대 대원 몇 명이 세운 야영지를 헬리콥터를 타고 찾아 헤매고 있었다. 대원들은 사람이 뚫고 지나가기 불가능할 만큼 열대우림이 빽빽하게 우거진 이 산악 지방 고원지대에 야영지를 세워둔 참이었다. 고원지대는 그 높은 고도 탓에 거의 하루 종일 구름에 뒤덮여 있어 헬리콥터로는 시야를 확보하기 어려웠다. 어제 우리가 늦은 탓에 좋지 않은 시계에서 비행하는 위험을 감수할 수 없어 아무런 수확 없이 저지대의 야영지로 돌아가야만 했다. 그리고 오늘 아침 동이 트자마자 헬리콥터를 띄웠고 마침 두터운 구름이 갈라지며 생긴 넓은 틈 사이로 대나무와 남녀도밤나무가 늘어선 울창한 숲속 조그만 공터에 임시로 만들어진 착륙장을 찾아낼 수 있었다. 헬리콥터는 고원지대 끝자락에 착륙했다. 고원지대의 풍광은 현실이 아닌 듯 아름답고 원시적이었다. 나는 파푸아뉴기니 숲속에서 공룡이 여전히 살고 있다고 하는 신비동물학[존재한다고 주장되지만 생물학적으로 확인되지 않은 생물에 대해 과학적 연구를 하는 학문]계의 전설이 전해 내려오는 이유를 대번에 이해할 수 있었다.

그렇다면 공룡은 왜 여기 살고 있지 않을까? 여기만큼 동떨어진 곳, 인간의 손길이 닿지 않은 곳, 이만큼 풍부한 생태계를 간직한 곳은 지구 어디에도 없다. 서쪽 반은 인도네시아에 속하고 동쪽 반은 파푸아뉴기니의 본토 역할을 하는 뉴기니 섬에는 이미 오래전에 사라진, 우리 조상에게는 아주 친숙할 듯한 세계가 여전히 숨을 쉬고 있다. 탐험가 리처드 아치볼드Richard Archbold가 뉴기니 섬에 남아 있던 석기시대의 사회를 처음 발견한 것은 1938년의 일이다. 그때까지 뉴기니 섬의 원주민 5만 명은 바깥세상의 존재를 알지 못한 채 더없이 만족스럽게 살고 있었다. 100년이 넘는 세월 동안 뉴기니 섬은 다양한 계통의 인류학자들이 찾는 메카로 자리 잡았다. 인류학자들이 뉴기니 섬에 몰려든 까닭은 이 섬에 사는 부족들의 "원시성" 때문이기도 했지만, 그 작은 면적에 비해 이곳에 살고 있는 부족의 숫자가 엄청났기 때문이기도 했다. 유럽의 13분의 1도 안 되는 면적에서 무려 1000개가 넘는 부족이 각기 고유한 언어를 쓰면서 살고 있었다. 최근까지만 해도 원주민들은 수천 년 전 그 선조들이 살아왔던 방식 그대로, 태고의 숲속에서 식량을 찾고 적의 머리를 사냥하는 일에 시간을 나누어 쓰면서 즐겁게 살아왔다. 뉴기니 섬만큼 사람들이 작은 집단으로 잘게 나뉘어 고립된 채 살고 있는 곳, 인류학적으로 이처럼 복잡한 곳은 아마도 뉴욕시를 비롯해 세계 어디에서도 찾아볼 수 없을 것이다. 언어학자들은 또한 오늘날까지 사용되고 있는 뉴기니의 1114개의 언어가(물론 몇몇 언어는 그 부족의 몇 안 되는 생존자만 쓰고 있지만) 생겨나게 된 기원에 대해 골머리를 앓고 있다. 분명한 근거에 따르면 무려 4만여 년 전에(혹은 6만여 년 전에) 이미 호주와 동남아시아에서 이주한 여러 부족이 뉴기니 섬에 자리를 잡고 살기 시작했다. 그리고 자신과 다른 사람들을 경계하는 유서 깊은 인간 전통에 따라 그 부족들은 섞이지 않고 고립된 그대로 남겨졌다. 서로 이웃한 부족 사이에서는 끊임없이 전쟁이 이어졌고, 도로를 건설한다든가 대규모 무역 경로를 개발한다든가 하는 공통의 목적을 위해 협력할 가능성은 애초부터 막혀 있었다. 뉴기니 섬의 지형이 지구상에서 가장 험준하기로 유명하다는 사실 또한 전혀 도움이 되지 않았다. 깎아지르는 듯 험준한 골짜기가 섬을 가로지르며 교차했고 골짜기 아래에는 말라리아모기가 기승을 부리는 늪지대가 있었다. 한편 뉴기니 섬의 인간사회를 조각조각 나누어놓은 이런 환경은 이 섬에 서식하는 인간이 아닌 생물에게는 아주 유리하게 작용했다.

숲의 표면적으로 아마존 분지와 콩고 분지를 이어 지구상에서 세 번째로 큰 숲인 뉴기니의 열대우림은 아마도 지구상에서 인간 활동의 영향으로부터 가장 멀리 떨어진 숲일 것이다. 뉴기니 섬 숲에는 인간이 한 번도 발을 들이지 않은 곳, 동물들이 인간을 두려워하지 않으며 마음 놓고 사는 곳이 여전히 많이 남아 있다. 또한 인간의 사냥으로 큰 포유동물과 새의 개체수가 눈에 띄게 줄어든 곳조차 인구 밀도가 무척 낮은 덕분에 상당히 양호한 상태로 남아 있다. 뉴기니 섬의 수많은 부족은 여전히 화전농법으로 농사를 짓지만 규모가 그리 크지 않기 때문에 오래지 않아 숲이 제 모습을 회복하여 돌아올 수 있다. 숱한 고고학적 증거에 따르면 태고의 모습을 간직한 듯 보이는 숲의 일부 지역은 실은 이차림二次林[본래의 자연식생이 재해나 인위적인 행위로 파괴된 후 발달한 산림]이며 산악지대의 수많은 비탈면은 고대 농경의 관습으로 재형성된 것이다. 하지만 그럼에도 뉴기니의 밀림은 전 세계에서 이와 비슷한 그 어느 곳보다 인류가 출현하기 이전 시대의 자연환경과 가장 가깝다. 그런 까

바다말미잘버섯Aseroe sp.

닭에 뉴기니의 다양성에 관해 이야기를 할 때 마음이 들 뜨는 것은 비단 인류학자뿐만이 아니다. 뉴기니 섬은 탐험하기 어렵기로 전설적인 이름을 떨치는 한편 생물학자가 방문할 때마다 어김없이 새로운 형태의 생물들을 발견하는 장소로도 명성을 떨치고 있다. 과학자들은 뉴기니 섬에 집단별로 생물이 몇 종이나 서식하고 있는지 그 수를 어림짐작할 뿐이며, 그 추정치는 지구상의 다른 어떤 지역에서보다도 높게 나타난다.

뉴기니에 존재하는 거의 모든 것이 인류 역사가 시작되기 이전 태고의 것처럼 보이며 실제로도 그런 경우

가 많지만, 뉴기니 섬 자체는 의외로 젊다. 비교적 최근이라 할 수 있는 마지막 빙하기가 끝날 무렵인 1만 년에서 1만5000년 전까지만 해도 뉴기니 섬은 호주 대륙에 단단히 붙어 사훌Sahul이라는 거대한 대륙을 형성하고 있었다. 현재 호주와 뉴기니 섬을 가르는 카펜테리아만은 호주와 뉴기니 사이를 다리처럼 연결한 거대한 육지 위에 있던 호수였다. 동물상과 식물상은 양방향으로 자유롭게 뒤섞여 있었다. 또한 당시 북쪽과 서쪽에서 호상열도가 느린 속도로 꾸준히 뉴기니 쪽으로 밀려 내려오고 있었고, 이는 아시아 동식물이 뉴기니에 정착할 수

"드라큘라개미"라고도 불리는 톱니침개미Amblyopone는 유충의 혈림프를 빨아먹는 행동으로 그 불명예스러운 이름을 얻었다.
여왕개미와 일개미는 유충 껍질에 구멍을 내고 방울방울 새어나오는 체액을 빨아먹는다.
신기하게도 유충은 체액을 빨아먹히면서도 아무런 해를 입지 않는 듯 보인다.

있는 기회로 작용했다. 하지만 오늘날 뉴기니의 생물 구성은 아시아보다 호주에 훨씬 가깝다. 아마도 뉴기니의 현재 생물군락은 고대 대륙인 사훌의 생물군락과 흡사할 것으로 여겨지며, 우리는 뉴기니 섬의 모습에서 현재 북호주라고 알려진 지역이 마지막 빙하기를 거치는 동안 어떤 모습을 하고 있었는지 짐작해볼 수 있다. 그 한 예로 뉴기니 섬에서는 동남아시아에서 흔한 영장류를 볼 수 없다.(최근 아시아에서 뉴기니 섬으로 도입되어 생태계에 해를 입힐 가능성이 있는 마카크원숭이는 예외다.) 또한 뉴기니 섬에는 고양잇과 동물을 비롯하여 몸집이 큰 육식동물이 살고 있지 않다. 태반 포유동물로서 뉴기니에 사는 고유종은 박쥐와 설치류뿐이다. 이 섬에서 포유동물의 동물상을 지배하는 동물은 나무타기캥거루와 각종 주머니쥐, 큰 눈이 매력적인 쿠스쿠스 같은 유대동물이다. 여기에 바늘두더지라고 알려진, 알을 낳으며 가시가 있는 매혹적인 포유동물이 두 종 더해진다. 이런 포유동물은 대부분 야행성이다. 나 자신도 여치를 사냥하려고 밤에 활동했던 덕분에 이런 포유동물과 몇 차례 마주칠 수 있었다.

어느 날 밤 숲을 산책하고 야영지로 돌아왔을 때 나는 몸집이 자그맣고 말로 할 수 없을 만큼 귀여운 주머니쥐가 야영지에 임시로 만들어놓은 기다란 작업대 위에서 어슬렁거리고 있는 것을 발견했다. 나는 즉시 탐험대의 포유동물 전문가인 켄 애플린Ken Aplin을 소리쳐 불렀다. 주머니쥐를 본 켄은 잔뜩 흥분했고 우리는 함께 이 조그만 털북숭이 동물을 잡기 위해 고군분투했다. 켄이 소리를 질렀다. "잡을 수 있으면 녀석을 잡아. 이 주머니쥐는 절대 안 물어!" 내가 켄보다 주머니쥐와 가까운 곳에 있었기 때문에 나는 그 동물을 덥석 잡았다. 그 순간 주머니쥐의 날카로운 이빨이 내 손을 파고들었고 손가락 사이로 피가 쏟아지기 시작했다. "물고 있으라고 해. 놓치지만 마." 켄은 침착하게 말했다. 도덕심은 물론 그 어떤 장애물도 표본을 얻으려는 생물학자를 가로막을 수 없다는 사실이 다시 한번 입증되는 순간이었다.

물론 극락조 이야기를 하지 않고서 뉴기니의 생물다양성을 말하는 것은 불가능하다. 까마귀와 큰까마귀가 대부분을 차지하는 연작류에 속하는 이 알록달록한 깃털을 지닌 아름다운 새는 알려진 42종 가운데 38종이 뉴기니 섬에 서식하고 있다. 이 극락조만큼 파푸아뉴기니라는 장소를 상징적으로 보여주는 생물은 없다.(파푸아뉴기니의 국기에는 라기아나극락조가 그려져 있다.) 나는 숲에서 이 새들의 모습을 스치듯이 보았을 뿐이지만, 천국에서 들려오는 듯한 긴꼬리낫부리극락조의 재잘대는 노랫소리는 곤충 채집 사냥을 하는 동안 숲에서 들려오는

풍성한 소리를 한층 더 아름답게 장식해주었다. 극락조가 더없이 아름다운 새이며 그 구애의식이 장관을 연출한다는 사실을 부인할 생각은 없다. 하지만 나에게 극락조는 뉴기니의 이끼투성이 에덴동산에 숨어 있는 진정한 보석에서 잠시 눈을 돌리게 해주는 기분 전환 거리에 불과했다.

뉴기니 섬과 그 근방의 섬들에 얼마나 많은 곤충과 거미류, 그 외의 무척추동물들이 살고 있는지 아무도 정확하게 알지 못하며, 아마 앞으로도 그럴 것이다. 최근 생태학자 보이테흐 노보트니Vojtech Novotny와 동료들은 뉴기니의 열대우림에서 나무를 먹고 사는 곤충에 대해 치밀하고 상세한 연구를 진행했다. 흥미롭게도 이 연구에서는 곤충종의 수가 이전에 추정되었던 수치보다 훨씬 더 적을 수도 있다는 결론이 나왔다. 지구 전체에 살고 있는 곤충종의 수가 이전의 추정치인 3000만이 아니라 400만에서 600만 사이에 불과한 것으로 나타난 것이다. 곤충의 고유성[어떤 생물의 분포가 특정 지역에 한정되는 현상] 또한 애초에 추정되었던 것보다 훨씬 낮은 것으로 드러났다. 나무를 먹고 사는 곤충은 자신의 알을 한 바구니에 담아두기를 좋아하지 않으며, 언제고 사라질 위험이 있는 단일종의 식물에 특화하는 대신 가까운 친족인 다양한 식물종을 먹으며 살아가는 것으로 나타난 것이다. 이 말은 식물을 먹고 사는 곤충종의 다양성이 수많은 부분에서 서로 겹치며, 하나의 종이 우리가 생각했던 것보다 훨씬 더 넓은 지역에 걸쳐 분포한다는 뜻이다. 노보트니와 그 동료들은 한 식물종을 먹고 사는 수

개미식물Hydnophytum은 공진화를 보여주는 훌륭한 사례다.
개미식물의 줄기, 수간경의 일부는 커다랗고 둥그런 주머니처럼 생긴 집으로
변형되어 있다. 이 집 내부에는 부드러운 벽으로 나뉜 방이 여러 개 있다.
이렇게 변형된 개미식물의 줄기는 여러 종의 개미에게 안성맞춤인 집이 되어준다.
안전한 거주지를 빌려 사는 대가로 개미는 영양이 풍부한 배설물을 남겨둔다.
개미식물은 개미의 배설물에서 질소와 다른 영양분을 풍족하게 얻는
덕에 뿌리를 많이 뻗지 않아도 살 수 있으며 흙이 거의 없는 곳에서도
자랄 수 있다. 뉴기니에서 발견된 40여 종의 개미식물 중 일부는
착생식물로, 열대우림 나무의 가지에 매달려 자란다.

백 종 혹은 수천 종의 곤충에서 그 식물만을 먹도록 특화된 곤충은 채 다섯 종을 넘지 않는다고 주장한다. 이 신빙성 있는 주장이 사실이라는 가정 아래 뉴기니에 분포한다고 추정되는 관다발식물 2만5000여 종에 기반을 두고 계산하면, 뉴기니에는 적어도 12만5000여 종의 곤충이 있다는 결론이 나온다. 더구나 이 수치는 식물을 먹지 않는 곤충뿐 아니라 거미나 진드기, 달팽이, 편형동물, 노래기 같은 수십 가지 무척추동물이 계산되지 않은 것이다. 따라서 뉴기니에 서식하는 육생 무척추동물은 50만 종에 가깝거나 그보다 더 많을지도 모른다. 이 중 과학자들이 발견하여 이름을 붙이고 연구한 동물은 극히 일부에 불과하며 대다수는 아직 발견되지 않은 채 이름도 붙여지지 않았다. 현지 과학자들을 비롯하여 전 세계에서 모여든 과학자들로 구성된 우리 탐험대의 임무는 파푸아뉴기니에서도 가장 외딴 지역을 조사하면서 이 나라 생물다양성의 복잡한 지도, 수많은 생물 집단이 들어가야 할 자리가 대부분 공백으로 남아 있는 이 지도에 좀더 상세한 세목을 덧붙이는 것이었다. 우리의 목표는 아직 발견되지 않은 새로운 종을 찾는 것이었다. 하지만 뉴기니의 생물다양성에 대한 우리의 관심이 순전히 학문적인 것만은 아니었다. 뉴기니의 일부 지역은 흔히 '탄소거래carbon trading'라고 하는 환경보호의 새로운 방식을 적용할 수 있는 훌륭한 후보지다. 탄소거래 프로젝트에 참여하는 선진국의 주요 오염자들은 개발도상국에서의 환경보호와 재식림 프로젝트를 지원하면서 자신들이 과도하게 배출하는 온실가스에 대해 어느 정도 속

죄받을 수 있다. 탄소거래 프로젝트가 계획대로 잘 굴러 간다면 기후 변화의 주범인 이산화탄소를 한층 더 효율적으로 대기에서 흡수하는, 소위 온실가스 흡수원carbon sink 생태계가 늘어날 수 있을뿐더러 그 효율 또한 높아 질 것이다. 우리 탐험대가 수행하는 생물학적 조사는 뉴기니의 숲이 이 프로젝트에서 실질적인 혜택을 얻을 수 있는지를 평가하는 사전 조사 작업의 하나였다.

"히피들이 나무 껴안는 소리 하고 있네." 오두막집 문간에서 나를 의심쩍은 눈빛으로 쳐다보던 한 나이든 여인은 이런 문구가 쓰인, 어느 자선 단체에서 얻어 입은 것이 분명한 낡아빠진 윗도리를 입고 있었다. '설마, 정말 그런 생각으로 입은 건 아니겠지'라고 나는 마음속으로 생각했다. 우리는 눈을 동그랗게 뜨고 무서운 기색으로 뒤를 졸졸 따라오는 동네 아이들과 개들의 수행을 받으면서 한 작은 마을을 바쁜 걸음으로 지나던 참이었다. 우리 탐험대는 나카나이 산맥 표본 채취 지점의 처음 몇 군데에서 조사를 하는 동안 마을 사람의 도움을 받아 야영지를 세우고 신선한 식량을 조달받고 있었다. 우리는 뉴브리튼 섬을 기점으로 조사를 시작했다. 이 섬은 비스마르크 제도에서 가장 큰 섬으로 정치적인 의미에서는 물론 생물학적 의미에서도 파푸아뉴기니에 속한 섬이다. 몇 주에 걸쳐 우리는 더욱 후미진 두메를 향해 점점 더 험준해지는 땅을 가로지르고 단층 절벽을 따라 올라 사람의 발길이 거의 닿지 않은 미답의 땅, 자연 그대로의 모습을 간직하고 있는 고원지대를 향해 나아갔다. 우리가 탐험을 시작한 자키노 만의 해안가에는 제

이끼여치Mossula는 평소에는 초목 사이에 완벽하게 섞여들어 몸을 숨긴다. 그러나 이런 방어 전략이 수포로 돌아갈 경우 가시 돋친 근육질의 강력한 다리로 자신을 방어할 수 있다. 이끼여치는 다리를 공중으로 높이 뻗어올려 공격자를 걷어찬다.

뉴기니 섬에 사는 수많은 개구리는 유별나게 작은 몸집을 하고 있다. 여기 새로 발견되어 아직 이름이 붙여지지 않은 코에로프리네속Choerophryne 개구리는 이 개구리를 발견한 호주의 파충류학자 스티븐 리처즈Stephen Richards의 손톱보다도 크기가 작다.

2차 세계대전 막바지에 일본군에 대항하여 펼친 연합 작전 당시 사용된 기관총 등의 무기가 그대로 남아 녹슬어 가고 있었다. 숲속에서 곤충의 뒤를 쫓다가 녹슨 무기에 발이 걸리기라도 하면 이질감이 들면서 염려스러운 마음을 지울 수 없었지만, 한편 이런 무기류가 그대로 남아 있다는 사실 자체가 이 섬의 자연이 보존되고 있다는 지표라고도 생각할 수 있었다. 나는 버려진 고철 덩어리를 치우려고 나서는 사람이 없다면 아마 나무를 자르러 나서는 사람도 없으리라고 생각했다.

나는 나카나이 산맥에 커다란 기대를 품고 있었다. 이 지역의 개구리와 곤충 및 그 친족들의 동물상에 대해서는 아무것도 알려지지 않았기 때문이다. 우리가 이곳에서 새로운 종을 발견하게 될 것은 분명했다. 문제는 얼마나 많은 종을 발견할 수 있는가였다. 야영지에 도착한 다음 날부터 나는 새로운 환경에 몸을 적응시키기 시작했다. 생물학자에게 가장 흥분되는 때는 한 번도 가보지 않은 장소에 처음으로 발을 디디는 순간이다. 뉴기니는 내게 그런 새로운 장소였고, 게다가 일고여덟 살 무렵 플레이도 점토로 부모님 욕실 욕조에다 산호초를 만들고 놀던 시절부터 꼭 한번 가보고 싶었던 곳이었다. 이곳에서는 땅 한 뼘도, 나무껍질 한 조각도, 나뭇가지와 잎사귀 하나도 그냥 지나칠 수 없었다. 그 뒤에 무언가 신비로운 살아 숨 쉬는 보물이 숨어 있을지도 모르기 때문이었다. 밤이 깊어지면 전에 한 번도 들어보지 못한 소리의 합창이 나를 숲속 더욱 깊숙한 곳으로 유혹했다. 시간이 얼마 지나고 나서야 나는 낮게 깔린 양치식물 사이에서 높은 음조로 찌륵찌륵 하고 우는 소리의 주인공이 거대귀뚜라미giant cricket라는 사실을 알게 되었다. 또 여치가 우는 것인 줄만 알았던 찌르르 하는 소리는 실로 이끼 더미 속에 숨은 아주 작은 개구리의 울음소리였다. 탐험대에 곰팡이 전문가가 있어 우리가 발견하는 놀라운 곰팡이에 대해 자세히 알려주면 좋겠다고 내가 얼마나 바랐던지. 야자수 낙엽 더미 위에서는 스스로 빛을 내는 받침애주름버섯이 이 세상 것 같지 않은 푸르스름한 빛을 발산하고 있었다. 나는 이 발광버섯을 채취하여 야영지의 내 텐트 앞에 심어두었다. 버섯은 큰 달팽이가 찾아와 몽땅 먹어치워버리기 전까지 며칠 밤 동안 어둠 속에서도 내 텐트를 찾을 수 있도록 빛을 밝혀주었다. 도깨비 같은 바다말미잘버섯Aseroe의 모습은 숲바닥보다는 오히려 열대 바다 한가운데에 더 잘 어울릴 듯했다.

보석처럼 빛나는 가시거미Gasteracantha는 낮은 가시에 얼기설기 쳐놓은 거미집에 매달려 있었고 모메뚜기는 찐득찐득한 거미줄을 조심조심 피해 나뭇가지 위에 덮인 이끼를 뜯어 먹고 있었다. 낙엽 더미에서는 공격을 받으면 공격자에게 농축 아세트산을 발사하는, 식초전갈이라고 불리지만 실은 전갈이 아닌 거미가 돌아다니고 그 옆에서 소라게와 집게턱개미Odontomachus가 사이좋게 어울려 살고 있었다. 천국이 따로 없었다.

그다음 3주 동안 우리는 이곳저곳으로 옮겨 다니면서 산맥의 구릉지를 따라 점점 더 높이 올라갔다. 그동안 나는 찾을 수 있는 모든 여치를 채집하며 사진을 찍고 기록했다. 자그맣고 짧은 날개가 달린 포식성 곤충을 찾아 낙엽 더미를 샅샅이 뒤졌고 나뭇잎 모양을 하고 숨어 있는 아름다운 의태 곤충을 찾기 위해 낮은 가지를 포충망으로 훑었다. 나는 야영지 가장자리에 자외선 빛을 설치하여 곤충을 유혹했고 곤충이 내는 초음파의 구애 소리를 따라 그 뒤를 쫓았다. 나는 곤충이 내는 고주파를 인간의 열등한 귀로도 들을 수 있게 변환해주는 헤테로다인 박쥐 감지기를 이용해 곤충이 내는 초음파를 들을 수 있었다. 나는 거대한 판다누스 잎의 껍질을 벗겨내 그 단단히 봉해진 뻣뻣한 잎의 좁은 틈새 속에서 살아갈 수 있도록 적응한 곤충종을 찾았고, 대나무 줄기를 갈라 그 속에 숨어 있는 여치를 잡았다. 나는 끈기 있는 사냥꾼이었고 내 노력은 곧 보상을 받기 시작했다. 처음 며칠 밤 동안 내가 찾아낸 곤충종의 수는 깜짝 놀랄 정도로 빠르게 늘어났다. 어딜 가든 처음 며칠은 그렇기 마련이다. 나는 어느 정도 시간이 지난 뒤에는 목록에 새로운 종이 더해지는 속도가 눈에 띄게 줄어들 것이라 예상했다. 하지만 그렇지 않았다. 매일 밤 사냥을 나서기만 하면 예외 없이 목록에 새로운 종을 몇 종 추가할 수 있었다. 한편 며칠 전만 해도 숲에서 보았던 동물이 며칠 뒤에는 그 흔적조차 사라지고 없었다. 내가 발견하여 기록한 여치 60여 종 가운데 적어도 절반은 학계에 알려지지 않은 새로운 종이었다. 하지만 나는 나카나이 산맥의 숲에 살고 있는 모든 여치를 찾아내고자 하는 목표 근처에도 다가서지 못하고 있었다. 내가 계산한 바에 따르면 나카나이 산맥에는 150~200종의 여치가 살고 있을 터이다. 하지만 유감스럽게도 내 계산이 맞는지 확인할 길이 영원히 사라질지도 모른다. 나카나이 산맥처럼 동떨어지고 험준한 지역에조차 국제적 벌채 산업의 집요한 촉수가 가차 없이 뻗어오고 있기 때문이다. 대규모 벌채업자들은 이 자연의 기적을 더 많은 빗자루와 싸구려 탁자로 둔갑시키면 돈을 얼마나 벌 수 있을지를 셈하고 있다. 우리 탐험대의 두 번째 표본 채취 지점은 이미 버려진 벌목장 근처에 있었다. 나무 하나 없이 진흙구덩이가 되어버린 공터는 가까스로 면했던 파괴의 흔적을 고스란히 간직하고 있었다. 벌목꾼은 떠났지만 대신 불도저와 전기톱이 들어올지도 모른다. 아마도 그렇게 될 가능성이 크다. 현재 나카나이 산맥에 불도저와 전기톱이 들어오지 않는 이유는 이 산악지대에 도로가 건설되어 있지 않기 때문이다. 또한 이 울퉁불퉁한 석회암 지대에는 벌목지에서 원목을 효율적으로 운반하기 위해 원목을 떠내려 보낼 만한 큰 강이 없기 때문이다. 마르마르 마을에서 표본 채취 지점까지 오는 동안 우리는 도로에서 딱 차 한 대와 마주쳤을 뿐이다(이 도로를 섬의 다른 지역으로 연결해주는 다리가 아주 오래전에 무너져버렸기 때문이다). 하지만 언젠가 단호한 투자자가 나타나 도로를 재정비하여 이 태고의 모습을 간직한 나카나이 숲을 심각한 위험에 빠뜨릴지도 모르는 일이다.

몇 달 뒤 우리 탐험대는 밀러 산맥에 도착했다. 뉴기니 섬을 서쪽에서 동쪽으로 가로지르고 있는 밀러 산맥은 코르디예라센트럴 대산괴의 일부로 이전에 한 번도 제대로 탐험된 적이 없었다. 뉴브리튼 섬과 마찬가지로 우리는 산맥을 오르기 전 고도가 낮은 고온다습한 구릉지대에서 조사를 시작했다. 이번 탐험에 호주의 곤충학자인 데이비드 렌츠David Rentz가 합류했기 때문에 나는 마음이 한껏 들떠 세계에서 가장 저명한 여치 전문가와 함께 곤충 사냥에 나서기를 학수고대하고 있었다. 그러나 정작 사람 손길이 닿지 않은 원시림으로 밤 사냥을 나섰을 때 나는 깜짝 놀랄 수밖에 없었다. 눈에 띄는 여치가 거의 없었기 때문이다. 물론 새로운 종이 이따금 발견되기도 했지만 그 한 마리 한 마리의 표본을 채집하기 위해서 우리는 아주 열심히 숲을 뒤지고 다녀야 했다. 여치를 찾기에는 계절이 맞지 않았던 것일까? 우기가 끝나갈 무렵인 당시는 아마도 곤충을 찾아다니기에 최적의 시기가 아니었을지도 모른다. 하지만 다시 생각해보면 우리는 적도 근처에 있었고 이 위도 지역에서 계절성은 곤충의 많고 적음을 결정하는 주요 요인이라

습도가 높고 큰비가 잦은 덕분에 뉴기니 숲속의 이끼 낀 바닥에서는 보통 물속에서나 사는 생물도 살아갈 수 있다.
그런 생물 중에서 이 분홍빛의 단각류 동물만큼 예쁜 동물도 없을 것이다.

고 할 수 없다. 땅거미가 진 다음 숲으로 들어갈 때마다 데이비드와 나는 항상 흔한 종 몇 마리를 찾아낼 수 있었고 하룻밤 사이 새로운 종을 적어도 다섯 종은 목록에 더할 수 있었다. 그러나 대개의 경우 새로운 종은 그한 마리, 단독 개체에 그치고 말았으며 우리는 같은 종의 다른 개체를 더 이상 찾아낼 수 없었다. 마침내 우리는 우리가 보고 있는 곤충의 존재 양상이 여기, 가장 다양한 생물상을 자랑하는 육상 생태계에서 나타나는 전형적인 양상이 아닐까 생각하기 시작했다.

열대 지방의 생물학자라면 누구라도 고개를 끄덕일 것이다. 열대우림에서는 딱정벌레나 나비, 귀뚜라미를 채집할 때 한 번 마주친 적이 있는 종의 또다른 개체를 찾는 일보다 새로운 종을 찾는 일이 훨씬 더 쉽다. 위치가 적도에 가까워지고 계절의 의미가 옅어질수록 이런 현상은 더욱 두드러지게 나타나는 듯하다. 열대우림에서 뚜렷하게 나타나는 곤충 개체의 역설적인 저밀도 현상은 열대우림의 종 풍부도와 결합하여 수십 년 동안 곤충학자들을 골치 아프게 한 문제였다. 곤충 채집 기간이나 강도와는 상관없이 열대우림에서 발견된 곤충종의 절반가량에는 오직 단 한 마리의 표본만이 존재한다. 이런 현상을 설명하기 위해 숱한 가설이 제기되었다. 단순한 채집상의 오류에서 빚어지는 현상이라고 설명하는 이들이 있는가 하면, 곤충종 대부분이 희귀한 탓에 나타나는 현상이라고 설명하는 이들도 있었다. 하지만 현재 수많은 생태학자는 이런 흥미로운 양상을 빚어내는 주요 원인이 열대우림의 곤충사회가 아주 동적이기 때문이라는 데에 의견을 모은다. 특정 식물종과 밀접한 관계에 있는 곤충은 그 식물의 서식지 주변에서 발견된다. 반면 대부분의 곤충은 다양한 식물과 서식지를 돌아다니는 "여행객"으로 크고 밀집된 개체군을 형성하지 않는다. 그러므로 고작 몇 주라는 기간 동안 뉴기니의 열대우림에서 표본을 채취하면서 이곳에 얼마나 다양한 여치가 살고 있는지 파악하려고 한 시도는, 아무리 열심이었다고 해도 마치 빠르게 흐르는 개울을 이편에서 저편으로 건너는 동안 개울에 사는 물고기 전부를 잡아내려 했던 것만큼이나 무모했던 셈이다. 몇 마리는 잡을 수 있을지 모르지만 그다음 훨씬 더 많은 물고기가 내려오기 마련이다. 밀러 산맥에 꼬박 1년 동안 있으면서 열심히 곤충을 채집한다고 하면 아마 이곳에 출몰하는 대부분의 여치를 기록할 수 있을지도 모른다. 하지만 이곳 식물을 먹으러 이웃에서 놀러 오는 여치는 항상 더 있을 것이다. 상황을 좀더 예측하기 어렵게 만드는 요인은 또 있다. 적도 지방에 서식하는 식물 중 어떤 식물은 2년에서 10년에 한 번씩 꽃을 피운다. 엘니뇨의 영향을 받아 밤의 평균 기온이 거의 알아차릴 수 없을 만큼 서서히 떨어지면 이 식물들은 마치 폭발하듯 한꺼번에 꽃을 피워

낸다. 이런 꽃의 향연이 펼쳐지면 주위 다른 지역에 있던 곤충들은 떼로 몰려들어 이 느닷없이 차려진 꿀과 꽃가루의 잔치를 즐기고는 이내 다른 식물을 찾아 떠나버린다. 꿀과 꽃가루를 먹고 사는 여치가 많기 때문에 이 광대한 뉴기니 열대우림 각 지역의 여치 분포와 개체군 밀도는 이처럼 주기적이지만 불규칙적으로 꽃이 개화하는 현상에 따라 크게 좌우되는 것으로 보인다.

열대우림이라고 해서 1년 내내 꽃이 가지마다 주렁주렁 피어 있다고는 할 수 없다. 하지만 성실한 식물학자라면 항상 어디선가는 인상적이고 신비로운 꽃을 피우고 있는 식물을 찾아낼 수 있을 것이다. 뉴기니 섬은 가장 화려한 꽃을 피워내는 난초과의 식물이 최고로 번성하고 있는 곳이다. 뉴기니 섬은 세계에서 난초 식물상이 가장 풍부한 지역으로 손꼽히며 여기와 어깨를 견줄 만한 곳은 남아메리카에 있는 안데스 산맥 북부뿐이다. 뉴기니 섬에서만 기록된 난초는 무려 2800여 종에 이르며 이는 전 세계에 분포하는 난초과 식물의 11퍼센트에 달하는 수치다. 그리고 이 가운데 90퍼센트는 뉴기니에서만 자라는 고유종이다.("고유종"이라는 용어에 대해서 간단히 설명할 필요가 있다. 생물학자를 두근거리게 하는 단어인 고유종은 보통 비교적 좁은 한 지역에서만 발견되며 다른 어느 지역에서도 발견되지 않는 생물종을 뜻한다.) 뉴기니 섬에 난초가 풍부한 까닭은 이 섬에 이 식물들이 좋아하는 환경 조건이 완벽하게 구비되어 있기 때문이다. 대부분의 난초는 착생식물[바위나 다른 식물 표면처럼 흙이 아닌 곳에 붙어 뿌리를 대부분 노출한 채 살아가는 식물]로 흙에 뿌리

를 내리지 않고 다른 나무의 가지나 나뭇잎에 매달려서 자라난다. 그러나 난초는 기생식물이 아니며 자신에게 필요한 물과 영양분을 스스로 공급해야만 한다. 난초가 숲지붕 아래에서 살아남기 위해서는 식물이 자라는 대기가 반드시 습기로 가득 차 있어야 한다. 산이 많은 지형 덕분에 뉴기니 열대우림의 대부분 지역은 해발 500미터에서 2500미터 사이의 구릉지대에 위치해 있다. 습도가 아주 높으면서도 그리 덥지 않은 따뜻한 기후는 난초가 서식하는 데 최고의 환경이다. 어떤 지역에서는 한 나무 위에서만 몇 종이나 되는 난초가 함께 자라는 모습을 쉽게 발견할 수 있다. 한번은 30센티미터 남짓한 가느다란 가지 위에서 콩짜개난속Bulbophyllum에 속하는 일곱 종의 난초가 자라는 모습이 포착되기도 했다. 난초가 생태학적 관점에서 성공적으로 번성하며 다양성을 획득할 수 있는 비결은 꿀을 생산하지 않고도 자신에게 특화된 의욕적인 벌레(수분충)를 끌어들이는 능력에 있다. 어떤 난초는 말벌 암컷과 불가사의할 정도로 똑같이 생긴 꽃을 피워내면서 수분을 성사시킨다. 꽃과 암컷을 헷갈려 하는 말벌 수컷이 교미를 하기 위해 계속해서 꽃을 찾아오기 때문이다. 또다른 난초는 수컷 벌이 나중에 구애 행동을 할 때 사용하기 위해 모아들이는 화학물질을 소량 생산함으로써 수컷 벌의 관심을 끈다. 또다른 뉴기니 고유종인 콩짜개난속에 속하는 불보필룸 키미키눔 Bulbophyllum cimicinum은 꽃의 중심 부분을 완벽한 모양을 한 가짜 "거미"로 둔갑시킨다. 아주 약한 바람에도 흔들리는 꽃은 거미가 몸을 꿈틀대는 듯 보이면서 아주 그럴

거미바구미Arachnobas nr. granulpennis

듯한 미끼가 되어준다. 이 난초의 수분충이 무엇인지는 아직 알려지지 않았지만 몇몇 식물학자는 이 거미를 잡아먹는 말벌이 수분충일 것이라고 추정한다.

우리 탐험대는 마침내 밀러 산맥에서도 해발 2900미터에 달하는 고원지대인 아팔루 레케Apalu Reke에 도착했다. 예정된 조사 장소로는 마지막이 될 곳이었다. 이곳에서 우리는 식물학자들에게 전혀 알려지지 않은 종류의 식물군락을 발견했다. 우리 탐험대의 식물학자

덴드로비움속의 옥시글로숨절 Oxyglossum
[절: 린네식 계층분류 체계에서 속과
종의 중간계급]

메디오칼카르Mediocalcar sp.의 한 종

인 웨인 다케우치Wayne Takeuchi는 뻣뻣한 잎의 양치식물과 작은 관목 식물들이 무성하게 우거진 사이사이 선태림이 들어선 고지대 초원의 광경에 경탄을 금치 못했다. 비전문가인 내 눈에는 이 키 작고 빽빽하게 우거진 덤불이 유럽이나 북미에서 흔히 발견되는 칼루나[내한성이 강한 상록성 소관목]나 블루베리와 다를 바 없어 보였다. 하지만 웨인은 곧장 그 차이점을 설명해주었다. 칼루나처럼 생긴 관목 가지에 매달려 있던 빨간 딸기 열매라고만 생각했던 것은 실은 메디오칼카르속Mediocalcar의 난초에 핀 꽃이었다. 이 난초는 기다란 줄기를 다른 식물의 가지에 들락날락 엮으면서 자라고 있었다. 그 바로 옆에 내가 처음 칼루나의 다른 종이라고 생각했던 관목은 실은 난쟁이진달래속Pygmy rhododendron의 식물인 것으로 드러났다. 내가 아는 난쟁이진달래라고 하면 우리 집 정원에서 자라는 넓적하고 커다란 잎사귀에 큰 꽃을 피우는 관목이다. 하지만 이 난쟁이진달래는 키가 30센티미터 남짓에 자그마한 잎을 달고 있었으며 작고 연주홍빛을 띠는 관처럼 생긴 꽃부리를 지니고 있었다. 이렇게 생긴 꽃은 남아메리카에서는 벌새가 수분을 담당하는 전형적인 꽃이지만 벌새가 없는 뉴기니에서는 수분 매개자의 역할을 꿀빨이새과의 새들이 맡고 있다. 이 난쟁이진달래 옆에서 나는 난쟁이진달래와 비슷하게 생긴 식물을 발견했다. 연주홍빛에 관 모양을 한 꽃까지 완전히 똑같이 생겼지만 이 식물은 진달래가 아닌 또다른 종류의 난초였다. 덴드로비움 쿠트베르트소니Dendrobium cuthbertsonii라는 이름의 이 재미있는 식물은 다른 난초와 마찬가지로 수분 매개자를 유혹하기 위한 꿀을 생산하지 않지만 꿀이 풍부한 진달래꽃을 흉내 내 수분 매개자를 속여 넘긴다. 꿀을 찾던 새들은 그 모습에 깜빡 속아 그들에게는 아무 짝에도 쓸모없는 꽃가루로만 가득 찬 꽃에 부리를 담그면서 본의 아니게 난초의 수분을 돕는다. 새들이 진짜 진달래꽃과 가짜 진달래꽃의 차이를 경험으로 습득하여 알게 될 가능성을 없애기 위해 이 난초의 꽃들은 놀라운 다형성polymorphism을 뽐내며 다채로운 색깔로 피어난다.

밀러 고원의 아팔루 레케는 아주 아름답지만 굉장히 추운 곳이기도 하다. 기온이 섭씨 10도 아래로 떨어지는 밤마다 우리 탐험대는 텐트 안에서 추위에 떨어야만 했다. 전에 머물던 야영지의 무덥고 습한 밤과는 정반대였다. 밤에는 이렇다 할 곤충활동도 별로 없었다. 실제로 일주일 동안 나는 여치를 고작 4종 기록했을 뿐이다. 밤이 되어도 내 자외선 빛을 보고 몰려드는 곤충이 없었으며 이따금 땅속에서 울어대는 개구리 소리 말고는 아주 고요했다. 낮이라고 해봐야 별로 나을 게 없어 주위를 윙윙거리며 돌아다니는 곤충은 거의 찾아볼 수 없었다. 기온이 낮은 고원지대에서는 낮은 기온에서도 기운차게 활동할 수 있는 온혈동물인 새가 수많은 식물의 수분 매개자 역할을 하고 있었다. 하지만 피를 따뜻하게 유지해야 하는 새는 끊임없이 영양분을 섭취할 필요가 있다. 고원지대의 훤히 트인 초원에서 가장 흔하게 볼 수 있는 관목에서는 붉은 빛깔이거나 파란 빛깔을 띤 커다란 열매가 열렸다. 나는 새들이 이 열매를 쪼아 먹대한 나무로 자라고 있었다. 독특한 구조로 이루어진 죽백나무 열매는 이 나무가 침엽수와 친족관계임을 보여주는 증거다. 밝은색을 띤 나무 열매는 대부분 다육질로 된 가종피[씨의 겉부분을 둘러싸 종피처럼 보이는 특수한 껍질]로 이루어져 있으며 새가 찾아 먹는 것도 바로 이 부분이다. 열매 안에 들어 있는 녹색 씨앗은 아무 탈 없이 새의 소화기관을 통과한 다음 발아하게 된다.

추운 날이 이어지는 동안 우리 탐험대의 개미 전문가인 안드리아 러키Andrea Lucky와 나는 곤충을 찾아야 한다는 필사적인 생각으로 너도밤나무숲의 가장자리에 자라고 있는 나무 한 그루를 희생시키기로 했다. 우리는 빈틈없이 가지를 덮고 있는 두터운 이끼 수풀 속에서 아무 곤충이나 벌레라도 발견할 수 있지 않을까 하는 기대를 걸고 있었다. 현지에서 우리를 도와주러 온 사람은 몇 년간의 숙달된 경험을 증명이라도 하듯 멋들어진 솜씨로 나무를 순식간에 베어 넘어뜨렸다. 하지만 쓰러진 나무의 작은 가지 하나 놓치지 않고 몇 시간 동안 빗질하듯 수색하며 나무줄기의 껍질을 전부 벗겨내다시피 했지만 개미 한 마리, 여치 한 마리, 딱정벌레 한 마리도 없었다. 우리가 발견한 것은 작은 귀뚜라미 한 마리와 나무에서 사는 지렁이 몇 마리뿐이었다. 우리가 어떤 곤충도 놓치지 않았다는 점을 확인하기 위해 안드리아는 나무에서 벗겨낸 이끼와 나무껍질을 채취해 빙클러Winkler 추출기 장치 안에 넣어두었다. 이 장치를 이용하면 곤충학자들은 식물 소재 시료에 숨어 있을 수 있는 아주 작은 곤충까지 놓치지 않고 잡아낼 수 있다. 하

포도카르푸스 브라시Podocarpus brassii의 변종인 후밀리스Humilis

는 장면을 몇 차례 목격했다. 그러면서 이 나무가 덩굴월귤의 사촌쯤 되지 않을까 생각했지만 실제로는 가문비나무와 소나무의 사촌인 죽백나무Podocarpus속의 일원으로, 고대 초대륙 곤드와나 대륙 남부의 식물상에서 살아남은 태고의 유물식물이었다. 곤드와나 대륙이 분리되면서 생겨난 조각 중 하나가 오늘날의 뉴기니이기 때문이다. 나는 남아프리카공화국의 좀더 서늘한 지역에서 자라는 죽백나무를 본 적이 있다. 그곳에서 죽백나무는 여기에서처럼 작고 왜소한 관목이 아니라 키가 큰 거

지만 여기서도 아무런 수확이 없었다. 고도가 높아질수록 생물종의 종류와 개체수가 급격하게 감소한다는 것은 잘 알려진 사실이다(산꼭대기에 가까워질수록 곤충이 살 수 있는 지역이 줄어든다는 이유 하나만 봐도 그렇다). 하지만 열대 지방인 파푸아뉴기니의 숲속, 착생식물로 완전히 뒤덮여 자라고 있는 나무에서 곤충 한 마리 살고 있지 않다는 사실을 두 눈으로 확인하니 실로 충격이었다. 더구나 여기는 파푸아뉴기니에서도 가장 오지인 곳, 사람의 손을 타지 않아 전혀 훼손되지 않은 곳 아닌가. 나는 몇 년 전 중국 히말라야 산맥의 동쪽 산비탈에 있는 비슷한 높이의 고지대에서 곤충을 조사한 적이 있다. 당시 놀랍게도 그 추운 온대림에서는 이곳보다 훨씬 더 다양한 곤충이 살고 있는 것으로 나타났다. 그러므로 여기에는 무언가 설명이 있어야만 했다.

1960년대 생태학자 대니얼 잰즌Daniel Janzen은 흥미로운 가설을 제안했다. 당시에는 인정받지 못했던 잰즌의 가설은 오늘날 생물학자 사이에서 (몇 가지 주의 사항이 붙은 채로) 널리 받아들여지고 있다. 잰즌은 산길, 즉 산악지대가 "열대지역에서 더욱 높아진다"고 주장했다. 물론 그렇다고 해서 열대지역의 산들이 세계 다른 지역의 산들보다 물리적인 의미에서 더 높다는 뜻은 아니다. 그보다는 생물의 분포 능력에 고도가 미치는 영향이 온대지역보다 열대지역에서 좀더 두드러지게 나타난다는 뜻이다. 잰즌은 일반적으로 열대지역의 생물이 온대지역에 사는 비슷한 생물보다 기후적으로 좀더 안정된 환경에서 살고 있기 때문에 고산지대에서 흔히 나타나는 급

격한 기온 저하에 잘 적응하지 못한다고 생각했다. 그러므로 열대지역의 생물은 산악지대를 가로지르는 여행에서 살아남지 못할 가능성이 높다. 또한 같은 종이 산맥으로 분리되었을 경우 각 개체군은 오래지 않아 유전적으로 고립되며 그 결과 생식적 격리reproductive isolation로 인해 별개의 종으로 분화하게 된다. 아마도 같은 논리를 통해 열대의 고원지대에서 일반적으로 나타나는 곤충 희귀 현상을 설명할 수도 있을 것이다. 산기슭에 사는 생물이 산 위에서도 정착하여 살아가는 비율은 다른 무엇보다도 그 생물이 혹독한 기후 변화에 적응하여 살아갈 수 있는가의 여부에 따라 크게 좌우된다. 고산지대에서는 밤낮에 따라 또한 계절에 따라 기온 격차가 클 수밖에 없기 때문이다. 그러므로 온대지역에서 계절에 따른 심한 기온 변동에 이미 적응을 마친 생물종이 산악지대에 많이 서식할 수 있는 것은 당연한 일이다. 그렇지만 적도에 가까운 지역일수록 산악지대에 전형적으로 나타나는 춥고 혹독한 환경을 견뎌낼 수 있는 생물은 많지 않으며 그 결과 산악지대에 사는 생물은 온대지역보다 적을 수밖에 없다. 히말라야에서 나는 해발 5500미터 높이에 개미들이 살고 있는 것을 본 적이 있다. 모두 저지대에 살고 있는 개미와 가까운 친족인 종이었다. 하지만 히말라야와 비교할 때 자릿수가 다를 만큼 많은 종의 개미가 서식하는 뉴기니에서는 대략 그 절반의 고도만 넘어서도 개미 한 마리 눈에 띄지 않는다. 간단히 말해 뉴기니의 곤충들은 따뜻한 기후에 익숙해진 나머지 아팔루 레케의 고산 기후에 적응할 능력을 키우지 못한

상자여치Phyllophora는 노래하지 않는, 그리고 노래하지 못하는 아주 드문
여치 중 하나다. 상자여치가 노래하지 않는 까닭은 아직까지도 곤충학자들
사이에서 풀리지 않는 수수께끼로 남아 있다. 다른 여칫과의 동물은
날개의 특수한 구조를 이용하여 뉴기니 열대우림의 밤을 물들이는
구애의 노래를 부른다. 하지만 상자여치의 날개에는 소리를 내는
특수한 구조가 없다. 그렇다고 상자여치가 전혀 소리를 내지 못하는가 하면
그렇지도 않다. 진화가 교묘하게 솜씨를 발휘한 흥미로운 사례로서
상자여치 다리 밑마디에는 여러 개의 이랑이 촘촘하게 나란히 늘어서 있다.
포식자에게 붙잡히면 상자여치는 이랑이 늘어선 부위를 가슴판에 있는
둥그렇고 판판한 곳에 대고 힘차게 문지른다. 이때 나는 쉬익 하는 소리는
뱀이 쉭쉭거리는 섬뜩한 소리와 비슷하게 들린다. 이 소리는 새를 비롯한
어떤 포식자라도 놀라게 해, 비록 무해한 곤충 한 마리처럼 보이지만 의심쩍은

새로 발견되어 아직 이름이 붙여지지 않은 활공개구리Litoria sp. n.가 열대우림 나무의 버팀뿌리에 달라붙어 있다.
이 개구리는 장대한 뉴기니 숲속에 아직 알려지지 않은 생물이 얼마나 다양하게 남아 있는가를 보여주는 살아 있는 증거다.

것이다. 바로 그런 까닭에 이곳에서 지금껏 살아남을 수 있었던 곤충이 이토록 적은 것이다.

　뉴기니에서 하는 일이 이토록 재미있는 이유는 바로 이와 같은 수수께끼 때문이다. 생물학자의 낙원이라는 것이 이 세상에 존재한다면 아마도 바로 이곳일 것이다. 여기서는 모든 생태계가 해결되지 않은 의문들로 넘쳐나고 모든 생물이 자신의 복잡한 행동은 물론 생물군락의 다른 구성원들과 맺는 관계에 대한 의문을 해명하라는 임무를 던져준다. 섬 구석구석마다 아직 이름조차 붙여지지 않은 새로운 동물종과 식물종들이 발견되기만을 기다리고 있다. 뉴기니 섬은 극락조와 눈을 휘둥그레

지게 할 만큼 풍부한 난초들의 서식지일 뿐만 아니라 세상에서 가장 큰 나비, 가장 큰 여치, 가장 키가 큰 이끼, 가장 큰 진드기들의 서식지이기도 하다. 뉴기니 섬은 지구상에서 세 번째로 광대한 열대 원시림을 품고 있는 한편 그 섬 주위를 둘러싼 바다에는 전 세계 대양에서 가장 다채롭다는 명성을 얻은 산호초를 펼쳐놓고 있다. 뉴기니에서 우리는 태초의 모습에 아주 가까운 자연세계, 전 세계 다른 곳에서는 이미 오래전에 잃어버린 생물학적 원점을 조금이나마 들여다볼 수 있다. 뉴기니가 이렇게 남아 있을 수 있던 데에는 이 섬의 고립된 위치와 사람이 접근하기 어려운 험준한 지형의 공이 컸다. 그러나

더 많은 나무, 더 많은 금, 더 많은 화석연료를 원하는, 결코 만족을 모르는 세계의 욕망은 다른 곳에서처럼 이 인류 이전의 장엄한 성역마저 위협하고 있다. 최근 석유 회사들이 모여 만든 국제 공동 기업과 파푸아뉴기니 정부는 뉴기니 고원지대에서 액화천연가스를 채굴하기 위한 거래를 체결했다. 이 거래로 파푸아뉴기니의 국내총생산은 두 배(어떤 이에 따르면 네 배까지)로 오를 것이다. 한편 이 거래를 시작으로 걷잡을 수 없는 개발이라는 판도라 상자가 열릴지도 모른다. 대규모의 채굴 계획으로 이 섬의 생물다양성이 어떤 영향을 받게 될 것인가를 최종적으로 이야기하기에는 아직 이르지만 몇 가지는 분명하다. 숲을 효율적으로 제거하기 위해 아직도 쉽게 접근하기 어려운 지역을 관통하는 도로가 더 많이 건설될 것이며, 세계 다른 지역에서 들어오는 물건이 많아질수록

바람직하지 않은 침략 종이 함께 들어올 위험 또한 높아질 것이다. 물론 어느 누구도 파푸아뉴기니에 나라를 발전시키고 산업 능력을 키울 권리가 있다는 사실을 부인할 수 없다. 그러나 생물다양성을 보존하는 마지막 "방주" 하나가 크나큰 위험에 처한 지금, 국제 환경보호단체는 파푸아뉴기니의 의사결정권자들에게 가능한 한 많은 도움과 지침을 제공하기 위해 힘을 모아야 할 것이다. 동시에 세계 전역의 과학자들은 희망의 끈을 놓지 않는 한편 뉴기니의 과학자들과 힘을 합쳐 생물학자들을 절대 실망시키지 않는 이곳의 풍부한 생물다양성을 기록하는 일에 힘을 쏟아야 할 것이다. 나로 말할 것 같으면 언제든 불러만 준다면 즉시 하던 일 전부를 내팽개치고 그곳으로 돌아갈 준비가 되어 있다.

키가 크고 잎이 길쭉한 판다누스나무Pandanus는
생김새가 눈에 잘 띄며 뉴기니 열대림에서 흔하게
찾아볼 수 있다. 잎이 촘촘하게 들어찬 부채꼴의
수관(가지와 잎이 많이 달린 줄기의 윗부분)에는
피토텔마타phytotelmata, 즉 식물에 물이 고이면서
만들어지는 작은 수역이 형성된다.
나무 꼭대기 높이에 귀중한 자원인 물이 고인 작은
못이 생겨나는 것이다. 개울이나 연못이 없는 곳에서
이렇게 생겨난 작은 못은 잠자리나 실잠자리의
유충처럼 수생생물이 살 수 있는 서식지가 되어준다.
수많은 생물이 판다누스 잎 사이에서 평생을
살아간다. 어떤 생물은 판다누스 잎을 먹고 살아가며
또 다른 생물은 판다누스 잎을 먹으러 찾아오는
생물을 사냥하며 살아간다.

판다누스대벌레|Thaumatobactron sp.

살로몬여치|Salomona bispinosa

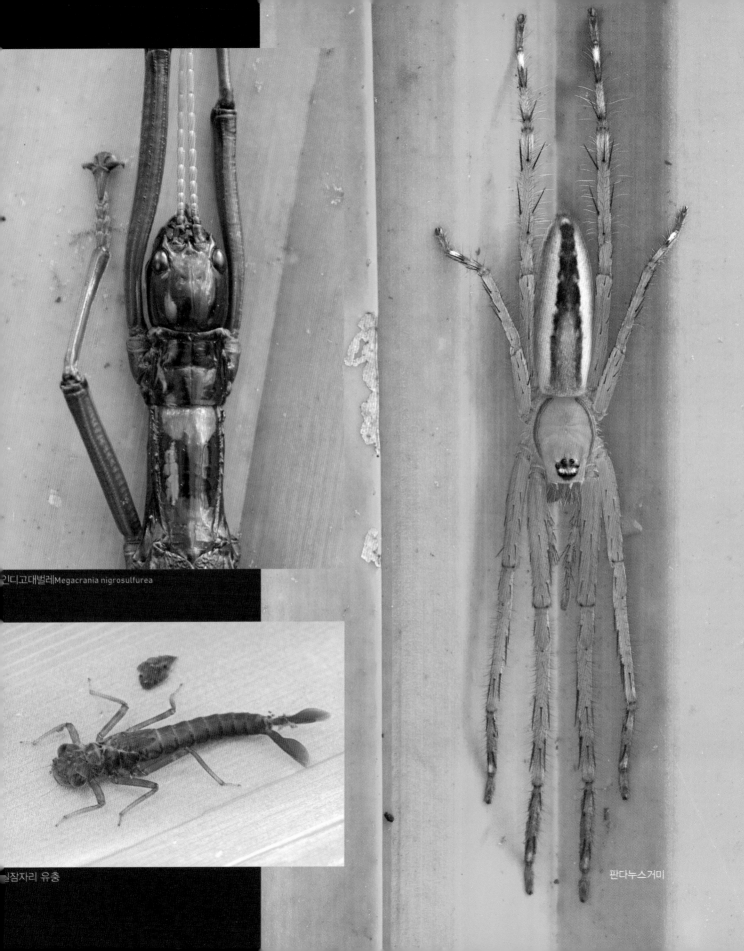

긴디고대벌레Megacrania nigrosulfurea

물잠자리 유충

판다누스거미

동물세계에서 가장 뛰어난 식물 의태 솜씨를 자랑하는 대벌레목은
두 종류의 아주 효과적인 방어 전략으로 잘 알려져 있다. 대벌레목 곤충은 오로지
식물만을 먹고 살기 때문에 자신의 몸을 보호하기 위한 날카로운 이빨이나 독침을
가지고 있지 않다. 인디고대벌레 같은 일부 대벌레는 매우 불쾌한 화학물질을
합성하여 자신을 공격하는 포식자에게 이 물질을 놀라울 정도로 정확하게
살포할 수 있다. 재미있게도 몇몇 대벌레 종은 네페탈락톤nepetalactone이라는,
개박하Nepeta cataria에서도 발견되는 고양이가 좋아하는 화학물질을
합성하기도 한다. 화학물질로 자신을 보호하는 전략을 취하는 종은
대개 밝고 대비를 이루는 경계색을 과시한다.

이와 정반대의 방어 전략을 택하는 대벌레들도 있다. 자신의 몸을 나뭇잎이나
나무줄기와 구분할 수 없을 정도로 똑같이 보이게 바꾸는 전략이다.
뉴기니 열대우림의 높다란 숲지붕에 살고 있는 가랑잎벌레Phyllium는
곤충세계에서도 가장 뛰어난 은신술을 구사한다.

개구리는 발생 초기 단계에서 수중 서식지를
필요로 하는 생물이다. 이는 개구리의 진화
역사 초기 단계에서 물려받은 불편한 유산이다.
대부분의 개구리는 암컷이 개울이나 연못에
알을 낳고 알에서 깨어난 올챙이는 물속에서
아가미를 이용하여 호흡한다. 하지만 지표수가
거의 존재하지 않는 뉴기니에서 개구리의
수많은 종은 독자적으로 생존하는 올챙이
단계를 완전히 우회할 수 있는 전략을
진화시켰다. 뉴기니의 개구리들은 물속에
수백 개 혹은 수천 개의 작은 알을 낳고 알이
스스로 알아서 살아남도록 내버려두는 대신
몇 개 되지 않는 큰 알을 낳고 알이 부화할
준비가 될 때까지 알들을 보살핀다. 각 알에
들어 있는 커다란 노른자위에는 영양분이
충분히 들어 있기 때문에 알 속의 배아는
이 영양분을 섭취하면서 알 속에서 작디작은
새끼 개구리로 완전하게 성장할 수 있다.

파충류나 조류의 알과는 다르게 개구리
알에는 물을 투과시키지 않는 딱딱한 껍질이
없기 때문에 계속해서 물로 적셔주고 제대로
보호해주지 않으면 알이 탈수되어버리기 쉽다.
이런 이유로 개구리 부모 중 한 마리는 계속
알에 머물면서 알이 부화할 때까지 이를
보살핀다. 몸집이 크고 무거운 플라티만티스
불렌게리Platymantis boulengeri는 암컷이
땅에 작은 구멍을 파고 알을 낳은 뒤 이를
감싸안듯이 그 위에 앉아 알을 물리적으로
보호하는 한편 습기를 빼앗기지 않도록 보살핀다.
몸집이 훨씬 더 작은 오레오프리네Oreophryne
속의 개구리는 잎사귀 뒷면에 붙여둔 알을
수컷이 끌어안고 지킨다. 수컷 개구리는 낮 동안
에는 알을 내버려두고 곤충 사냥에 나서지만
저녁이 되면 다시 돌아와 알을 촉촉히 적셔주고
알이 해를 입지 않도록 보살핀다. 몇 주가 지나면
혼자 살아갈 준비를 마친 새끼 개구리들이
자디작은 수중 요람의 벽을 뚫고 바깥으로
기어 나온다.

레크리오두스 아가노포시스Lechriodus aganoposis

나카나이주름대나무개구리Platymantis mamusiorum

플라티만티스 나카나이오룸
Platymantis nakanaiorum

뉴기니에 서식하는 수많은 절지동물에서는 포유동물의
뿔을 연상시키는 거대한 구기[절지동물의 입 부분을 구성하는
기관을 통틀어 이르는 말]를 지닌다는 공통된 특징이 나타난다.
이렇게 몸의 한 부분이 균형에 맞지 않게 커지는 현상은
상대성장 비대allometric hypertrophy라고 알려져 있다.
그러나 구기가 몸에 비해 유난히 커지는 현상 뒤에 숨은 원인은
각 곤충이 이 기형적인 기관을 어떻게 사용하는가에 따라
완전히 달라진다. 사슴벌레의 거대한 큰턱은 자웅선택으로 인한
진화의 산물이다. 사슴벌레 암컷은 큰턱이 비대하게 발달한
수컷과 우선적으로 교미하려 한다. 또한 거대한 큰턱을 지닌
사슴벌레는 수컷끼리의 싸움에서 유리한 고지를 점할 수도
있다. 그러나 여기에는 먹이를 찾는 데 쓸모가 없는 거대한 큰턱을
끌고 다니기 위해 에너지가 많이 소모된다는 단점이 있다. 그 결과
사슴벌레의 개체군에는 정상적인 크기의 큰턱을 지닌 수컷도
일부 존재한다. 이런 사슴벌레는 거대한 큰턱을 지닌
다른 사슴벌레들이 창 시합을 벌이느라 정신을 파는 틈을 타
암컷에게 몰래 다가가 교미를 성사시킨다.

집게턱개미Odontomachus papuanus의 큰턱은 자연선택의 결과
진화한 치명적인 무기다. 작고 민첩한 톡토기Collembola류를 먹고
사는 집게턱개미에게 영양가 있는 식사를 할 수 있는 확률은 턱을
얼마나 빠르게 닫을 수 있는가 하는 능력에 달려 있다.
그런 이유로 집게턱개미는 동물세계 전체를 통틀어 가장 빠른
반사 반응 능력을 진화시켰다. 큰턱의 뿌리 부분에 있는 한 쌍의
긴 털이 감지기 역할을 하며 이 감지기에 먹잇감이 포착되는 순간
바로 턱이 닫힌다. 이렇게 턱이 닫히는 데는 1000분의 1초도
걸리지 않는다. 또한 턱이 닫히는 힘이 강하기 때문에
집게턱개미는 전혀 다른 목적을 위해 턱을 쓰기도 한다.
포식자에게 공격을 받을 경우 집게턱개미는 고개를 아래로
숙이고 턱을 덥석 닫는다. 턱이 닫히는 힘 덕분에 개미는 공중으로
튀어올라 포식자에게서 도망칠 수 있다. 집게턱개미는 턱을
이용하여 뛰어오를 수 있다고 알려진 유일무이한 동물이다.

큰턱깡충거미Bathippus는 거미에게 있어 큰턱이라 할 수 있는
협각이 특이하게 발달한 거미다. 이렇게 특이한 형태로 협각이
발달하는 것은 오직 수컷뿐이다. 이 협각이 어디에 쓰이는지는
아직 뚜렷하게 밝혀지지 않았다. 큰턱깡충거미 수컷은 아마도
사냥을 할 때나 구애 행동을 할 때 이 협각을 사용하는 듯 보인다.

엑시미우스가위사슴벌레
Cyclommatus eximius

암수에 따라 몸 크기가 다르게 나타나는 자웅이형 현상은
동물세계에서 흔하게 볼 수 있는 현상이다.
하지만 거미만큼 그 차이가 뚜렷하게 나타나는 동물은 찾아보기
어렵다. 거미류에서는 암컷이 수컷보다 몸길이가 10배 이상 길고
몸무게가 100배 이상 무거운 경우도 있다. 뉴기니에서 흔하게
발견할 수 있는 가시거미속Gasteracantha의 거미는 자웅이형성을
보여주는 좋은 사례. 가시거미의 암컷은 커다란 몸을
아름다운 무늬로 치장하고 있다. 반면 수컷은 암컷보다 크기가
열 배나 작고 겉모습도 칙칙한 편이다. 암컷이 나뭇가지나
키가 큰 덤불 사이에 커다란 거미집을 짓고 있으면 수컷은
나무에서 나무로 기어다니면서 암컷을 찾는다. 최근 연구에서는
수컷의 몸집이 작을수록 자연선택에서 살아남는 데 유리하다는
사실이 밝혀졌다. 몸집이 큰 거미들은 작은 거미만큼 나무를
빠르게 오르내리지 못하므로 짝짓기 상대를 찾을 가능성이
낮기 때문이다. 눈에 띄지 않는 수컷 거미의 보호색 역시
거미가 새나 다른 포식자의 주의를 끌지 않는 데 도움이 된다.

타이니아타가시거미 수컷Gasteracantha taeniat

타이니아타가시거미 암컷Gasteracantha taeniata

사페리가시거미|Gasteracantha sapperi

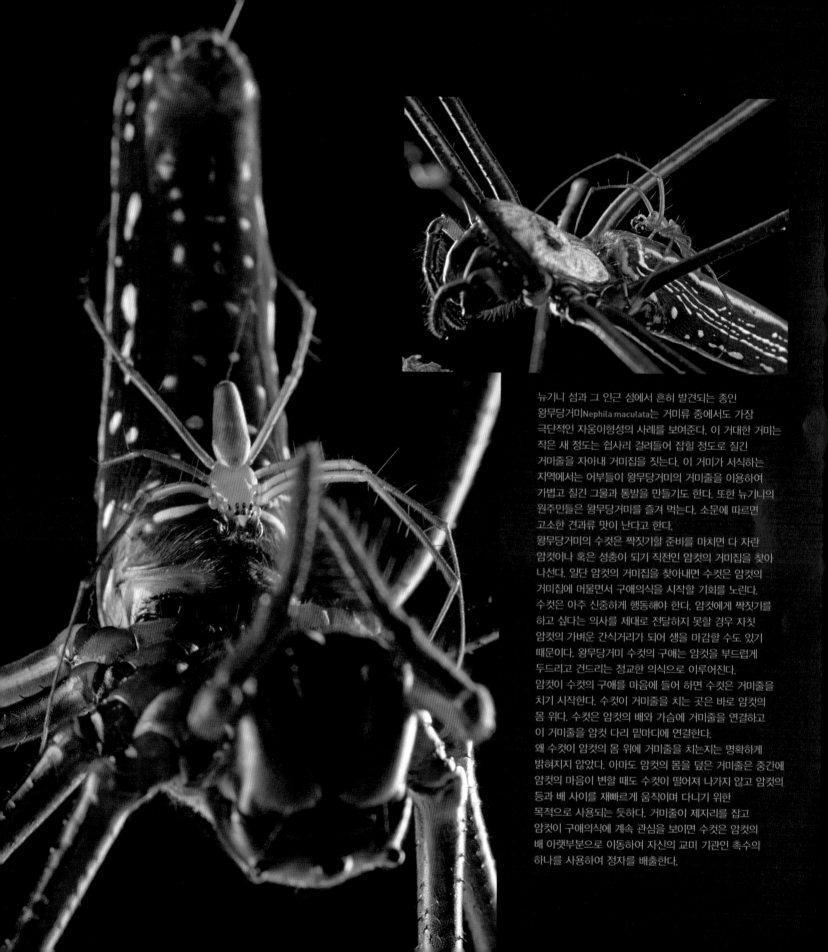

뉴기니 섬과 그 인근 섬에서 흔히 발견되는 종인
왕무당거미Nephila maculata는 거미류 중에서도 가장
극단적인 자웅이형성의 사례를 보여준다. 이 거대한 거미는
작은 새 정도는 쉽사리 걸려들어 잡힐 정도로 질긴
거미줄을 자아내 거미집을 짓는다. 이 거미가 서식하는
지역에서는 어부들이 왕무당거미의 거미줄을 이용하여
가볍고 질긴 그물과 통발을 만들기도 한다. 또한 뉴기니의
원주민들은 왕무당거미를 즐겨 먹는다. 소문에 따르면
고소한 견과류 맛이 난다고 한다.
왕무당거미의 수컷은 짝짓기할 준비를 마치면 다 자란
암컷이나 혹은 성충이 되기 직전인 암컷의 거미집을 찾아
나선다. 일단 암컷의 거미집을 찾아내면 수컷은 암컷의
거미집에 머물면서 구애의식을 시작할 기회를 노린다.
수컷은 아주 신중하게 행동해야 한다. 암컷에게 짝짓기를
하고 싶다는 의사를 제대로 전달하지 못할 경우 자칫
암컷의 가벼운 간식거리가 되어 생을 마감할 수도 있기
때문이다. 왕무당거미 수컷의 구애는 암컷을 부드럽게
두드리고 건드리는 정교한 의식으로 이루어진다.
암컷이 수컷의 구애를 마음에 들어 하면 수컷은 거미줄을
치기 시작한다. 수컷이 거미줄을 치는 곳은 바로 암컷의
몸 위다. 수컷은 암컷의 배와 가슴에 거미줄을 연결하고
이 거미줄을 암컷 다리 밑마디에 연결한다.
왜 수컷이 암컷의 몸 위에 거미줄을 치는지는 명확하게
밝혀지지 않았다. 아마도 암컷의 몸을 덮은 거미줄은 중간에
암컷의 마음이 변할 때도 수컷이 떨어져 나가지 않고 암컷의
등과 배 사이를 재빠르게 움직이며 다니기 위한
목적으로 사용되는 듯하다. 거미줄이 제자리를 잡고
암컷이 구애의식에 계속 관심을 보이면 수컷은 암컷의
배 아랫부분으로 이동하여 자신의 교미 기관인 촉수의
하나를 사용하여 정자를 배출한다.

거미학자인 잉기 아그나르손Ingi Agnarsson이 왕무당거미의
거미집에 무단 거주하고 있는 거미를 채집하고 있다.
이렇게 다른 생물의 집에 무단 거주하는 생물을
절취기생생물[다른 동물의 입에서 흘려진 부스러기 먹이를
훔쳐 먹고 사는 생물]이라고 한다. 잉기가 입에 물고 있는
이상한 장치는 일종의 흡입 장치로 아주 작은 무척추동물을
손가락이나 집게 등으로 상처 입힐 위험 없이 채집할 수 있다.

수컷이 암컷보다 몸집이 훨씬 작은 데서 오는 장점은
아주 많다. 왕무당거미는 게걸스러운 포식동물로 이들
사이에서는 동족을 잡아먹는 일이 흔하다.
그러나 몸집이 아주 작은 수컷 거미는 잡아먹어봤자 간에
기별도 가지 않을 테니 암컷 거미에게서 그리 강한
포식 반응을 이끌어내지 않는다. 그러므로 몸집이 작을수록
암컷 거미에게 사냥당해 먹힐 위험이 낮아진다. 또한 연구에
따르면 수컷 거미가 몸집이 작을수록 정자를 배출하는 데
성공할 가능성이 높으며 그러므로 자손에게 자신의
유전자를 전달할 가능성이 높다고 한다.
왕무당거미 암컷의 거미집에는 항상 수컷 몇 마리가
상주하며 짝짓기할 기회를 노리고 있다.
자신의 거미집에 사는 작은 거미에게 완전히 무관심한
왕무당거미 암컷의 특징을 이용하여 왕무당거미의
거미집에 무단 거주하는 생물도 있다. 다른 종이 지은
거미집에 무단으로 거주하며 거미줄에 걸린 먹이를 훔쳐
먹으면서 사는 절취기생거미는 왕무당거미 거미집 하나에서
최대 서른 마리까지 발견된다.

뉴기니는 극락조의 서식지로 가장 널리 알려져 있지만
한편 이 태평양에 떠 있는 섬의 이끼투성이 숲은 세계에서
가장 진귀하고 아름다운 거미종들의 서식지이기도 하다.
이런 거미 가운데는 스키조미드거미Schizomiid가 있다.
이 작은 포식동물은 그 존재를 알고 있는
생물학자조차 몇 명 되지 않을 정도다.
이 거미는 낙엽더미에서 살면서 흰개미를 사냥한다.

뉴기니가 간직하고 있는 거미류[진드기목은 거미강에 속한다]의
또다른 보석으로는 홀로티리다잇과Holothyridae에 속하는
세계에서 가장 큰 진드기인 긴다리진드기가 있다. 크기와
생김새가 각다귀와 꼭 닮은 이 진드기는 고원지대
숲속의 습기 찬 이끼를 돌아다니며 먹이를 찾는다.

긴다리진드기|Thonius sp.

뉴기니에서는 깡충거밋과Salticidae 중에서도 유난히 재미있는
거미들이 살고 있다. 윤기 흐르는 외피에 땅딸막한 몸집의
코코르케스테스Coccorchestes sp.는 마치 작고
검은 딱정벌레 같다. 이 깡충거미는 아마도 딱정벌레를
닮은 외모를 이용해 딱정벌레에게 접근하여
벌레를 사냥할 것이다.

디오레니우스Diolenius sp.의 기다랗고 가시 돋친 앞다리는
마치 사마귀의 앞다리와 비슷해 보인다. 이 깡충거미는
이 앞다리를 이용해 먹잇감을 잡기도 할 것이다.
(이 거미의 암컷과 수컷 모두 커다란 앞다리를 갖고 있다.)
한편 이 커다란 앞다리는 깡충거미를 유명하게 해준
마치 춤추는 듯 보이는 구애의식을 행하는 데도 사용된다.

잎코박쥐Hipposideros cervinus

박쥐는 뉴기니에 서식하는 가장 큰 포유동물이다.
뉴기니에는 약 100종에 이르는 박쥐들이 서식하고 있다. 그중 절반 이상이 곤충을 잡아먹으며 살아가는 포식동물로 반향정위를 이용하여 먹잇감을 사냥한다. 반향정위를 이용하는 박쥐는 짧은 초음파를 발산한 다음 먹잇감에 반사되어 돌아오는 음파를 감지하여 깜깜한 어둠 속에서도 먹잇감의 위치를 정확하게 파악할 수 있다. 잎코박쥐를 비롯한 몇몇 종은 코를 통해 초음파를 발산한다. 이런 박쥐의 코는 음파를 잘 감지하기 위해 기이하고도 정교한 형태로 변형되어 있다.

관코과일박쥐Nyctimene sp.

과일을 먹고 사는 박쥐는 곤충을 먹고 사는 박쥐보다 덩치가 훨씬 크다.
뉴기니에 사는 어떤 종은 날개폭이 1.6미터에 이르기도 한다.
과일을 먹는 박쥐는 반향정위를 이용하지 않으며 대신 후각과
시각을 이용하여 먹이를 찾는다.

박쥐의 날개막에는 아주 재미있는 생물이 살고 있다.
거미파릿과Nycteribiidae에 속하는 날개 없는 박쥐거미파리다.
거미와 비슷하게 생긴 이 거미파리는 몸이 아주 딱딱해
박쥐가 아무리 몸에 붙은 파리를 긁어 떼어내려 해도
찰싹 달라붙어 떨어지지 않는다. 여느 파리와는
달리 박쥐거미파리의 유충은 어미의 몸 안에서 발생해
어미 파리 배에 있는 특수한 분비샘에서 먹이를 얻는다.
유충은 성충으로 우화하기 직전의 정지적 단계인 번데기가
될 준비를 마치 다음에야 어미의 몸 밖으로 나온다.

나카나이 산맥에서 새로 발견된 씨앗여치
Ingrischia macrocephala

뉴기니에 서식하고 있는 여치의 동물상은 그야말로 화려하다. 뉴기니에서
발견할 수 있는 종에는 세계에서 가장 큰 여치인 투구여치 Phyllophorinae가
있다. 투구여치의 머리 뒤에는 방패처럼 생긴 거대한 앞가슴등판이 붙어 있어
다른 여치와 확연히 구별된다. 대개 날카로운 가시로 무장되어 있는
앞가슴등판은 공중에서 공격하는 새로부터 여치의 연약한 머리와
가슴을 보호하는 역할을 한다.

실베짱이아과Phaneropterinae의 여치들은 열대우림의 숲지붕에서 평생을
살아가며 단 한 번도 땅으로 내려오지 않는다. 흙 속에 알을 낳기 위해
땅으로 내려오는 여느 여치와는 다르게 실베짱이아과에 속하는 여치들은
사진 속 분홍눈여치Caedicia처럼 나뭇잎이나 덩굴잎 표면에 알을 낳는다.

다우소니아 Dawsonia sp.

물이끼|Sphagnum sp.

습도가 높고 항상 그늘져 있는 뉴기니의 숲속은 이끼가 자라기에 이상적인 환경이다.
그 당연한 결과로서 뉴기니 섬에서는 수중 서식지를 떠나 육지에서 살기 시작한
최초의·식물을 조상으로 둔 이 고대 식물이 비길 데 없는 다양성을 뽐내며 자라고 있다.
이끼는 별도의 관다발이 없고 뿌리가 없다는 점에서 현대 식물들과는 다르다.
그 대신 이끼는 살아 있는 몸의 모든 부분에서 직접 물과 필수 영양분을 흡수하는 능력을 진화시켰다.
뿌리가 없기 때문에 서로 가까이 붙어 자라는 개체끼리 뿌리 경쟁을 할 필요가 없으므로
옹기종기 빽빽하게 붙어 덩어리지어 자라날 수 있다. 크게 덩어리지어 자라나는 이끼는 수분을 더 많이
저장할 수 있기 때문에 이따금 가뭄이 닥쳐올 때도 잘 견뎌낸다. 뉴기니에서 발견되어
기록된 이끼는 900여 종에 이르며 여기에는 세계에서 가장 큰 이끼인 다우소니아도 있다.
다우소니아속 이끼의 기다란 줄기는 무릎 높이까지 자라기도 한다. 이끼는 뉴기니 섬 산중턱에서
고지대까지 이어진 숲에서 발 디딜 틈 없이 빼곡하게 들어차 자라고 있으며
숲속 대기의 습도를 유지하는 수분 저장고 역할을 한다.

투구여치|Helmeted katydid, Sasima sp.

이끼는 뉴기니 숲의 식물군락을 지배하는 제왕이라
할 수 있다. 그 결과 이곳에서 살아가는 동물은
이끼 덮인 숲속에 완벽하게 섞여들어 숨을 수 있는
보호색을 진화시켰다.

대벌레|Oreophasma sp.

OHO|Cosmopsaltria sp.

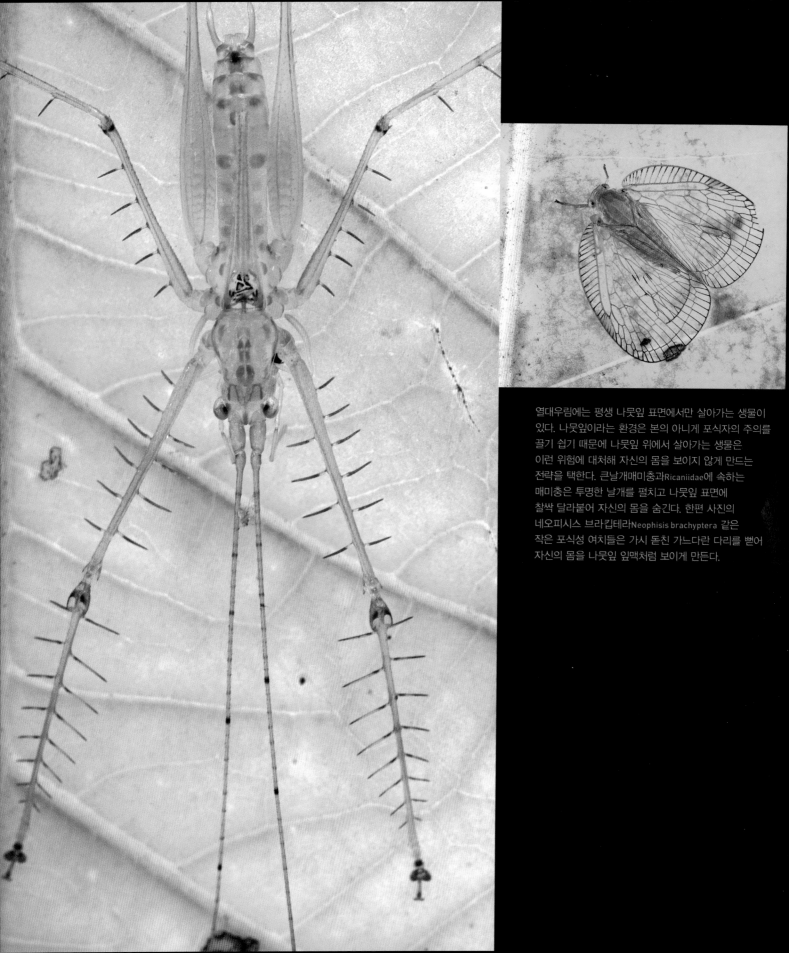

열대우림에는 평생 나뭇잎 표면에서만 살아가는 생물이
있다. 나뭇잎이라는 환경은 본의 아니게 포식자의 주의를
끌기 쉽기 때문에 나뭇잎 위에서 살아가는 생물은
이런 위험에 대처해 자신의 몸을 보이지 않게 만드는
전략을 택한다. 큰날개매미충과Ricaniidae에 속하는
매미충은 투명한 날개를 펼치고 나뭇잎 표면에
찰싹 달라붙어 자신의 몸을 숨긴다. 한편 사진의
네오피시스 브라킵테라Neophisis brachyptera 같은
작은 포식성 여치들은 가시 돋친 가느다란 다리를 뻗어
자신의 몸을 나뭇잎 잎맥처럼 보이게 만든다.

매미목 테사로토미다잇과Tessarotomidae의 약충[불완전변태를 하는 곤충의 애벌레]은 세계에서 가장 납작한 곤충이라 할 만하다. 이 약충은 몸이 2차원적이라 할 수 있을 만큼 납작하여 이 약충이 먹고 사는 나뭇잎의 잎겨드랑이처럼 좁은 공간에도 숨을 수 있다. 여기 아직 이름이 붙여지지 않은 매미의 약충은 화려한 경고색을 뽐내고 있다. 이 오해의 여지가 없는 명백한 경고 신호를 무시할 만큼 어리석은 포식자가 있다면 약충의 가슴샘에서 생산되는 불쾌한 화학물질 세례를 받게 될 것이다.

납작벌레Tessarotomidae

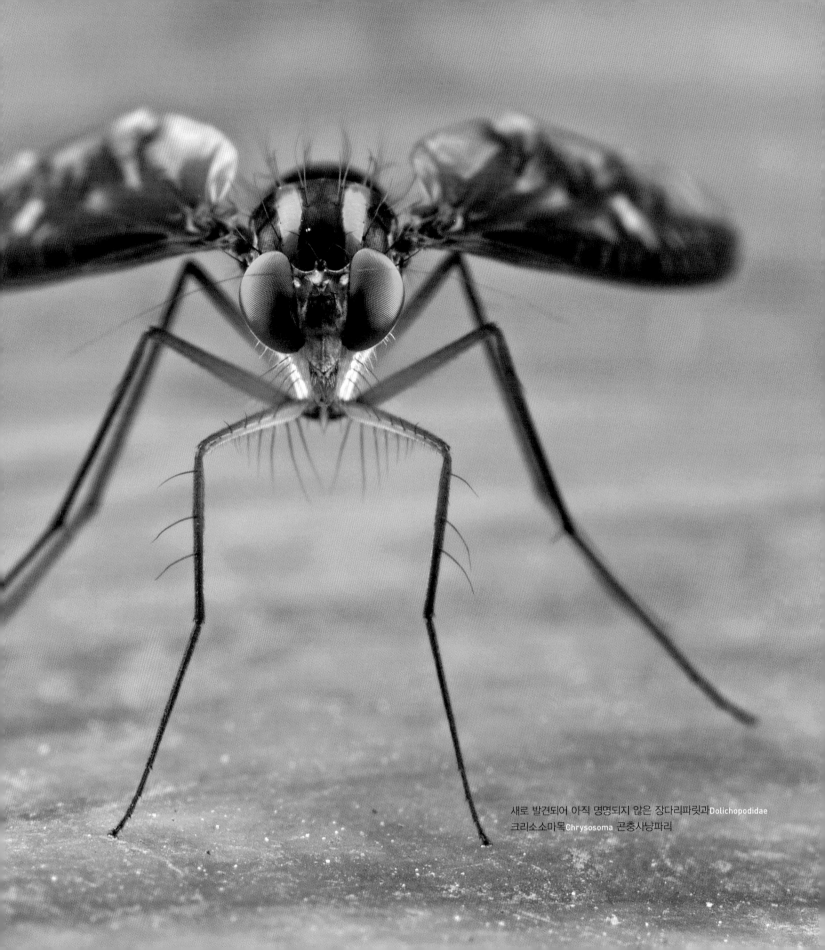

새로 발견되어 아직 명명되지 않은 장다리파릿과 Dolichopodidae
크리소소마목 Chrysosoma 곤충사냥파리

제2장
중간계로의
여행

신발이란 참으로 재미있는 물건이다. 평소에는 우리 발을 날카로운 바위나 추위로부터 보호해주지만 어느 순간 거추장스러워지고 만다. 거스를 수 없는 중력의 힘에 헛되이 저항하고자 마지막 발버둥을 치며 발가락으로 바위 턱을 움켜잡으려고 애쓰는 순간 같은 때다. 가볍게 등을 두드리는 손길이 느껴지는가 싶더니 이내 발 디딜 곳이 사라진다. 나는 깊은 협곡 골짜기 바닥으로 머리부터 떨어지기 시작한다. 발밑으로 흐르는 강은 그 강물 위에 뭐가 떠 있는지 제대로 분간하지 못할 정도로 굉장히 멀리 떨어져 있다. "뛰어!" 그 말을 끝으로 내 귓가에는 바람이 윙윙대며 스쳐 지나는 소리만 가득하다. 눈 깜짝할 사이에 강은 코앞까지 가까워지고 가슴은 공포로 졸아든다. 머리통이 부서질 각오를 한 순간 무언가가 나를 잡아당겨 올린다. 나는 다시 한번 골짜기 위로 날아오르고 있다. 번지점프! 용감하지만 정신 나간 사람들의 스포츠다. 하지만 여기 뉴질랜드, 전 세계에 번지점프라는 혹독한 스포츠를 처음 소개한 아드레날린 중독자들의 본고장에서 번지점프 한번 해보지 않는다면 나는 아마 평생 후회하며 살아갔을 것이다. "네, 이것 참 괜찮네요." 다리로 되돌아갔을 때 나는 손이 떨리고 있는 것을 감추기 위해(추위 때문이었다고 생각한다) 양손을 주머니 안으로 깊숙이 찔러넣고 최대한 태연한 표정으로 말했다. 이내 서둘러 차에 몸을 싣고는 한 번도 뒤돌아보지 않고 그곳을 떠나왔다.

뉴질랜드에서 항상 내 마음을 잡아 끌어왔던 것은 두 가지였다. 그중 하나는 늘 일종의 자살 예행연습이라고 생각해왔던 번지점프였다.(그리고 번지점프를 해본 사람으로서 말하는데 혹여라도 내 존재를 끝장내고 싶은 마음이 든다 해도 나는 분명히 높은 다리와는 전혀 상관없는 방식을 택할 것이다.) 다른 하나는 올드 카운티에서 살던 내 어릴 적에 처음 책으로 접했던 신비한 동물을 내 눈으로 직접 보고 싶은 불타는 욕구였다. 내가 태어나기 몇 년 전 뉴질랜드 정부는 폴란드에서 가장 역사가 오래된 크라쿠프대학에 진귀한 선물을 전했다. 대학 설립 600주년을 기념하는 선물로 크라쿠프대학이 받은 것은 살아 있는 투아타라 한 마리였다. 투아타라는 그 혈통이 2억3000만 년 전까지 거슬러 올라가는 파충류 동물로 오직 뉴질랜드에서만 발견되는 옛도마뱀목(스페노돈티아Sphenodontia)에 속한 유일한 종이다. 이 기념비적인 선물을 축하하는 책과 기사에서는 투아타라를 인류가 직접 눈으로 볼 수 있는 동물 중 살아 있는 공룡에 가장 가까운 동물이라고 묘사했다. 심지어 그 이름마저도 사람의 마음을 매혹하는 듯했다. 투아타라tuatara는 마오리족 말로 "가시로 덮인 등"이라는 뜻이다. 어린 나는 이 이름에서 거대한 괴물, 현실에 발을 붙인 용 같은 생물을 상상했다. 하지만 유감스럽게도 크라쿠프의 투아타라는 오래 버티지 못했다. 끔찍할 정도로 정성어린 보살핌을 받았지만 끝내 몇 년 버티지 못하고 장기감염으로 죽고 만 것이다.(이 투아타라는 아마도 1960년대 공산주의 치하의 폴란드에서 에어컨이 설치된 주거에서 살았던 유일한 생물이었을 것이다.) 그런 까닭에 나는 이 생물을 직접 볼 기회가 없었다. 그로부터 수십 년이 흐른 뒤 파푸아뉴기니에서 벌어지는 생

물학 탐험대에 합류하게 될 것이라는 소식을 처음 접했을 때 나는 마침내 뉴질랜드를 방문할 절호의 기회가 찾아왔다고 생각했다. 뉴기니 섬이 있는 멜라네시아에서 뉴질랜드는 거짓말 조금 보태 돌을 던지면 닿을 거리에 있기 때문이다. 나는 몇 달 동안 부지런히 뉴질랜드 여행을 준비했다. 투아타라에 관한 논문과 책을 게걸스럽게 탐독했고 뉴질랜드에서 투아타라를 연구하고 있는

과학자들과 연락을 취했다.

사람들이 투아타라에 매혹되는 이유가 이 비범한 동물의 체구가 공룡처럼 크기 때문이 아니라는 사실을 아는 데는 그리 오랜 시간이 걸리지 않았다. 실제로 투아타라는 체구가 실망스러울 정도로 작다.(하지만 나는 1870년대 후반 오클랜드 신문에 실린 평에 대해서는 단호하게 이의를 제기하는 바다. 이 신문에서는 투아타라를 "개구리를 제외하고 모든 기어다니는 생물 중 가장 볼품없이 생긴 생물"이라고 묘사했다.) 투아타라를 처음 보는 사람은 이 동물을 몸집이 크고 다리가 굵은 도마뱀이라고 착각하기 쉽다. 1831년 공식적으로 처음 기록된 투아타라가 도마뱀으로 분류되었던 것도 무리는 아니었다. 뉴질랜드에서 온 투아타라의 두개골이 런던의 로열외과대학에 도착했을 때 당시 대영박물관의 파충류 전시 담당 연구원이었던 존 에드워드 그레이는 이 두개골의 주인을 스페노돈Sphenodon이라 명명하고 도마뱀목 아가미다잇과Agamidae의 동물들과 함께 두었다. 물론 이런 분류는 완전히 잘못된 것이다. 11년 뒤 알코올에 보존된 투아타라를 본 그레이는 자신이 형태가 좀더 완전할 뿐 전과 똑같은 동물을 보고 있다는 사실을 깨닫지 못하고 이 동물을 또다른 뉴질랜드 "도마뱀"인 하테리아 푼크타타Hatteria punctata라고 기록했다.(그레이는 나중에 이 이름을 현재 통용되는 "덜 야만적인" 이름인 스페노돈 푼크타투스Sphenodon punctatus로 바꾸었다.) 그러나 이 뉴질랜드 "도마뱀"과 남아프리카에서 발굴되는 중생대에 살았던 어떤 파충류 사이에 눈에 띄는 공통점이 있다는 사실을 가장 먼저 알아차린 사람

은 "디노사우르스Dinosaurs(공룡)"라는 말을 처음으로 쓴 고생물학자 리처드 오언이었다. 그 이후 동물학자들은 투아타라를 이 종의 화석 친족과 함께 묶어 파충류강에서도 도마뱀목과 분리된 옛도마뱀목으로 분류하면서 투아타라의 고대 기원에 대한 오언의 추측이 옳았음을 확인했다. 투아타라는 도마뱀이기는커녕 중생대에 멸종한 파충류와 가까운 친족으로서 현재 생존하고 있는 유일무이한 동물이라는 사실이 확실히 밝혀진 뒤 인생의 말년을 맞은 그레이는 자기변명적인 논문을 발표하여 자신이 이미 투아타라의 이례적인 특징을 알아차렸다고 설명

했다. "이 속이 처음 기록된 1831년 당시에는 이 동물만을 위해 목은커녕 과를 만들어내는 일조차 큰 모험으로 보통 사람의 배짱으로는 못할 일이었다. 반면 지금은 모든 가능성을 고려하여 단일 속을 위해 새로운 목이 제안될 수도 있다. 이는 몇 년 동안 과학이 발전해왔다는 결정적인 증거가 아닐 수 없다." 과학의 발전에 대한 정의는 다소 고리타분하게 들릴지도 모르지만, 그레이는 오늘날 어느 누구도 파충류 사이에서 투아타라의 독자적인 지위에 대해 의문을 품지 않는다는 사실을 예측했다는 점에서는 옳다. 투아타라와 가까운 친족으로는 지

투아타라는 여느 파충류와는 달리 우리의 일부일처제처럼 일웅일자 형태로 짝을 짓는다. 좀더 정확하게는 연속적 일웅일자라고 할 수 있다.
번식기 동안 수컷 투아타라는 단 한 마리의 암컷과 친밀한 관계를 유지하며 경쟁자가 될 가능성이 있는 다른 수컷을 멀리 쫓아내버린다.
그러나 암컷이 짝짓기를 할 수 있는 가임기는 4년에 한 번씩 찾아오기 때문에 그동안 암컷은 다른 곳으로 옮겨가기 쉬우며
다음번 알을 낳을 준비가 되었을 때에는 다른 수컷을 만나 친밀한 관계를 맺을 가능성이 높다.

금은 멸종한 중생대의 플레우로사우르스Pleurosaurs(몸이 길며 물속에 살았던 공룡)와 오늘날 유럽 곳곳에서 화석이 발견되는 몸집이 작고 도마뱀과 비슷하게 생긴 중생대 생물 여러 종이 있다.

　겉모습만 본다면 몸길이가 40~70센티미터에 이르는 투아타라는 땅딸막한 이구아나와 닮았다. 회색빛이

거나 이따금 초록빛을 띠기도 하는 부드러운 피부는 서로 겹치지 않는 작은 비늘로 덮여 있다. 등을 따라 이어지는 나지막한 볏은 근육질의 굵은 꼬리에 이르러서는 원뿔 모양의 튼튼한 못처럼 변한다. 머리 또한 작은 비늘로 덮여 있다. 그러나 도마뱀과는 달리 투아타라에게는 겉으로 보이는 고막이 없으며 실제로 고막 기능을 하는

그 어떤 것도 찾아볼 수 없다. 고막이 없는 것치고 투아타라는 놀라울 정도로 귀가 좋지만 가청 범위는 투아타라가 기분이 좋지 않을 때 내는 그르렁거리는 소리처럼 주파수가 낮은 소리에 한정된다. 낮은 주파수의 소리를 잘 들을 수 있기 때문에 투아타라는 소리 영역에서 낮은 음역을 차지하고 있는 인간의 목소리에 신기할 정도로 잘 반응한다. 투아타라의 태곳적 기원을 가장 잘 보여주는 것은 투아타라의 두개골 구조다. 투아타라의 두개골에는 튼튼한 뼈 아치와 연결된 두 쌍의 커다란 구멍이 남아 있다. 이는 현대 파충류가 이미 오래전에 잃어버린 태곳적 특징이다.(거북이만은 예외다. 거북이의 조상에게는 애초부터 이런 구멍이 없었기 때문이다.) 위턱뼈가 두개골 나머지 부분과 완전히 붙어 고정되어 있기 때문에 투아타라는 위턱을 유연하게 움직일 수 없으며 입을 재빠르게 벌리거나 크게 벌리지도 못한다. 그런 까닭에 투아타라는 아래턱과 위턱을 이용해 먹잇감을 잡아채기보다는 두껍고 끈끈한 혀에 의존하여 먹잇감을 잡는다. 혀를 이용하여 먹이를 잡는 행동을 "혀 섭취"라고 하는데 실제로 투아타라는 혀 섭취에 일가견이 있다. 투아타라는 자신이 잡을 수 있는 것이라면 무엇이든 먹어치우는 것으로 알려져 있다. 딱정벌레, 귀뚜라미, 지렁이, 도마뱀은 물론 새나 동족 투아타라조차 가리지 않는다. 한번 투아타라의 입 안으로 들어간 먹잇감은 아래턱에 한 줄, 위턱 기저부에 두 줄로 난 이빨의 전단작용에 의해 산산조각 난다. 투아타라의 치아가 뼈로 된 단순한 돌기에 불과하다는 오해와는 반대로 투아타라는 턱의 윗면에 단

단히 고정되어 있는 에나멜로 덮인 진짜 치아를 갖고 있다. 투아타라는 기질이 온순한 편이지만 제대로 화가 나면 물기도 한다. 물려본 사람은 하나같이 투아타라에게 물린 느낌이 풀어내려 애를 쓰면 쓸수록 더 강하게 조여오는 강력한 바이스에 잡힌 것과 같다고 말한다. 두개골 말고도 투아타라 골격의 다른 부분에는 투아타라가 태곳적 멸종한 파충류와 가까운 친족이라는 증거가 되는 여러 특징이 남아 있다. 이를테면 양요취[중심 부분이 오목한 척추]라 불리는 척추 구조라든가, 일부 공룡에게서 나타나는 복늑골 같은 것이다.

투아타라의 골격에서 현재 오직 조류에서만 발견되는 특징을 찾아볼 수 있다는 사실 또한 주목할 만하다. 이를테면 투아타라의 늑골 하나하나에는 조류와 마찬가지로 흉곽을 좀더 튼튼하게 해주는 길고 납작한 돌기가 돋아 있다. 투아타라는 조류의 직접적인 친족은 아니지만 생식기가 분리되어 있지 않고 생식기관과 배설기관을 겸하고 있는 총배설강이 있다는 점에서도 조류와 비슷한 특징을 지닌다.

현재 남아 있는 수많은 유물생물과 마찬가지로 투아타라 또한 추운 기후를 좋아한다. 투아타라는 파충류라면 으레 그렇듯이 외온성 동물이다. 외온성이라는 것은 투아타라의 체온이 주위 기온에 따라 변한다는 뜻이다. 투아타라는 햇살을 쬐거나 그늘에 숨거나 하면서 몸에 받는 열량을 조절할 수 있을 뿐 스스로 열을 내서 체온을 높일 수 없다. 그러나 따뜻하거나 더운 기후를 좋아하기 마련인 대부분의 파충류와는 다르게 투아타라

양치식물이 풍부하기로 유명한 뉴질랜드는 200종에 이르는 풍성하고
다양한 고유종을 자랑한다. 뉴질랜드의 양치식물은 위의 수염처럼 보이는
플라키둠아스플레니움Asplenium flaccidum처럼 대부분 착생식물이다.
그 옆의 코와오와오양치Microsorum pustulatum는
좀더 일반적인 양치류의 모습을 하고 있다.

가 활동하는 최적의 온도는 16도에서 21도 사이다. 투아타라의 체온은 어떤 파충류와 비교해봐도 현저하게 낮으며, 심지어 인간에게도 싸늘하게 느껴지는 7도까지 떨어질 때조차 활발하게 활동할 수 있다. 투아타라가 현대 뉴질랜드의 서늘한 온대 기후에 적응한 것은 아마도 최근의 일일 것이다. 그러나 추위에 대한 적응이야말로 투아타라가 다른 중생대 친족들이 세계 각지에서 자취를 감추어버린 다음에도 꿋꿋이 살아남을 수 있었던 비결이다. 또한 투아타라는 추위에 대한 적응을 통해 원시 초대륙 곤드와나에서 떨어져 나온 이래 뉴질랜드에서 함께 살아왔던 다른 도마뱀과의 경쟁에서도 살아남을 수 있었다. 어쩌면 투아타라는 자신이 가장 좋아하는 먹잇감을 사냥하기 위해 추운 기후에서도 활동할 수 있도록 진화한 것인지도 모른다. 바로 몸집이 거대한 귀뚜라미처럼 생긴 웨타(뉴질랜드에 서식하는 메뚜깃과의 곤충, 우리나라 꼽등이와 비슷하지만 몸집이 더 크다다. 웨타는 오직 밤에만 활동하는 야행성 곤충이기 때문에 투아타라 또한 해가 떠 있는 낮 동안에는 땅굴 안에 들어가 있거나 땅굴 입구 근처에서 햇볕을 쬐며 보내다가 해가 지고 난 다음에야 굴 밖으로 나와 움직이기 시작한다.

그러나 내가 투아타라에 대해 더 많이 알면 알수록 자연서식지에 살고 있는 투아타라를 볼 기회가 거의 없는 것이나 마찬가지라는 사실이 점점 분명해졌다. 최근 투아타라 보호에 대한 평가는 낙관적이기는 했지만 전체적인 그림은 장밋빛과는 거리가 한참 멀었다. 뉴질랜드에 서식하는 투아타라의 개체수만 놓고 보면 굉장하

기는 하다. 뉴질랜드에는 현재 투아타라가 3만 마리에서 5만 마리쯤 서식한다고 알려져 있다. 하지만 문제는 그중 대다수가 스티븐스 섬(또한 타카포우레와Takapourewa라고도 알려진)이라는 작은 섬에 한정되어 서식하고 있다는 점이다. 더구나 스티븐스 섬은 연구원 몇 명을 제외하고는 일반인이 들어갈 수 없는 출입금지 지역이다. 스티븐스 섬 외에 투아타라는 34개 섬에 흩어져 각 섬에 수 마리에서 수백 마리에 이르는 다양한 크기의 개체군을 이루어 서식하고 있으며, 각 개체군의 크기가 면밀하게 관찰되고 있다. 그러나 마오리족의 조상이 본토에 정착한 이래 뉴질랜드 본토의 자연서식지에서 살아가는 투아타라는 단 한 마리도 남아 있지 않았다. 인간을 따라 이 땅에 정착한 개와 쥐와 돼지들이 굼뜨고 맛좋은 투아타라와 그 알들을 모두 먹어치워버렸기 때문이다(그리고 수십 종의 토착 조류 또한 인간이 데려온 포유동물에게 잡아먹혀 멸종해버렸다). 1700년대 후반 영국인이 뉴질랜드에 발을 처음 디뎠을 무렵 투아타라(혹은 또다른 이름인 가라라nga-rara라고도 알려진)는 본토에서는 거의 신화 속의 동물로 여겨지고 있었다. 마오리족에서도 가장 나이 많은 노인들만이 자신들의 할아버지가 사냥했던(그리고 정말로 두려워했던) 동물로서 투아타라를 희미하게 기억하고 있을 뿐이었다. 다행히도 투아타라는 쥐를 비롯한 도입종들이 들어오지 못했던 플렌티 만과 쿡 해협에 흩어진 작은 섬 몇 곳에서 살아남을 수 있었다. 뉴질랜드 정부는 투아타라가 지닌 희귀한 과학적 가치를 인식하고 발 빠르게 투아타라를 절대 보호종으로 선언했다. 그러나 이런

호의적인 조치도 소용없이 투아타라의 개체수는 계속해서 줄어들었다. 그리고 지난 세기 투아타라 개체군이 남아 있는 얼마 되지 않는 섬 중 열 곳에서 투아타라가 멸종하고 말았다. 그래도 지난 15년 동안 대대적으로 쥐를 박멸하기 위한 조치가 취해지고 투아타라를 사육하는 기술이 크게 발전한 덕분에 개체수 감소 추세가 뒤집혔고 섬 몇 곳에는 투아타라 개체군이 재도입되기도 했다. 그렇다 해도 뉴질랜드 본토에 투아타라가 돌아올 가능성은 여전히 없어 보인다. 뉴질랜드 본토를 구성하는 북섬이나 남섬 어디에도 공격적인 성향의 포유동물 침입종에서 자유로운 곳, 그래서 투아타라가 번식하며 살아갈 수 있는 곳이 남아 있지 않기 때문이다. 슬픈 일이지만 투아타라는 아마 다시는 본토로 돌아오지 못할 듯하다. 적어도 진정한 의미에서의 야생동물로는 돌아오지 못할 것이다. 그러나 아직도 포기할 수 없다는 사람들이 남아 있다.

뉴질랜드의 수도인 웰링턴 외곽, 북섬의 최남단에는 카로리Karori라 불리는 골짜기가 하나 있다. 1800년대 중반까지만 해도 카로리 지역은 태곳적부터 내려온 원시림으로 덮여 있었다. 그러나 영국인 개척자들이 이곳에 발을 디딘 후 이 지역의 숲 대부분이 벌목되거나 불태워졌으며 댐이 두 곳에 건설되면서 골짜기 아래에는 전에 없던 호수가 생겨났다. 10여 년 전 댐 두 곳이 결국 모두 폐쇄되고 난 다음 다들 이제 이곳에서 무엇을 해야 할지 갈피를 잡지 못하고 있을 때 몇몇 환경보호론자가 카로리를 보호지구로 지정하자는 기발하고도 대담한 계

뉴질랜드 자연보호국은 뉴질랜드 전역에 퍼져 있는 자연서식지를 보호하는 데 있어 진정으로 감탄할 만한 성과를 거두고 있다.
뉴질랜드 전체 면적의 약 3분의 1은 적어도 부분적으로나마 보호받고 있다. 그러나 영국 초기 정착민에 의해 지독할 정도로 황폐화된 자연이
본래대로 되돌아오는 데는 오랜 시간이 걸릴 것으로 보인다. 뉴질랜드를 남태평양의 또다른 영국으로 바꾸고 싶어했던 영국 초기의 정착민들은
수천 제곱킬로미터에 이르는 지역을 "녹색 사막"으로 둔갑시켰다. 이런 녹색 사막에서는 어떤 토착 식물이나 토착 동물도 살아남을 수 없다.

획을 생각해냈다. 카로리에 질란디아^{Zealandia}라고도 알려진 곤드와나의 일부를 되살려 이곳을 여기 마땅히 살고 있어야 할 토착 동식물에게 되돌려주자는 계획이었다. 여기에는 당연히 투아타라도 포함되어 있었다. 문제는 뉴질랜드 대부분 지역과 마찬가지로 카로리에도 침입종 식물이 넘쳐나고 있었고 도입종인 포유동물과 새들이 토착 동물을 대신하여 번성하고 있었다는 점이다. 현재 뉴질랜드 환경에 완전히 정착한 외래종으로는 포유

동물 30종, 새 34종, 무척추동물 2000종 이상, 식물종 2200종 등이 있다. 실제로 속씨식물에서 침입종의 수는 고유종의 수를 가볍게 뛰어넘는다.(그리고 이것은 뉴질랜드에 완전히 정착한 생물종만 따진 숫자에 불과하다. 영국 개척민이 뉴질랜드에 처음으로 발을 디딘 후 1세기가 조금 지나는 동안 뉴질랜드에 새로 도입된 외래식물종은 무려 2만5000종이 넘는다.) 카로리에 서식하는 외래종은 그 일부에 불과했지만 고유종에 대한 외래종의 우세는 압도적인 수준이

뉴질랜드물개 Arctocephalus forsteri가 나한테 조금 뒤로 물러나라는 의사를 분명하게 표시하고 있다.

었다.

카로리를 보호지구로 만들기 위해 해결해야 하는 가장 큰 난관은 카로리에 서식하는 외래종 포유동물이었다. 약 8000만 년 전인 백악기 후반에 곤드와나 대륙 동부에서 나중에 뉴질랜드가 되는 땅이 떨어져 나와 대양을 건너는 항해를 할 당시 기묘한 운 덕분에 어떤 육생 포유동물도 이 항해에 초대받지 못했다. 그 결과 뉴질랜드에는 털북숭이 토착 동물이라고는 몇 안 되는 박쥐와 바다표범만이 살게 되었다. 그런 이유로 수많은 생태적 지위[어떤 생물이 생물공동체에서 차지하는 위치. 어디에서 서식하고 무엇을 먹고 무엇에 먹히는가에 따라 결정된다]가 공백으로 남게 되었고, 이 공백을 지체 없이 채운 것은 다소 뜻밖의 생물 집단이었다. 바로 새다. 거대한 초식동물의 자리는 지금은 멸종한 모아새가 차지했고 곤충을 먹고 사는 날지 못하는 포식동물의 역할은 현재 대부분 멸종한 뉴질랜드굴뚝새가 맡고 있다. 지금 심각한 멸종 위기에 처한 키위새는 몸이 부드러운 무척추동물을 잡아먹는, 냄새로 먹잇감을 찾는 야생성 포식동물이었다. 교활한 포유동물 포식자가 없기 때문에 재빨리

William George Chapman

투아타라와 함께 내가 뉴질랜드에서 꼭 보고 싶었던
동물은 웨타였다. 귀뚜라미와 여치의 먼 친척인
웨타는 이 나라에서 주목할 만한 적응방산
[기원이 같은 생물이 다른 환경에 적응하는 과정에서
식성이나 생활 양식에 따라 뚜렷한 형태적 분화를
일으키는 현상]을 겪었다. 원래 설치류가 존재하지
않았던 뉴질랜드에서(물론 지금은 외래종인
시궁쥐와 생쥐 수억 마리가 토착생물 다양성을
파괴하고 있지만) 웨타의 몇몇 종은 설치류의
생태적 지위를 대신한다고 여겨진다. 어떤 웨타는
아주 거대하게 자라기도 하며 어쩌면 전 세계에서
가장 무거운 곤충일지도 모른다. 현재 세계에서
가장 무거운 곤충의 자리는 70그램이 나가는
자이언트웨타Deinacrida heteracantha 암컷이 차지하고
있다. 하지만 어떤 사람들은 자이언트웨타보다
아프리카 골리앗꽃무지Goliath beetle가 더 무거울 수
있다고 주장하기도 한다. 세계에서 가장 무거운
곤충은 아니라 해도 70그램이면 참새의 평균
몸무게보다 무겁고 쥐의 서너 배에 이르는 무게다.
키위[뉴질랜드 사람을 가리키는 애칭]들이 웨타를
국가의 자부심을 고취하는 주요 원천으로 여긴다는
사실과 더불어 뉴질랜드에서 웨타를 보호하기 위해
상당한 노력을 쏟고 있다는 사실은 자기 나라의
생물다양성을 "판매하는" 키위들의 놀라운 능력을
증명한다. 웨타앗과Anastostomatidae와
꼽등잇과Rhaphidophoridae의 일원인 웨타는
결코 뉴질랜드에만 살고 있는 곤충이 아니다.
실제로 웨타는 전 세계 대부분 지역에서 서식한다.
하지만 뉴질랜드만큼 웨타가 사랑받고 존중받는
곳은 그 어디에도 없다. 카로리보호구를 방문하는
사람들은 여기 특별하게 지어진 "웨타 호텔"에서
나무웨타Hemideina crassipes의 삶을 살그머니
엿볼 수 있다. 웨타 호텔은 웨타들이 좋아하는 죽은
통나무를 반으로 톱질한 다음 작은 창문을 끼워넣은
곳이다. 또한 카로리보호구에 위치한 현재 폐광된
작은 금 광산에서는 동굴웨타cave weta, Gymnoplec-
tron edwardsii의 군체를 볼 수 있다.
동굴웨타의 가까운 친족은 북아메리카에서는
꼽등이camel cricket라는 평범한 이름으로 알려져
있으며 해충구제업자들의 주요 목표로 유명하다.
나는 집에 돌아가면 보스턴 집 지하실에 살고 있는
곤충을 보스턴웨타라고 불러야겠다고 결심했다.
이 작은 결심이 꼽등이의 사회적 지위를 향상시켜줄
수 있는지는 두고 볼 일이다.

공중으로 날아올라 몸을 피할 필요가 없어진 수많은 새가 비행을 포기하는 길을 택했다. 쥐를 비롯한 설치류의 자리는 커다란 귀뚜라미를 닮은, 씨앗을 먹고 사는 곤충인 웨타가 차지했다. 어떤 새도 웨타를 먹는 데 관심을 보이지 않았기 때문에 웨타는 덩치가 커지고 굼뜨게 변했다. 이런 상황에서 2000여 년 전 폴리네시아 뱃사람이 뉴질랜드에 도착한 이후 포유동물의 침입이 시작되었을 때 이 섬에 살고 있던 연약한 동물들에게 승산이 있을리 없었다. 처음으로 모습을 감춘 동물은 지금의 타조보다 두 배 가까이 몸집이 큰, 날지 못하는 거대한 새인 모아새였다. 모아새는 가장 질이 나쁜 침입자의 손에 의해 멸종되었다. 바로 인간이다. 한편 초기 개척자와 함께 다른 포유동물, 악명 높은 돼지와 개와 태평양쥐Rattus exulans도 뉴질랜드에 발을 들였다. 물론 쥐는 뜻하지 않게 들어온 동물이지만 그렇다고 해서 쥐가 뉴질랜드에서 일으킨 대학살의 참상이 조금이라도 덜어지는 것은 아니다. 여러 종의 새를 멸종시키고 웨타의 개체수를 심각한 수준으로 줄어들게 했으며 또한 뉴질랜드 본토에서 투아타라를 남김없이 없애버린 주범이 쥐일 가능성이 높다. 여기에 더해 원주민보다 하나 나을 것 없었던 초기의 영국 개척민들 또한 이 독특하고 이국적인 섬을 북쪽 고향 땅의 남태평양 버전으로 만들기 위해 팔을 걷어붙이고 나섰다. 인간의 사냥을 위해 사슴과 여우가 뉴질랜드에 도입되었고 그 뒤를 고슴도치와 고양이 및 여러 털북숭이 포유동물이 따랐다. 마오리족과 유럽인이 각기 들여온 쥐들이 아무 경쟁 상대가 없는 곳에서 마음껏 번

성하면서 농작물에 엄청난 피해를 입히고 나서야 식민지 개척자들은 이 문제에 관심을 보이기 시작했다. 그 결과 뉴질랜드 역사를 통틀어 가장 파멸적인 결과를 초래한 결정이 내려졌다. 쥐의 기하급수적인 번식을 막기 위해 족제비의 일종인 스토트를 유럽에서 뉴질랜드로 들여온 것이다. 하지만 스토트가 뭐하러 수백만 년 동안 포유동물 포식자들과 함께 진화해오면서 잡아먹히지 않기 위한 기술을 개발해온 날쌔고 잘 숨는 쥐를 쫓아다니겠는가? 이 섬에는 느리고 순진한 데다 날 줄도 모르는 새와 그 새의 군침 도는 알로 가득 차 있었다. 그 이후 조류 대학살이 일어난 것도 당연한 수순이었다.

오래 지나지 않아 카로리보호구에 침입 포유동물의 접근을 막는 유일한 해결책은 카로리보호구 주변에 동물이 뚫고 지나갈 수 없는 울타리를 치고 덫과 독극물을 사용하여 울타리 안에 살고 있는 모든 침입동물을 제거하는 방법뿐이라는 사실이 분명해졌다. 뉴질랜드 달러로 200만 달러(미국 달러 150만 달러)를 들여 2.6제곱킬로미터 반경에 꼭대기를 널찍하고 미끄러운 철판으로 마무리한 철망 울타리가 세워졌다. 어떤 포유동물도 카로리보호구 안으로 들어오지 못하게 하려는 조치였다. 적어도 처음 계획은 그랬다. 하지만 새끼 쥐조차 틈 사이를 비집고 들어가지 못할 정도로 촘촘히 설계되었던 철망 울타리가 뜻하지 않은 사고로 찢어질 때가 있었고, 그 틈을 타 보호구 안으로 다시 들어갈 수 있었던 쥐들은 현재 무리를 지어 번성하며 사는 듯하다. 게다가 조류 침입종에 대해서는 어찌할 방도가 없었다. 카로리보

뉴질랜드에는 태곳적부터 내려온 유물생물의 혈통이 넘쳐난다. 그중에는 절지동물과 먼 친족뻘인 벨벳벌레Onychophora라는 기이한 생물이 있다. 약 5억 년 전의 캄브리아기에 벨벳벌레의 조상들은 야트막한 바다에 살고 있었다. 현대의 벨벳벌레들이 살고 있는 따뜻하고 습기 찬 육지 환경으로 올라오기 전의 일이다. 뉴질랜드에서 발견되는 벨벳벌레의 모든 종은 초대륙 곤드와나의 서부였던 지역에서만 한정적으로 나타나는 페리파톱시다잇과Peripatopsidae에 속한다. 공식적으로 뉴질랜드에서 발견된 벨벳벌레는 다섯 종에 불과하지만, 최근 연구에 따르면 몇몇 종에는 형태학적으로 구분되지 않지만 유전적으로는 서로 다른 잠재종이 숨어 있을지도 모른다는 사실이 밝혀졌다. 페리파토이데스 노바이제알란디아이 Peripatoides novaezealandiae는 이런 종 가운데 하나로 웰링턴 근처의 습기 찬 숲속에서 흔히 찾아볼 수 있다.

호구 안에서 모든 외래종 새를 박멸했다 하더라도 카로리 주변 지역에서 보호구 안으로 새가 날아드는 것까지 막을 방도가 없었기 때문이다. 한편 보호구 안의 침입 식물종을 모두 뿌리 뽑는 일 또한 말처럼 쉽지 않았다. 그러나 어려운 상황에서도 외래식물을 토착식물로 대체하는 작업이 진척되었고 마침내 토착조류 여러 종과 함께 투아타라 200마리가 카로리보호구 안에 방생되었다. 최대한 자연서식지에 가까운 곳에서 자유롭게 살아가는 투아타라를 볼 수 있는 곳이 바로 그곳이라고 나는 생각했다.

10월의 어느 싸늘하고 바람 부는 아침 나는 웰링턴 시내를 출발하여 카로리보호구까지 발걸음을 옮겼다. 친절한 자원봉사자가 카로리보호구의 배치 구조와 역사에 대해서 대략적으로 설명해주었다. 이곳은 더할 나위 없이 인상적인 장소였지만 청둥오리가 자꾸만 먹이를 달라고 조르면서 훼방을 놓는 통에 나는 자원봉사자의 설명에 제대로 집중할 수 없었다. 높이 일렬로 늘어선 소나무 길을 따라 걸으면서 나는 외래종이 아닌 고유종 식물을 찾아내려고 애를 썼다.("아니, 그 덤불은 아니에요." "이것도 아니네요." "아니에요. 그건 유럽산 질경이에요." "하지만 보세요. 여기에 고유종인 아마가 있어요!") 투아타라가 살고 있는 내부 구역으로 향하는 길에 우리의 기척에 놀란 상투메추라기 떼가 날아올랐고 머리 위로는 유럽개똥지빠귀 몇 마리가 날아가고 있었다. 투아타라는 보호지구 안에서도 웨카를 막기 위해 설치한 또다른 울타리 안에 살고 있었다. 뉴질랜드 고유종으로 날지 못하는 새인 웨카는 이 파충류 동물을 공격하여 잡아먹는다고 알려져 있다. 놀랍게도 웨카를 막기 위한 울타리 안쪽으로 또다른 울타리가 한 겹 더 둘러쳐져 있었다. 카로리보호구에 살고 있는 투아타라 개체군의 일부(60마리)를 이 지역에서 멋대로 활개치고 다니는 쥐로부터 보호하기 위한 울타리였다. "자연서식지"와 "자유롭게 살아간다"는 말의 의미가 점점 더 상대적으로 변하고 있었다. 마지막 울타리로 둘러싸인 투아타라 서식지에 도착했을 때에는 차가운 비가 쏟아지고 있었다. 당연하게도 제정신인 투아타라라면 이런 날씨에 은신처에서 머리를 내밀 리가 없었다. 다음 날도, 그다음 날도 나는 매일같이 카로리보호구를 찾았지만 변덕스러운 웰링턴의 봄 날씨 탓에 투아타라는 좀처럼 굴 밖으로 나오려고 하지 않았다. 그렇게 일주일을 보낸 다음 마지막 공항으로 가는 길에 잠깐 투아타라를 보러 들렀을 때가 돼서야 아름다운 햇살이 나를 맞았고, 나는 굴 앞에서 햇볕을 쬐고 있는 투아타라 몇 마리를 만나볼 수 있었다.

그러나 그때는 이미 달리 선택의 여지가 없던 내가 차선책으로 넘어가 웰링턴의 빅토리아대를 방문한 후였다. 빅토리아대에는 이 고대 파충류 한 무리가 살고 있다. 뉴질랜드에서 투아타라에 대한 가장 정통한 전문가로 손꼽히는 니콜라 넬슨Nicola Nelson 박사는 투아타라의 생식과 성결정[생물의 암수가 결정되는 메커니즘]에 대해 놀라운 발견을 해낸 인물로 수년 동안 투아타라를 보호하고자 앞장서온 사람이기도 하다. 우리는 웰링턴 항구와 마티우 섬의 멋들어진 경치가 내려다보이는 대학 카페에서 만났다. 마티우 섬은 재도입된 투아타라들이 작은 무리를 지어 살고 있는 섬이다. 나는 원래 마티우 섬도 방문할 계획이었지만 관료주의적인 복잡한 요식 행위에 발목이 잡혀 그 계획을 포기해야만 했다. 카페에서 니키는 투아타라에 대한 최근 연구 성과에 대해 설명해주었다. 그중에는 투아타라가 이전의 분류법처럼 스페노돈 푼크타투스Sphenodon punctatus와 스페노톤 군테리 Sphenodon guntheri의 두 종으로 존재하는 것이 아니라 실은 모두 한 종에 속해 있다는 사실을 확실하게 증명하는 유전 연구 결과도 있었다. 이 연구 결과에 따르면 쿡 해협에 위치한 아주 작은 노스브라더 섬에서만 살고 있다고 여겨지던 스페노돈 군테리종은 사실 먹이가 한정된 환경에 적응하느라 제대로 성장하지 못하고 유전적 부동으로 아주 근소하게 변모한 광역 분포종의 한 형태일 뿐 스페노톤 푼크타투스와 다른 종이 아니다.

니키와 커피 한잔을 마시면서 이야기를 나눈 뒤 나는 마침내 유리벽으로 둘러싸인 큼지막한 우리 앞에 설 수 있었다. 바로 여기에 투아타라가 살고 있었다. 유리벽 한 장 한 장마다 민감한 보안장치가 연결되어 있었고 우리로 들어가는 문에는 거대한 자물쇠가 두 군데나 달려 있었다. 암시장에서 이국적인 애완동물로 투아타라 한 마리에 2~3만 달러까지 값을 부르는 것을 생각할 때 그리 놀라운 일은 아니었다. 우리 안으로 들어간 니키는 재빨리 스파이크를 찾아냈다. 스파이크는 사육된 상태에서 자란 스물두 살짜리 젊은 투아타라다(투아타라는 보통 백 살 넘게 살 수 있다. 삼백 살이 된 투아타라가 있다는 보고도 있었지만 입증되지 않았다). 스파이크는 매력적인 표본이었고 나는 좀더 시간을 들여 스파이크의 사진을 찍고 싶었다. 그것도 가급적이면 건물 안 우리가 아닌 다른 환경에서 찍고 싶었다. 나는 그다음 날 대학 근처 공동묘지에서 조련사 두어 명을 대동한 스파이크와 만나기로 대학 측과 약속을 잡았다. 묘지에는 인간의 손길이 닿기는 했지만 그래도 자연과 가까운 초목이 자라고 있을 터였다. 나는 이런 상황이 어쩐지 기묘하기도 하면서 신기할 정도로 상징적이라고 생각했다. 그다음 날 나는 웰링턴의 초기 개척민들이 잠들어 있는 묘지들 사이에서 뉴질랜드 토박이 동물이 이른 봄의 햇살을 쬐는 모습을 지켜보았다. 미국 단풍나무의 묘목들과 아프리카 산 풀숲이 투아타라를 둘러싸고 있었고 스파이크를 돌보러 따라온 조련사 두 사람은 스파이크의 움직임 하나하나를 놓칠 새라 빈틈없이 지켜보고 있었다. 나는 이 섬의 생물다양성이 처한 운명에 대해 끝도 없이 비관적인 기분에 빠져들었다. 투아타라, 이 참으로 멋들어진 동물, 중생대의 유물생물이 남아 있다고 한다면 그에 가장 가까울 투아타라가 니키 넬슨 박사 같은 사람의 완전한 헌신 없이는 살아남을 수 없는 상황이 무척 슬펐다. 투아타라는 인간이 자연을 정복하는 역사에서 생물학적 다양성이 감내해야 했던 가장 큰 재난에 처해 있다. 투아타라를 혼자 알아서 살아남도록 내버려둔다면 이 파충류의 개체군은 아마도 수십 년 안에 쥐나 돼지에게 잡아먹혀 사라지거나 아니면 자연서식지가 소멸됨에 따라 멸종의 길로 들어서게 될 터이다. 엎친 데 덮친 격으로 투아타라의 성별은 포유류나 조류처럼 유전적으로 결정되지 않으며 알이 부화할 무렵의 기온에 따라 결정된다. 그러므로 점점 따뜻해지는 기후가 투아타라의 소멸을 부추길 가능성도 무시할 수 없다(부화 당시 기온이 21도가 넘으면 모든 부화하는 새끼는 수컷으로 태어난다). 노스브라더 섬의 투아타라 개체군을 두고 진행된 최근 기후 변화 연구에서는 2085년 무렵에 이르면 암컷 투아타라가 한 마리도 부화하지 않을 것이며 그 결과 여기 사는 투아타라가 멸종에 이를 것이라는 예측을 내놓았다.

신의 말씀을 왼쪽에서 오른쪽으로 읽어야 하는지 그 반대로 읽어야 하는지를 둘러싼 국제적인 분쟁의 결과 지구에 살고 있는 모든 생물이 전멸하는 최악의 시나리오를 제외하고 우리 지구의 미래에 일어날 수 있는 일 중 가장 무서운 시나리오는 일부 과학자들이 호모제노세네Homogenocene라고 부르는 시대가 도래하는 것이다. 바로 획일의 시대다. 과학자들이 생각하는 획일의 시대의 모습은 이렇다. 지구 위에 존재하는 거의 모든 지역에서 의도적이든 그렇지 않든 생물의 이동과 교환이 가능해지고 1000년 전까지만 해도 상상조차 할 수 없었지만 지금은 하찮은 일이 되어버린 이런 위업 덕분에 모든 대륙과 그보다 작은 지리학적 지역은 자신만의 생물학적 개성을 잃어버리게 될 것이다. 기후와 물리적인 환경이 비슷한 지역에는 지역별로 거의 구별되지 않는 상대적으로 작은 규모의 생물군만이 존재하게 될 것이다. 지역 고유의 생태계와 함께 그 생태계에 서식하는 고유종과 토착종이 모두 사라져버릴 것이며 그 자리를 좀더 적응력이 강하고 부당한 방법으로 고유종의 우위에 끼어든 외래 침입종(혹은 도입종)이 차지하게 될 것이다. 유감스럽게도 뉴질랜드에서 일어난 비극적인 사례만 보더라도 이 새로운 시대의 여명은 이미 지평선 위로 떠오르기 시작한 듯하다. 전 세계에서 일어나는 무역과 관광, 이민과 생물학적 방제에 단순한 인간의 어리석음까지 겹쳐 이미 상황은 더 이상 회복하기 어려울 만큼 망가져버렸다. 이 대륙에서 저 대륙으로 생물들이 이리저리 섞여버렸고 야만스러운 외래종이 아무런 경계심을 품고 있지 않은 고유종을 학살하러 갈 수 있는 길이 열렸다. 지구 위에서 인간이 단 한 번이라도 발을 들인 적이 있는 장소에는 인류와 떨어지려야 떨어질 수 없는 생물학적 식객의 흔적이 남아 있다. 쥐, 집파리, 클로버…… 인류가 끌고 다니는 생물학적 식객의 목록은 수천 종에 이를 만큼 길게 이어진다. 이런 식객들은 각 지역에서 자신의 생태적 지위를 차지하고 있던 고유종의 자리를 빼앗거나, 그런 고유종이 존재하지 않을 경우 새로운 환경을 파고들어 자신이 있을 영속적인 생태적 지위를 억지로라도 확보해낼 가능성이 높다. 이런 상황에서 이미 존재하는 자연의 균형이 파괴되지 않기란 불가능하다. 파괴를 향한 갈망에 있어 우리 인간종을 뛰어넘는 생물은 어디에도 없지만 매우 뛰어난 경쟁자를 몇몇 찾아볼 수 있다. 쥐는 현재 극지의 연구 기지부터 적도지역의 마을에 이르기까지 어디에서고 자기 집처럼 마음껏 번성하고 있다. 쥐들이 멸종시킨 고유종의 목록은 아마도 인간이 창으로 찌르고 몽둥이로 때려 멸종시킨 종의 목록

보다 더 길지도 모른다(우리가 꺾거나 짓밟아 죽인 식물종에 대해서는 기록이 부족하지만 몇 가지 알려진 사례가 있다). 일본 풍뎅이, 아르헨티나 개미, 유럽 집게벌레, 독일 말벌, 미국 바퀴벌레, 캐나다 말은 자신의 기원(으로 추정되는 곳)을 알려주는 이름을 앞에 붙이고서 배나 비행기라는 문명의 이기가 아니었다면 절대 발을 디딜 수 없었던 장소를 사정없이 파괴하고 있다. 그러나 이런 밀항자들이 우리의 동의 없이 몰래 새로운 장소로 숨어 들어온 반면, 생태계를 막대하게 유린하는 침입종 대부분은 소중한 존재로 사랑을 받으면서 대양을 건넌 뒤 도착해서도 충분히 보살핌을 받다가 축복을 받으며 새로운 환경에 풀려났다(혹은 그 동물을 가둔 우리의 자물쇠에 문제가 있었다). 염소, 여우, 고양이, 돼지, 말, 참새, 찌르레기, 비둘기, 참나무, 소나무, 담쟁이덩굴, 칡, 서양배나무, 유칼립투스, 알로에, 잉어, 송어, 꿀벌, 황소개구리, 수수두꺼비 등 이런 동식물의 목록은 끝도 없이 이어질 수 있다. 모두 절대 있어서는 안 될 장소에 합법적이며 의도적으로 초대를 받아 온 동식물이다. 외래종을 들여오겠다는 결정은 대부분 처음에는 선의에서 비롯된다고 해도 결국은 항상 지역 생태계를 파괴하는 결과로 이어지게 마련이다. 외래종은 자신이 원래 살던 고향과 물리적으로 비슷한 환경을 갖춘 지역에 도입된 경우 곧장 토착종에 대해 우위를 점한다. 외래종은 그 자신의 포식자, 기생생물, 질병 집단을 모두 고향땅에 남겨두고 왔기 때문이다. 어떤 생물종의 포식자나 기생생물, 질병은 그 생물종과 함께 수천 수백만 년에 걸쳐 함께 진화하면서 그

뉴질랜드가 보유한 고대의 유산. 곤드와나에서 물려받은 유산을 증언하는 또다른 생물은 남너도밤나무Nothofagus다.
남너도밤나무는 지금도 뉴질랜드 일부 지역에서 장대한 숲을 이루어 자라고 있다.
북섬 중심에 위치한 통가리로국립공원에서는 특별히 아름다운 너도밤나무숲을 볼 수 있다.

생물종의 개체수를 억제하며 균형을 잡는 역할을 한다. 그러나 새로 도입된 환경에서는 이런 억제 요소가 한꺼번에 전부 사라지고 없다. 반면 지역 토착종의 경우 계속해서 자신의 숙적과 상대해야 하는 한편 새로 진입한 상대와도 경쟁해야 한다. 당연한 결과로서 불과 한두 세대가 지나고 나면 토착종이 외래종에게 완전히 패배를 당해 개체수가 곤두박질치거나 아예 찾아볼 수 없게 되는 일이 비일비재하다.

뉴질랜드는 그 지리학적 역사와 생물지리학적 역사에 기인하여 다른 대륙에 존재하는 수많은 분류학적, 기능적 집단이 존재하지 않는다는 주목할 만한 특징을 보인다.(그중 몇 가지만 예를 들면 뉴질랜드에는 뱀, 딱따구리,

포유동물이 없다.) 뉴질랜드에 도입된 외래종은 이런 생태학적 구멍을 채우게 되며 그 과정에서 뉴질랜드 고유의 생태계를 완전히 뒤바꿔버린다. 한 예로 뉴질랜드에는 전문적으로 새의 알이나 새끼 새를 훔쳐 먹고 사는 동물이 없었다. 그러나 150여 년 전 모피 교역을 위해 뉴질랜드로 도입된 후 현재 뉴질랜드에서 6000만 마리 이상 서식하고 있는 주머니여우는 원래 고향인 호주에서는 꽃이나 식물을 먹고 사는 동물이었지만 뉴질랜드에 와서는 새둥지를 약탈하는 주요 포식동물로 활약하고 있다. 현재 뉴질랜드는 토착종이 아닌 생물로 빼곡하게 들어차 있다. 최근 뉴질랜드 침입종에 대한 포괄적인 조사에 따르면 뉴질랜드의 가장 외진 곳에 위치한, 겉모습은 전혀 변하지 않은 천연 숲의 작은 땅에서조차 평균 6종의 초식 포유동물, 5종의 육식 포유동물, 2종의 어류, 수많은 외래식물, 헤아릴 수 없을 정도로 많은 외래 무척추동물과 곰팡이, 세균종이 살고 있는 것으로 나타난다.

유감스럽게도 단순히 외래종을 모두 없앤 다음 모든 것이 이전의 자연 상태로 돌아가게 되기를 바란다고 해서 일이 뜻대로 흘러가지는 않는다. 뉴질랜드 고유종인 휘태커도마뱀Cyclodina whitakeri은 이 도마뱀이 좋아하는 서식지 대부분이 가축 목장으로 바뀌어버린 탓에 멸종 위기에 처해 있다. 그러나 도마뱀 개체수가 회복되기를 바라는 의도에서 목장에서 가축을 내보냈더니 전혀 예상치 못한 결과가 나타났다. 풀을 뜯는 동물이 사라지고 난 자리에 도입종 풀이 크게 증식했고 그 결과 역시 도입종인 설치류의 개체수가 크게 증가한 것이다. 설치류 개체수가 늘어나면서 설치류를 먹고 사는 포유류 포식동물이 유입되었고 이 포식동물은 날랜 설치류 대신 사냥하기 손쉬운 도마뱀을 먹어치우기 시작했다. 결국 도마뱀을 구하기 위한 시도는 이미 멸종 위기에 처한 도마뱀 개체수를 20분의 1 수준으로 감소시킨 결과로 끝을 맺었다.

아무리 단순한 생태계라도 그 안에서 일어나는 생물들의 복잡하고 다층적인 상호의존 관계에 대해 우리가 충분히 이해하지 못하고 있다는 사실은 고통스러울 만큼이나 분명하다. 우리는 그 복합적인 관계 속에 단 하나의 외래종을 도입했을 때조차 어떤 결과가 일어날지 예측할 수 없다. 누구라도 이만하면 뉴질랜드 사람들이 교훈을 배웠으리라고, 그래서 앞으로는 어떤 외래종도 의도적으로 도입되는 일이 결코 없을 것이라고 생각할 것이다. 그래서 나는 카로리보호구에 새가 먹을 수 있는 꿀의 양을 증대시키기 위한 방법의 하나로 호주산 식물인 인테그리폴리아방크시아Banksia integrifolia가 의도적으로 도입되었다는 사실을 알고는 말 그대로 충격을 받았다. 다른 곳도 아니고 카로리보호구는 인간의 간섭으로 망가진 자연을 본래대로 되돌리기 위해 가장 진정한 노력을 쏟아 부은 장소, 그 본보기가 아니었던가. 더 이해할 수 없는 부분은 도입된 인테그리폴리아방크시아가 불이 나지 않아도 퍼져 싹을 틔울 수 있는 몇 안 되는 방크시아종 가운데 하나였다는 점이다.[대부분의 방크시아종은 불이 나야만 씨앗이 땅에 떨어져 번식할 수 있다.] 불이 나지 않아도 번식할 수 있기 때문에 이 종은 카로리보

뉴질랜드 토착종 앵무새인 카카새Nestor meridionalis는 뉴질랜드 일부 지역에서는 아직도 비교적 흔하게 찾아볼 수 있다.

호구를 빠져나가 다른 곳에서 자랄 가능성이 크다. "실수가 있었습니다. 하지만 지금은 우리가 무슨 일을 하고 있는지 잘 알고 있습니다." 카로리보호구 관리자들은 이렇게 말하는 듯 보인다. 정말 그 말이 사실이기를 바란다. 카로리에 인간이 발을 딛기 이전의 영광을 되돌려주는 일에는 길고 험난한 과정이 기다리고 있을 터이다. 모든 일이 순조롭게 돌아간다고 해도 이 과업에는 적어도 500년이 걸릴 것으로 보인다. 카로리보호구는 타는 듯이

뜨거운 사막 한가운데서 얼어붙은 빙하를 녹지 않게 지키는 일만큼이나 무모한 도전이다. 이 과업에는 끊임없는 관심과 막대한 재정 지원, 수많은 사람의 헌신이 요구된다. 그리고 이 모든 것은 고작 2.8제곱킬로미터, 뉴질랜드 지표면적의 0.001퍼센트에도 못 미치는 지역을 지키기 위한 일이다.

뉴질랜드 정부는 생물종의 추가적인 침입으로부터 나라를 보호하기 위해 전 세계를 통틀어 가장 정교

하고 효과적인 생물 검역 기관인 농림부 검역국을 만들어 운영하고 있다. 뉴질랜드에 도착하는 모든 승객과 화물을 검사하는 이 기관은 사람들이 뉴질랜드에 들여오는 위험 품목(잡초가 될 위험이 있는 식물, 오염된 식품 등)을 하루 평균 240여 건씩 적발해낸다. 그러나 이 섬나라의 생물다양성을 지키려는 고귀한 노력은 그 시기가 이미 늦었다. 현재 뉴질랜드 고유종 새의 42퍼센트가 멸종했다. 수많은 양서류, 파충류, 어류, 곤충은 물론 헤아릴 수 없이 많은 무척추동물과 식물이 이미 사라져버렸다. 살아남은 뉴질랜드 토착종 생물의 운명은 전적으로 검역과 보호의 효율성 및 질란디아의 남은 유물을 어떻게든 보호하려고 삶을 바쳐 헌신하는 사람들의 호의에 달려 있다. 내가 마침내 투아타라를 두 눈으로 직접 볼 수 있었던 것도 다 그들의 노력 덕분이다. 그러나 이 아름다운 섬나라에 호모제노세네, 획일의 세계가 이미 문턱까지 다가와 있는 상황에서 우리는 머지않아 비슷한 운명을 맞게 될 다른 지역으로 관심을 돌려야만 한다. 태평양의 다른 섬들, 뉴기니, 피지, 솔로몬 제도는 가장 엄중한 검역 제도의 대상이 되어야만 한다. 이 섬에 살고 있는 대부분의 토착 동식물을 외래종의 침략으로부터 구하는 일은 아직 늦지 않았다. 그러나 역사가 우리에게 보여준 교훈이 하나 있다면 그것은 우리에게 무언가를 가르쳐줄 역사 따위는 필요 없으며—"고맙지만 됐어요."—뉴질랜드의 실수가 이 모든 곳에서 지체 없이 반복될 것이라는 점이다. 내가 틀렸기를 간절히 바라는 마음이다.

이른 봄의 여린 햇살을 조금이라도 더 쬐려고 하면서 스파이크가 나를 의심스러운 눈길로 쳐다보고 있다.
스파이크는 마치 덩치가 큰 도마뱀처럼 보이지만 도마뱀과의 파충류와는 먼 친족관계일 뿐이다. 한 때 전 세계에 걸친 광대한 서식지에서 번성했던
파충류의 옛도마뱀목(스페노톤티아목Sphenodontia)은 도마뱀과 뱀이 속한 유린목의 자매 집단으로 여겨진다. 자매 집단이라는 말은 옛도마뱀목과
유린목이 공통된 조상을 지니지만 진화 역사의 초기에 따로 갈라져 나왔다는 뜻이다. 옛도마뱀목과 유린목이 분화한 것은 적어도
2억1000만 년 전인 쥐라기 초기인 것으로 보인다. 그러나 현재 도마뱀과 뱀은 파충류의 대다수를 차지하는 혈통으로 전 세계적으로 8400여 종이
살고 있는 반면 옛도마뱀목에서 살아남은 유일한 유물생물은 투아타라뿐이다.

수많은 도마뱀과 마찬가지로 투아타라에게도 두개골 상단에 세 번째 눈,
머리꼭대기눈이라고도 하는 두정안이 있다.
그러나 투아타라의 두정안은 도마뱀보다 훨씬 정교하며 각막과 수정체와
망막까지 갖추고 있다. 두정안은 아주 어린 투아타라에게만 나타나며
자라면서는 이내 피부로 덮여버린다. 이 두정안의 기능에 대해서는
아직 완전히 밝혀지지 않았다.
사육되어 자란 이 어린 투아타라 새끼는 머지않아 엄격한 관리 아래
야생 개체수를 늘리기 위해 방생될 예정이다. 야생에서 이 새끼 투아타라는
야행성의 어른 투아타라에게 잡아먹히지 않기 위해 대부분 낮 동안
활동하며 살아갈 것이다. 이 새끼가 다 자라 번식할 준비가 되기까지는
13년에서 20년이 걸린다.

2005년 웰링턴 근처에 위치한 카로리보호구는
300년 만에 처음으로 뉴질랜드 본토에서 투아타라가
자연서식지에서 살아가는 모습을 볼 수 있는
장소가 되었다. 쿡 해협 스티븐스 섬에서 옮겨온
투아타라 70마리가 카로리보호구에 풀려났다.
이중 60마리는 골치 아프게도 아직도
카로리보호구 안에서 이리저리 돌아다니며 활동하는
쥐에게 해를 입지 않도록 추가적으로 설치한 울타리
안쪽에 살게 되었다. 그러나 나중에 밝혀진 바에
따르면 울타리 바깥쪽에 살고 있는 투아타라들이
울타리 안쪽의 투아타라들보다 체중도 훨씬 많이
늘어나는 등 더 잘 살아가고 있는 것으로 나타났다.
첫 방생에 이어 2년 뒤 쥐를 막기 위한 울타리
바깥쪽에 투아타라 130마리를 추가적으로
방생했다.(그래봤자 투아타라들은 이 파충류를
먹기 좋아하는, 날지 못하는 포식 새인 웨카를 막는
아주 거대한 우리 안쪽에 살고 있다.) 5년이 지난 후
방생된 투아타라의 생존율은 33퍼센트로 별로 높지
않았지만, 이 은폐를 잘하는 동물은 찾아내기
어렵기로 유명하기 때문에 아마도 실제 생존율은
이보다 훨씬 높을 것이라 추정된다.(쥐를 막기
위한 울타리 안쪽의 좀더 작은 지역에서 투아타라의
생존율은 89퍼센트였다). 그러나 방생이
성공적이었다는 것을 증명하는 최종적인 증거는
보호구 안에서 부화를 앞둔 알 한 무더기가 발견된
것이었다. 그리고 2009년 3월 최초로 야생에서
태어난 투아타라 새끼 한 마리가 발견되었다.
각 투아타라 개체의 움직임을 파악하기 위해서
카로리보호구에 처음 방생된 70마리는 제각기 다른
조합의 색구슬로 표시되어 있다. 개체의 크기에 따라
투아타라는 2개에서 6개의 색구슬을 목 뒷부분 볏에
부착하고 있다. 투아타라가 달고 있는 색구슬 탓에
이 동물들이 "야생"에서 살아가고 있다는
인상은 흐려질지도 모른다. 하지만 기존의
대안은 투아타라 개체를 구분하기 위해서 발가락
하나를 자르거나 발가락 여러 개를 다른 조합으로
자르는 것이었다. 색구슬을 끼우는 것보다 훨씬
고통스럽고 위험한 시술이다.

카로리보호구의 "하양/초록" 투아타라 암컷.
이 암컷처럼 투아타라 암컷은 대체로 수컷보다
몸집이 작고 등볏이 낮게 나 있다.

뉴질랜드의 양치식물은 아름다울 뿐만 아니라 풍요롭다.
약 200종 양치식물의 대부분은 뉴질랜드에서만 서식하는
고유종이다. 그 결과 코루 양식이라고 알려진 양치식물을
주제로 한 문양이 뉴질랜드 토착민인 마오리족의 예술에
지배적으로 나타나게 되었다. 코루 양식은 마오리족이 피부에
새기는 아름다운 문신의 문양으로도 사용된다.
그렇다고 뉴질랜드에 서식하는 양치식물이 전부 온대지역에서
흔히 보이는 양치식물종처럼 전형적인 갈래잎을 하고
있는 것은 아니다. 뉴질랜드 고유종이며 세계에서도
가장 우아하고 특이한 양치식물로 손꼽히는
콩팥양치Trichomanes reniforme는 숱한 속씨식물에서나
볼 법한 둥근 잎을 지니고 있다. 반면 나무에 기생하는
양치식물인 플라키둠아스플레니움Asplenium flaccidum은 높은
나무의 가지와 바위 절벽 아래로 그 기다란 잎을 늘어뜨린다.

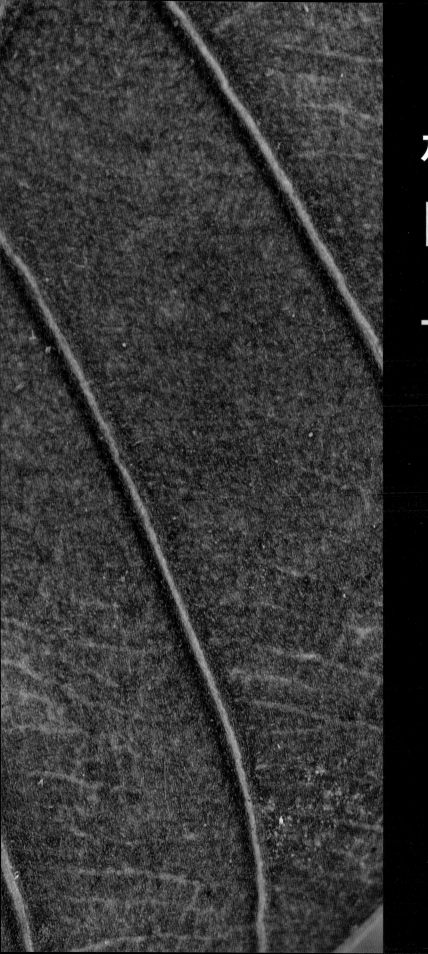

제3장

바퀴벌레의
모성

너부죽한 바위 밑에서 젊은 어미가 조심조심 기어 나오다 자못 신중한 자세로 발을 멈춘다. 깃털 나고 비늘 덮인 수두룩한 적의 날카로운 눈을 피할 수 있을 만큼 해가 충분히 저물었는지 확신하지 못하는 눈치다. 어미 뒤로 보이는 마른 잎과 풀로 만든 잠자리에서는 새끼들이 한데 뭉쳐 움찔거리고 있다. 새끼들은 막 그 짧은 인생에서 처음으로 어미의 보호에서 벗어나 홀로 남겨진 참이다. 익어가는 딸기 냄새, 향기로운 꽃내음이 어미의 마음을 유혹한다. 어미는 서둘러 물과 영양분을 섭취해야 할 욕구를 느낀다. 그 순간 돌연 어미 발밑의 땅이 흔들리고 거대하고 어두운 형체가 어미 눈앞에 홱 하고 날아든다. 갑자기 나타난 그 형체는 채 1초가 지나기 전에 다시 날아올라 저 멀리 대기 속으로 사라져버린다. 하지만 거대한 형체가 땅으로 홱 날아들었을 때는 이미 어미의 기계적 감각 수용기, 주위의 움직임을 감지하는 작은 감각기관이 주변에 흐르는 공기의 속도가 달라졌다는 사실을 감지하고 어미에게 위험하다는 신호를 보낸 뒤다. 눈 깜짝할 사이 어미는 몸을 돌려 새끼들이 있는 둥지로 몸을 숨긴다. 새끼들도 돌아온 어미에게 지체 없이 반응하여 어미 몸 아래쪽, 넓적한 복부의 장갑판 아래로 다시 안전하게 몸을 숨긴다. 어미가 방해를 받지 않고 먹이를 찾기 위해서는 테이블마운틴 너머로 해가 꼬박 다 저물 때까지 좀더 기다려야 할 것이다.

나는 발걸음을 멈추고 머리에 쓴 헤드램프로 발밑의 초목 사이를 구석구석 살폈다. 이끼로 덮인 넓적한 바위 근처에서 무언가 움직이는 것을 보았기 때문이다.

하지만 그건 내 생각뿐일 수도 있었다. 테이블마운틴, 거대한 대도시 케이프타운의 반짝이는 불빛이 내려다보이는 이 유명한 산에 나는 처음으로 발을 디딘 참이었다. 그러나 내 눈에는 매혹적인 남아프리카의 풍광이 제대로 들어오지 않았다. 나는 그보다 훨씬 작지만 매력적이라는 점에서는 절대 뒤지지 않는 것을 찾고 있었다. 바로 작고 예쁜 동물인 테이블마운틴바퀴벌레Aptera fusca다.

바퀴벌레는 고대 혈통을 지닌 큰 곤충 집단으로 주로 열대지역에 5000종 가까이 분포하고 있다. 바퀴벌레는 새끼를 보살피는 양육 행동과 사회 행동의 진화를 보여주는 진정으로 매혹적인 곤충이다. 자신이 낳은 새끼를 먹지 않으면 좋은 부모라 여겨지곤 하는 곤충사회에서 바퀴벌레는 오직 새나 포유동물에게서만 찾아볼 수 있을 정도로 높은 수준의 모성과 양육 행동을 보여준다. 3억 5000만 년 전 석탄기의 습한 숲속에서 바퀴벌레의 조상이 처음으로 지구상에 모습을 나타냈을 무렵만 해도 바퀴벌레는 적어도 번식 전략의 관점에서는 여느 곤충과 다르지 않았다. 석탄기에 살았던 바퀴벌레의 암컷이 지니고 있던 기다란 산란관은 당시 바퀴벌레가 다른 곤충처럼 흙이나 식물 조직에 산란관을 넣어 알을 낳는 일에서 어미의 역할을 다했다는 사실을 보여주는 증거다. 알에서 깨어난 어린 새끼들은 스스로 살아남아야만 했다. 그런데 무슨 일인가가 일어났다. 그 이후 바퀴벌레목 곤충의 조상은 알을 낳기 위한 기다란 산란관을 버리고 몇 마리가 모여 가족 집단을 이루어 살아가기 시작했다. 시간이 지나면서 부모의 양육 행동 수준이 높아지고 가족

남아프리카공화국의 테이블마운틴바퀴벌레 Aptera fusca

집단이 커져갔다. 바퀴벌레 진화 역사의 한 분파는 마침내 동물세계에서 볼 수 있는 가장 복잡한 동물사회라는 열매를 맺었다. 높은 건물과 농업 공동체가 완비된 이 동물사회는 우리 인간종이 등장하기 전까지 어떤 생물종에서도 그 짝을 찾을 수 없던 것이었다. 이 특별한 곤충은 오늘날 흰개미라는 이름으로 알려져 있다. 하지만

곤충학자에게 흰개미란 아주 고도로 특화된 바퀴벌레목의 한 집단일 뿐이다. 기이하게도 바퀴벌레목의 또다른 혈통은 흰개미와는 정반대의 길로 진화하여 게걸스럽게 먹잇감을 찾고, 동족을 그저 한 끼 배를 채울 만한 먹이로 여기는 고독한 포식자가 되었다. 우리는 이 곤충을 사마귀라 부른다. 하지만 흰개미와 마찬가지로 사마귀의

해부 구조와 유전자에는 부인할 수 없는 바퀴벌레의 기원이 새겨져 있다(사마귀목은 바퀴벌레목의 아목으로 여겨지기도 하며 흰개미는 바퀴벌레목에 속한 곤충이다).

육식을 하는 친족과는 달리 바퀴벌레 대부분은 가족 단위로 무리지어 평화롭게 살아간다. 바퀴벌레는 곤충 가운데서도 자녀 양육 분야에서 여러모로 특화된 기술을 자랑하는 한편 놀라울 정도로 다양한 서식지에 걸쳐 살아가는 것으로도 유명하다. 바퀴벌레는 열대우림의 숲지붕에서 시작하여 깊은 동굴 안, 물살이 빠른 개울, 나무줄기 속과 같이 온갖 서식지에 적응하여 살아가고 있다. 어떤 바퀴벌레는 타는 듯 뜨거운 사막의 끊임없이 물결치는 모래 파도 안에서 그야말로 "헤엄치며" 살아가는가 하면, 또다른 바퀴벌레는 새둥지나 개미둥지처럼 훨씬 안락한 환경을 좋아한다. 다른 생물의 둥지에 얹혀사는 바퀴벌레 가족은 둥지 주인의 눈에 띄지 않은 채 평화롭게 공존하며 살아간다.

나는 그 넓적한 바위를 다시 한번 살펴보기로 마음먹고 조심스럽게 바위 가장자리 한켠을 들어올렸다. 그곳에는 그녀가 있었다. 날개 없는 어미 바퀴벌레의 몸은 적갈색의 장갑이 포개지듯 덮여 있어 마치 작은 모형 탱크 같았다. 테이블마운틴바퀴벌레 암컷은 꼼짝 않고 가만히 앉아 열두 마리쯤 돼 보이는 짙은 빛깔의 작디작은 약충들을 감싸 안고 있었다. 나는 손가락으로 어미를 살짝 건드려보았다. 순간 어미는 배를 들어올리고 내 귀에도 들리는 찍찍 소리를 냈다. 애벌레들이 사방으로 흩어지기 시작했다. 이 작은 가족을 더 이상 방해하고 싶지

않아서 나는 바위를 원래 있던 자리에 조심스럽게 돌려놓았다. 방금 일어난 일은 별것 아닌 듯 보일 수도 있지만 불청객인 내가 들이닥쳤을 때 이 작은 가족에게 일어난 일은 내가 눈으로 감지할 수 있었던 것보다 훨씬 복잡했다. 어미는 내 존재를 감지하고 자신이 독성이 있을지도 모르는 불쾌한 화학물질을 살포할 수 있다는 사실로 분명하게 경고했을 뿐 아니라 경고 페로몬을 뿜어 새끼들에게 도망치라는 신호를 보냈다. 곧 있으면 바퀴벌레의 새끼들은 실처럼 생긴 더듬이로 냄새와 촉각 단서를 따라 어미의 품으로 다시 모여들 것이다.

바퀴벌레가 감지하는 감각세계는 우리 인간이 감지하는 감각세계와는 사뭇 다르다. 주로 밤에 활동하는 곤충인 바퀴벌레는 시각보다는 후각으로 감지하는 화학적 신호나 공기 및 땅의 진동, 촉각에 훨씬 더 많이 의존한다. 바퀴벌레 가족은 집합페로몬을 통해 떨어지지 않고 한데 모여 있을 수 있다. 짝짓기 시기가 되면 바퀴벌레는 성페로몬을 발산하여 짝짓기 준비가 되었음을 알린다. 이런 성페로몬의 한 종류에는 꽤나 그럴듯하게 세두신seducin이라는 이름이 붙어 있기도 하다. 바퀴벌레보다 훨씬 복잡한 사회를 꾸리는 흰개미나 개미와는 다르게 바퀴벌레는 먹이를 모으거나 집을 짓는 개체를 따로 두지 않는다. 또한 먹이가 있는 장소라든가 달리 관심이 있는 장소에 일부러 화학적 흔적을 남겨 다른 개체가 찾아가도록 하는 재주도 부리지 못한다. 그러나 바퀴벌레는 냄새를 이용해 다른 개체의 뒤를 따라갈 수 있다고 알려져 있다. 흥미롭게도 실제로 개미둥지에서 얹혀사는 바

거대한 방패처럼 생긴 앞가슴등판은
자이언트바퀴벌레Blaberus giganteus의 머리와 앞다리를
보호한다. 나는 가이아나 남부의 사람의 발길이 닿지 않은
후미진 열대우림에서 이 바퀴벌레를 발견했다. 바퀴벌레는
자신을 둘러싼 세계의 정보를 대부분 후각과 미각, 촉각을
사용하여 감지하는 한편 거의 360도를 볼 수 있는 커다란
겹눈도 가지고 있다. 바퀴벌레는 이 겹눈을 이용하여 주로
움직이는 사물을 감지하는 듯 보인다. 무언가 움직인다는
것은 포식자가 공격을 하고 있다는 신호일 수 있기 때문이다.

캄보디아 북부에서 발견한 공바퀴벌레 Perisphaerus lunatus가
몸을 펼치자 길고 강인한 다리가 나타나기 시작한다.

퀴벌레들은 둥지의 주인인 개미가 남겨놓은 화학적 흔적을 이용하여 먹이가 있는 장소를 찾거나 둥지로 돌아오는 길을 찾을 수 있다. 달리 표현하자면 바퀴벌레는 그 기술을 좋아라 이용할 줄은 알지만 아직 그 기술을 스스로 만들어내지는 못하는 셈이다.

바퀴벌레의 몸은 자연에서 성취한 기계공학의 정수라고 해도 과언이 아니다. 바퀴벌레의 몸을 구성하는 주요 부분은 (곤충 기준에서 볼 때) 특이할 정도로 특화가 되어 있지 않다. 바퀴벌레가 끊임없이 진화하는 환경 조건에 맞추어 뛰어난 적응력을 지닐 수 있는 것은 이렇게 특화되지 않은 몸 구조 덕분이기도 하다. 바퀴벌레가 석탄기에 처음 지구상에 모습을 나타낸 이후 대체로 겉모습이 변하지 않는 것 또한 아마 이러한 이유에서일 것이다. 바퀴벌레의 머리는 앞가슴등판이라 알려진 커다란 장갑판 아래에 안전하게 보호된다. 필요한 경우 바퀴벌레는 앞가슴등판 아래로 앞다리까지 안전하게 숨길 수 있다. 단거리 달리기에 적합한 길고 유연한 다리에는 가시 돌기가 나 있다. 이 가시는 주로 포식자에 대항하는 방어 수단으로 사용되는 한편, 특히 앞다리에 난 가시는 이를테면 미끄러운 과일 조각 같은 먹이를 붙잡는 용도로도 쓰인다. 앞다리로 무언가를 움켜쥘 수 있는 능력은 아마도 바퀴벌레의 먼 친족인 사마귀의 강력하고 무시무시한 앞다리가 진화하는 데 밑거름이 되었을 가능성이 높다.

대부분의 바퀴벌레는 커다란 날개를 두 쌍 지니고 있으며 그중에는 화려한 색과 무늬로 날개를 장식하는 바퀴벌레도 있다. 한편 날개에 짧고 뭉툭해진 그루터기

만 남아 있거나 날개가 아예 퇴화되어 없어진 바퀴벌레들도 있다. 어떤 종의 앞날개는 딱정벌레의 날개처럼 볼록하고 매우 단단하여 몸을 보호하는 방패 역할을 한다. 이 종의 바퀴벌레는 이런 방패 날개로 자신의 몸만 보호하는 것이 아니다. 그보다 이런 단단한 날개는 어리고 연약한 약충을 보호하기 위해 진화한 것으로 보인다. 이런 종의 바퀴벌레 약충들은 알에서 깨어나자마자 즉시 어미의 등으로 기어올라 자기 스스로 먹이를 찾을 수 있을 만큼 자랄 때까지 어미의 등 위에서 생활한다. 약충들은 어미의 등에 있는 특별한 샘에서 생산되는 영양가 많은 즙을 빨아먹고 살거나 특별한 샘이 진화하지 않은 종에서는 어미의 피부를 뚫어 그 혈림프(곤충의 혈액)를 조금씩 빨아먹고 산다. 하지만 어미는 약충에게 혈림프를 빨아먹혀도 아무런 해를 입지 않는 듯 보인다.

바퀴벌레는 대부분 포식자에게 잡아먹히지 않기 위해 좁은 공간에 몸을 끼워넣을 수 있도록 잘 적응된 납작한 몸을 하고 있다. 극단적인 예로 나무껍질 아래에 사는 바퀴벌레들은 아주 납작해 이런 현상을 표현하는 곤충학 용어인 "팬케이크 신드롬"의 실례를 생생하게 보여준다. 납작하고 부드러우며 바닥에 딱 붙는 평평한 몸을 하고 있으면 포식자에게 이빨이나 발톱을 박아넣을 여지를 주지 않는다는 장점도 있다. 한편 전혀 다른 방향으로 자기보호의 진화를 이루어낸 바퀴벌레도 있다.

어느 날 나는 캄보디아 북부에 있는 숲에서 숲바닥에 쌓인 낙엽 더미를 뒤지며 개미를 찾고 있었다. 난데없이 완전히 동그란 작은 구슬 같은 것이 머리 위 나무에

페리스파이루스속Perisphaerus의 공바퀴벌레를
비롯하여 이와 가까운 몇몇 속의 곤충은
포유동물을 제외하고 젖을 물리는 행동을
보여주는 유일한 동물이다. 이 곤충의 어린
약충은 긴 주둥이처럼 생긴 구기를 이용하여
어미의 몸 아래쪽에 여러 개 있는 특별한 샘에서
나오는 먹이를 빨아먹는다. 약충은 강력한
무는 형 구기를 발달시킨 다음에야 어미 품을
떠나 혼자 힘으로 과일이나 식물 같은 것을
찾아 먹기 시작할 것이다.

서 툭 떨어져 머리를 때리는가 싶더니 튕겨 나와 내 발앞에 떨어졌다. 나는 그 구슬 같은 것을 집어 들고 자세히 살펴보았다. 이게 동물인지 식물인지조차 쉽게 가늠할 수 없었다. 완두콩만 한 크기였으며 까맣고 아주 딱딱했다. 확연하게 몸이 분할되어 있는 것으로 봐서는 동물인 것이 분명했다. 그러나 이와 비슷한 보호 전술을 사용하는 동물이 한두 종류가 아니었기 때문에(이를테면 갑각류, 노래기, 아르마딜로 등등) 나는 지금 손에 들고 있는 동물이 무엇인지 쉽게 결론지을 수 없었다(물론 나는 가능한 용의자 목록에서 아르마딜로는 첫 번째로 제쳐두었다). 몇 초 지났을까, 그 신비로운 구슬이 살짝 갈라지면서 틈이 생겼고 그 사이로 짧은 더듬이를 사이에 둔 커다란 눈이 조심스럽게 바깥을 내다보았다. 정체를 알 수 없었던 이 구슬은 바퀴벌레, 내가 전에 한 번도 보지 못했던 종류의 바퀴벌레였다. 나중에 나는 이 곤충이 공바퀴벌레Perisphaerus라 불리는 아주 재미있는 동물이라는 사실을 알아낼 수 있었다. 연구에서 밝혀진 바에 따르면 공바퀴벌레는 그 단단한 갑옷에 의존하여 개미나 다른 작은 포식동물의 공격을 완벽하게 막아낼 수 있다. 외골격을 구성하는 단단한 각피층이 강력한 근육과 연결되어 있기 때문에 공처럼 단단히 말려 있는 바퀴벌레를 펼치는 일은 벌레를 다치게 하지 않고서는 사실상 불가능하다.

몸을 동그랗게 말아 단단하고 딱딱한 공으로 만드는 기술은 단순하지만 훌륭한 방어 수단이며, 이 비결을 완벽하게 터득한 곤충은 손에 꼽힐 만큼 드물다. 그러나

공바퀴벌레가 갖춘 것은 이런 방어 수단만이 아니다. 공바퀴벌레에는 곤충 사이에서뿐만 아니라 동물세계 전체에서 그들을 특별하게 만들어주는 다른 무언가가 있다. 지금은 고인이 된 하버드대의 곤충학자인 루이스 M. 로스Louis M. Roth 박사는 수많은 결실을 낳은 보람 있는 긴 인생 동안 바퀴벌레 생리를 둘러싼 숱한 비밀을 밝혀냈다. 로스 박사는 또 공바퀴벌레의 특이한 속성을 밝혀낸 최초의 인물이기도 하다. 공바퀴벌레를 연구하던 로스 박사는 공바퀴벌레 암컷의 다리에는 이 벌레의 약충들이 매달려 있는 경우가 많다는 사실에 주목했다. 어미 다리에 매달린 새끼들 중 일부는 어미의 몸 아래쪽에 머리를 들이밀고 있었다. 세밀하게 조사한 끝에 뭔가 이상한 점이 발견되었다. 약충의 구기가 주둥이 모양으로 아주 길었던 것이다. 이렇게 주둥이 모양을 한 입은 무는 형태의 평범한 구기를 가진 바퀴벌레에게서는 발견되지 않는 특징이다. 또한 어미 바퀴벌레를 자세하게 조사한 결과 로스 박사는 어미의 다리 밑마디 사이에 샘 모양의 작은 구멍이 있다는 사실을 발견했다. 어린 새끼들이 머리를 들이밀고 있는 곳도 바로 여기였다. 어미가 정말 어린 새끼들에게 젖이라도 물리는 것일까? 그때까지 젖을 먹이는 행동은 오직 포유동물에게만 나타나는 것으로 알려져 있었다. 그런데 난데없이 이와 비슷한 행동을 하는 동물이 포유동물 말고도 동물세계의 역사에서 한 차례 더 진화해왔을지도 모른다는 가능성이 나타난 것이다. 공바퀴벌레가 정말로 새끼들에게 젖을 물리는지에 대해서는 아직은 정황상의 근거만 있을 뿐이지만 바퀴벌

테이블마운틴바퀴벌레Aptera fusca는 수컷에게는 기다랗고 완전하게 발달한 날개가 달려 있는 반면 암컷은 날개가 아예 없다.

바퀴벌레의 알집이 잎에 단단히 달라붙어 있다. 알집은 여간해서는 부서지지 않는 단단한 주머니로 그 안에서 자라고 있는 알이 말라버리거나 포식동물에게 잡아먹히지 않도록 보호하는 역할을 한다.

레에 대해 우리가 아는 사실을 종합할 때 그럴 가능성은 충분하다. 바퀴벌레의 수많은 종에서 암컷은 알을 낳지 않고 새끼를 낳으며 그중 일부 종에서 암컷은 스스로 먹이를 찾을 수 있을 때까지 새끼들을 거두어 먹이기도 한다. 태평양바퀴벌레Diploptera punctata의 경우 어미는 포유류의 태반에 해당되는 기관을 발달시켜 복부 안에서 자라고 있는 배아에게 단백질, 지질, 탄수화물 등 풍부한 영양분을 공급한다. 하지만 "젖샘"을 지닌 어미가 빠는 형 구기를 지닌 애벌레에게 젖을 물리는 일은 바퀴벌레의 양육 행동을 완전히 새로운 차원으로 끌어올리는 일이다.

공바퀴벌레와 처음으로 마주친 이후 두어 해가 지났을 무렵 나는 한밤중에 열성적인 파충류학자 무리를 따라 대나무 수풀을 헤치며 걷고 있었다. 파충류학자들은 학계에 알려지지 않은 종일 가능성이 높은, 유독 은폐에 능한 개구리를 잡으려고 안달을 내고 있었다. 우리가 있는 곳은 파푸아뉴기니의 큰 섬인 뉴브리튼 섬이었다. 나는 이것이 공바퀴벌레와 다시 한번 만날 수 있는 좋은 기회임을 잘 알고 있었다. 그리고 마침내 그 불운한 양서류를 잡았다는 승리의 외침이 울려 퍼지는 순간, 과연 생각했던 대로 나는 이 신비로운 바퀴벌레가 내 발 근처를 종종걸음치며 기어가는 모습을 포착했다. 게다가 이 공바퀴벌레는 임신한 암컷이었다. 며칠 후 이 암컷은 새끼 열 마리를 낳았다. 내가 암컷과 새끼들을 작은 용기에 넣어 2주 동안 관찰할 때 약충들은 한시도 어미 곁을 떠나지 않고 어미 몸 아래에 자신을 숨긴 채 입을 어

미 다리 사이에 단단히 붙어 있었다. 이따금 어미는 과일 조각을 먹었지만 새끼들은 절대 어미 곁을 떠나지 않았고 따로 먹이를 먹지도 않았다. 그런데도 약충들은 계속해서 자라났다. 나는 새끼 두어 마리를 어미에게서 떼어내 어미와 똑같은 환경을 만들어주고 먹이도 주었다. 그러나 어미 곁에 붙어 있는 다른 형제들이 잘 살아가는 반면 떨어져 나온 새끼들은 3일 만에 죽어버리고 말았다. 그 이후 나는 곧 섬을 떠나야만 했다. 내 연구 허가증에 적힌 조건에 따르면 섬에서 어떤 살아 있는 표본도 가지고 나갈 수 없었기에 나는 이 작은 가족을 버려두고 와야 했다. 하지만 짧은 기간이나마 이 가족을 관찰하면서 나는 이 바퀴벌레 암컷이 몸에서 분비되는 비밀스러운 무언가로 새끼들을 먹이며 새끼들이 포유동물의 새끼들과 마찬가지로 이 비밀스러운 먹이에만 의존하여 자란다는 사실을 확신하게 되었다. 곤충을 향한 내 찬탄의 마음은 한층 더 깊어졌다.

물론 바퀴벌레목에 속한 곤충 전부에게 이 정도로 높은 수준의 모성애와 양육 행동이 나타나는 것은 아니다. 그러나 바퀴벌레목에 속한 곤충은 단 한 종도 예외 없이 자기 자식들이 좀더 안전하게 삶을 시작할 수 있도록 나름의 노력을 기울인다. 바퀴벌레 암컷이 자신이 낳은 알을 위해 할 수 있는 최소한의 일은—그리고 대부분의 바퀴벌레 어미가 하는 일은—알을 단단한 키틴질의 주머니에 싸두어 알이 물리적으로 해를 입거나 건조되지 않도록 보호하는 것이다. 이 알주머니는 또한 알을 포식동물이나 기생생물에게서 보호하는 아주 효과적인

장벽 역할을 하기도 한다. 어미 바퀴벌레는 알집이라 알려진 이런 주머니를 대개는 알이 부화할 준비가 거의 끝나갈 때까지 가지고 다닌다. 알이 부화할 준비가 되면 암컷은 과일이나 특별히 맛있는 잎 같은 먹이와 가까운 장소에 알집을 묻거나 붙여둔다. 며칠 혹은 몇 주 뒤 알집에서는 혼자 먹이를 찾아 먹으며 살아갈 준비를 마친 새끼들이 알에서 깨어난다. 여기서 좀더 양육 행동을 진화시킨 바퀴벌레종은 어미가 알집에 알을 넣어 보호하는 한편 어린 새끼들이 부화하는 순간까지 알집을 자기 몸에서 한시도 떨어뜨리지 않고 보호하기도 한다. 여기서 한발 더 나가는 바퀴벌레종도 있다. 이런 종의 바퀴벌레 암컷은 알집을 만들어 그 안에 알을 낳고 난 다음 그 알집을 삼켜 자기 뱃속에 보관한다. 알 속의 새끼들은 알집과 어미의 배라는 이중의 보호를 받으면서 발육을 무사히 마치고 어미 뱃속에서 부화한다. 이런 모습은 마치 바퀴벌레가 알이 아니라 새끼를 직접 낳는 듯한 인상을 준다(진태생이 아니지만 태생처럼 보이는 이런 현상은 난태생이라 알려져 있다). 그리고 마지막으로 태평양바퀴벌레

처럼 정말로 진태생을 하는 종이 있다.

바퀴벌레가 아마추어 박물학자의 눈에 띄는 경우는 거의 없지만(바퀴벌레는 어쨌든 야행성 곤충이므로) 세계의 숲과 삼림에 바퀴벌레가 미치는 영향은 실로 놀라울 정도다. 대부분의 바퀴벌레종은 주요 잔사식생물 Detritivore[죽은 유기물이나 배설물을 먹이로 삼아 사는 생물]의 역할을 수행하고 있다. 말하자면 바퀴벌레는 낙엽이나 쓰러진 나무줄기, 썩은 고기 같은 죽은 유기물을 처리하는 재활용업자인 셈이다. 바퀴벌레가 죽은 유기물을 처리할 수 있는 것은 부분적으로 바퀴벌레의 장에 살고 있는 여러 원생동물과 세균 덕분이라고 할 수 있다. 바퀴벌레와 공생하는 이런 생물은 바퀴벌레 자신이 갖고 있는 소화 효소를 보충하여 먹이의 분해 효율을 높인다. 어느 열대지역에서는 무척추동물의 총 생물량에서 바퀴벌레가 차지하는 비율이 무려 61퍼센트에서 84퍼센트에 이르면서 흰개미나 개미를 비롯하여 바퀴벌레와 비슷한 역할을 하는 다른 곤충의 비율을 훌쩍 뛰어넘기도 한다. 이 말은 곧 쓰레기 처리를 해주는 바퀴벌레가 없다면 이런 장소는 얼마 지나지 않아 온갖 유기물 쓰레기로 뒤덮여버리고 말 것이라는 뜻이다. 바퀴벌레가 하는 일이 가장 영예로운 직업이라고 할 수는 없지만 누군가는 꼭 해야만 하는 중요한 일이다. 그렇다고 바퀴벌레가 쓰레기 처리만 하는 것은 아니다. 어떤 바퀴벌레종은 평생 한 번도 어두운 숲바닥에 발을 디디지 않고 꽃들 사이에서 꿀과 꽃가루를 먹으며 꽃의 수분충 역할을 하며 살아가기도 한다. 이런 바퀴벌레는 대개 낮에 활동하는 주행성으로 아름다운 빛깔로 자신을 치장하고 있을 때가 많다. 또 무당벌레처럼 화학적으로 자신을 보호하는 딱정벌레를 흉내 내 화려한 빛깔로 치장하는 바퀴벌레도 있고 주행성의 화려한 나방을 모방하는 바퀴벌레도 있다. 마지막으로 바퀴벌레는 몸집이 크고 맛있으며 실로 무해한 존재로서 새와 포유동물(특히 박쥐)을 비롯한 포식동물의 먹잇감으로서도 중요한 역할을 맡고 있다.

바퀴벌레목 곤충들은 항상 내 마음을 사로잡아왔다. 그 단순하고 간결한 몸의 형태, 부모로서 보이는 헌신, 열대 생태계에 미치는 커다란 영향력, 고대로 거슬러 올라가는 기원, 나는 이 모든 것을 갖춘 바퀴벌레에 대해 좀더 많은 것을 알아내고 싶다. 그러나 이렇게 풍부한 종을 지닌 곤충, 다양한 지역의 생태계에 폭넓게 서식하는 곤충치고 우리가 바퀴벌레에 대해서 알고 있는 것이 얼마나 적은지 가히 충격적일 정도다. 전 세계에 이미 알려진 종만 5000종에 가까운(그리고 비슷한 수의 새로운 종이 발견되기만을 기다리고 있을 가능성이 아주 높은) 곤충을 연구하는 과학자는 아마도 전 세계를 통틀어 스무 명에서 서른 명에 불과할 것이다. 반면 이와 비슷한 종을 지닌 포유동물을 연구하는 과학자와 학생은 전 세계에서 수천 명이나 된다. 밝혀진 바로는 포유동물과 바퀴벌레는 번식 행동에 있어 생각지도 못한 공통점을 지니고 있을지도 모른다. 이런 점에 주목한 포유동물 전문가가 자신의 분류학적 지평을 넓히기 위해 바퀴벌레에 관심을 보일 가능성도 있다. 그리고 지구상에 존재한 바

있는 동물 중 가장 호기심을 자극하는 바퀴벌레에 대해 서 우리가 좀더 많은 것을 배울 수 있도록 도와줄지도 모른다. 여기서 곤충학자들은 절실하게 도움을 기다리 고 있다.

바퀴벌레는 물거나 쏠 줄 모르는 대신 수많은 종은 저마다 독특하면서도 아주 효율적인 방어 전략을 진화시켰다. 여기 코스타리카의 에우리코티스속 Eurycotis sp.의 한 종처럼 몇몇 바퀴벌레종은 불쾌한 냄새의 화학물질을 생산하여 30센티미터 남짓 거리에 있는 공격자에게 이 화학물질을 살포할 수 있다. 이 화학물질은 알데히드와 알코올, 산이 결합된 효과가 강렬한 혼합물로 공격자의 피부나 점막에 닿으면 고통스러운 염증을 일으킨다. 또한 불쾌하고 강한 냄새를 풍기므로 그 자체만으로 포식자가 다가오지 못하게 하는 좋은 방어책이 된다.

여기 코스타리카의 화려한 빛깔을 자랑하는 에우필로드로미아 안구스타타 Euphyllodromia angustata(맞은편 위쪽)는 낮에 활동하는 주행성 바퀴벌레다. 이 바퀴벌레는 아주 날쌔고 빠른 파리의 한 종과 비슷해 보인다. 실제로는 느린 편에 속하는 이 바퀴벌레는 바테시안 의태라고 알려진 전략을 사용한다. 다시 말해 파리를 흉내 내어 포식자가 자신과 파리를 구분하지 못하게 하는 의태 전략이다. 아마도 새나 도마뱀 같은 대부분의 포식동물은 파리처럼 몸놀림이 빠른 먹이를 잡으려는 생각조차 하지 않을 것이다. 추적에 소모하는 힘을 보상하기에 성공률이 지나치게 낮기 때문이다.

여기 코스타리카의 니크티보라 Nyctibora sp.의 한 종(맞은편 아래쪽) 같은 바퀴벌레는 배에 있는 특별한 샘에서 풀처럼 끈적끈적한 물질을 생산하는 방어 전략을 펼친다. 이 효과 만점의 점착성 물질은 개미나 거미처럼 작은 포식자에게는 몸을 꼼짝 못하게 만드는 효과가 있으며 좀더 몸집이 큰 포식자에게는 이 바퀴벌레를 삼키기 어렵게 하는 효과가 있다.

어떤 바퀴벌레는 단순한 식단을 보충하기 위해 이따금 사탕가게로 나들이를 나서기도
한다. 여기 코스타리카의 에우리코티스속Eurycotis sp.의 한 종은 단물이 떨어지기만을
기다리고 있다. 여기 꽃매미Enchophora sanguinea 같은 곤충은 식물의 잎에서 만들어진
당과 체관부 조직을 먹고 살면서 당분으로 가득한 배설물을 만들어낸다.

바퀴벌레종의 대부분은 잔사식생물로 낙엽이나 나무, 떨어진 과일 같은 죽은
유기물을 먹고 산다. 아시아 북부와 미국 동부에서만 발견되는 유물생물인
바퀴벌레목의 갑옷바퀴(크립토케르쿠스Cryptocercus)는 죽은 나무줄기를
소화하고 분해하는 일에 특화된 바퀴벌레다. 나무를 소화시킬 줄 아는
몇 안 되는 동물 중 하나인 갑옷바퀴는 나무를 구성하는 주요 성분인 섬유소를
분해하는 셀룰라아제를 생산할 수 있다.
여기 중국의 크립토케르쿠스 렐리크투스Cryptocercus relictus를 비롯하여
갑옷바퀏과는 작지만 오랫동안 지속되어온 과계급군을 형성한다.
갑옷바퀴는 흰개미와 가장 가까운 친족 사이이기도 하다.

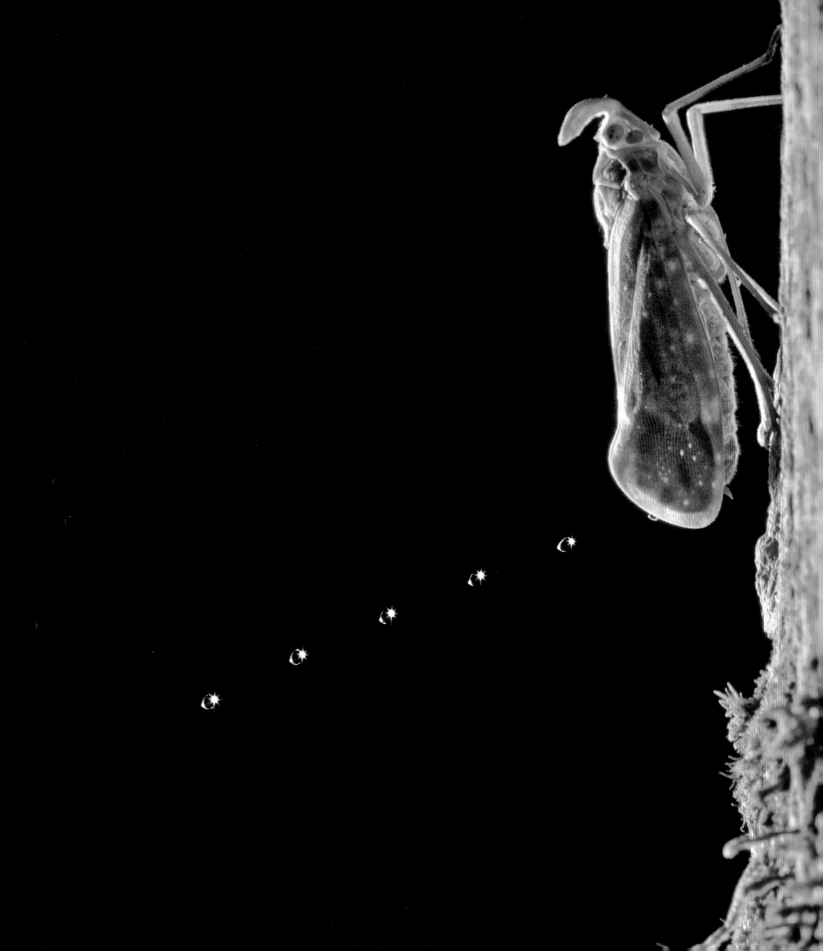

남아프리카공화국 붉은머리바퀴벌레Deropeltis erythrocephala의
날개 없는 암컷은 밤에 활동하는 야행성으로 꽃이 피는 식물을 먹고
살면서 수분충 역할을 한다. 한편 낮에 활동하며 수분충으로 활약하는
바퀴벌레는 나비나 딱정벌레만큼 화려한 색을 뽐내기도 한다.

제4장
남부의
왕국

南아프리카로의 여행은 시작부터 삐걱거렸다. 보스턴에서 비행기를 탑승하려는데 갑자기 안내 방송에서 내 이름을—그것도 틀린 발음으로—부르는 소리가 들렸다. 내가 게이트로 찾아가 무슨 일인지 알아보기도 전에 검정 제복을 입고 허리에 권총을 찬 자못 심각한 인상의 남자 두 명이 내 앞을 막아섰다. 상황을 들어보니 내가 밤에 곤충을 끌어들이기 위해 사용하는 자외선등의 성분이 어떤 종류의 폭발 물질과 화학적으로 상당히 비슷하다는 것이었다. 곧 나는 짐을 철저하게 수색당하는 처지에 놓였다. 내 짐에 들어 있던 채집용 유리병으로 가득 찬 상자 몇 개 또한 나에 대한 의심을 더 깊게 만들 뿐이었다. 집요한 질문에 성실히 답한 다음 유리병을 몰수당하고 나서야 나는 간신히 비행기에 올라탈 수 있었다.

요하네스버그로 가는 비행기로 갈아타기 위해 런던 히스로 공항에 내렸을 때 나는 내가 휴대한 기내용 가방 두 개 중 하나만 가지고 들어갈 수 있다는 말을 들었다. 나는 랩톱 컴퓨터는 물론 카메라 장비에도 상당한 애착이 있었다. 그래서 가방 두 개 중 하나는 버리라는 공항 직원의 고마운 제안을 거부하고는 카메라 장비 가방에 들어 있는 렌즈와 플래시와 온갖 연결선 및 연결 장비를 모든 주머니에 쑤셔넣고 카메라 가방에 랩톱컴퓨터를 우겨넣을 공간을 간신히 만들어낼 수 있었다. 나는 이 모든 짓을 단테의 『신곡』에 나올 법한 혼란의 도가니 속에서 이리저리 떠밀리면서 해치워야 했다. 주위에는 방금 도착해 단 하나뿐인 좁은 출구로 몰려든 나와 비슷한 곤경에 처한 사람들이 우글거리고 있었다. 마침내 나는 무사히 출구를 통과해 환승 구역으로 나갈 수 있었다. 뱃속의 명령에 따라 나는 곧장 푸드코트로 향했다. 샌드위치 값을 내려는 찰나 나는 아까까지만 해도 잠겨 있던 가슴팍 주머니가 어찌된 영문인지 열려 있다는 사실을 알아차렸다. 주머니 안을 마음 든든히 채워주던 익숙한 지갑의 느낌도 사라지고 없었다. 그리고 지갑과 함께 내가 가지고 있던 현금 전부와 운전면허증과 신용카드도 사라져버렸다. "허어, 이것 참 큰일이군." 남아프리카공화국에서는 미리 빌려놓은 렌터카가 나를 기다리고 있었다. 방금 잃어버린 운전면허증이며 신용카드 없이는 렌터카도 무용지물이 될 터였다. 무언가 재빨리 조치를 취해야만 했다. 나는 여권과 여분으로 챙겨온 신용카드를 조끼 안주머니에 넣어둔 스스로의 사려 깊음을 칭찬하면서 다른 중요한 물건도 같이 안주머니에 챙기지 않은 자신을 탓하며 내 뒤통수를 한 대 갈겼다(물론 마음속으로). 그리고 휴대전화를 꺼내 신용카드 분실 신고를 하고 아내에게 전화를 걸어 집에 있는 낡은 폴란드 운전면허증을 남아프리카공화국으로 보내달라고 부탁했다. 그러고는 여분으로 가져온 신용카드에서 현금을 인출했다. 돈을 조금 잃어버리기는 했지만 다시 상황은 정상 궤도로 돌아와 굴러가기 시작했다. 나중에 훨씬 안 좋은 상황이 닥치지만 그 사실은 까맣게 모르고 있었기 때문에 나는 그 당시만 해도 이 여행을 망칠 수 있는 것은 아무것도 없다고 생각했다.

나는 새로운 프로젝트에 착수하기 위해 남아프리

핀보스메뚜기|Lophothericles sp.의 한 종

카공화국으로 향하는 길이었다. 이 프로젝트에는 이 나라에 서식하는 여치와 메뚜기 목록을 작성하는 일도 포함되어 있었다. 뛰어난 곤충학자이자 훌륭한 화가이며 내 역할 모델이기도 한 공동 연구자 대니얼 오트Daniel Otte 박사는 이미 남아프리카공화국에 가 있었다. 우리는 함께 이 나라를 횡단하면서 서부지역의 곤충에 대해 조사할 계획이었다. 댄과 나는 오랫동안 이 프로젝트를 계획해왔고 마침내 꿈을 실현시킬 연구 보조금을 손에 넣을 수 있었다.

아프리카 대륙의 서남쪽 끝단은 마치 자석처럼 생물학자를 끌어당기는 곳이다. 9만 제곱킬로미터에 불과한(아프리카 대륙 전체 면적의 0.3퍼센트도 채 되지 않는) 이 길고 좁다란 땅은 믿을 수 없을 만큼 풍부한 식물상 덕분에 하나의 독립된 식물구계[지구상에 분포하는 식물종을 식물상의 특징을 고려하여 나눈 구역]의 지위를 차지하고 있다. 전 지구상의 식물은 크게 여섯 개의 식물구계로 나뉘는데 통칭 케이프식물구계계(카펜시스Capensis)는 그중 하나다. 덧붙이자면 북아메리카와 유럽 대륙 전체, 아시아 북부, 북아프리카 일부 지역은 전부 합쳐 하나의 전북식물구계계Holarctis를 형성하고 있다.

주로 지역별로 고유하게 나타나는 식물의 특징에 기반을 둔 이 식물상植物相 분류 체계는 1947년 영국의 식물학자인 로널드 D. 굿Ronald D. Good이 처음으로 소개한 이래 수세대에 걸쳐 식물학자와 생물지리학자들의 손에서 다듬어지고 발전해왔다. 당연하게도 식물구계의 분류 기준에 대해서는 학자들 사이에서도 이견이 있다. 식

물학자들은 대개 카펜시스Capensis라는 말 대신 케이프 식물구계Cape Floristic Region라는 용어를 쓰며 이따금 "핀보스fynbos 생물군계"라 부르기도 한다. 생물지리학 분류에 대한 골치 아픈 세부 사항은 접어두고라도 남아프리카공화국의 케이프 지역이 어디에서도 찾아볼 수 없을 만큼 다양한 속씨식물의 서식지라는 사실에는 누구도 의문을 제기하지 않을 것이다. 이곳에서는 몇 걸음만 발길을 옮겨도 이전과는 전혀 딴판인 새로운 생물이 무성하게 자라는 광경을 볼 수 있다. 케이프 지역에 서식하는 관다발식물은 9000종에 이르며 이중 4분의 3은 이곳에서만 자라는 고유종이다. 사실상 케이프 지역은 모든 고유종이 자라는 지역의 어머니라 할 만하다. 미국 주요 주보다 작은 케이프 지역의 표면적에서는 미국 동북부와 캐나다 지역에 서식하는 전체 식물종보다 두 배나 많은 식물종이 옹기종기 모여 살고 있다. 이 지역에 서식하는 식물은 대부분 핀보스 식생에 속한다(핀보스fynbos는 남아프리카공화국의 공용어인 아프리칸스어로 "아담한 덤불"이라는 뜻이다). 핀보스는 작고 투박한 잎이 무성하게 자라는 상록 관목으로 케이프 서부 지역에 주로 서식하는 초목의 종류다. 이 지역에서는 나무가 자라지 않는다. 핀보스 중에서 가장 높이 자라는 식물은 두꺼운 줄기를 지니고 무거워 보일 정도로 탐스러운 꽃을 피워내는 프로테아Protea다. 프로테아의 꽃은 아프리카의 벌새라고 할 수 있는 무지갯빛 날개의 태양조를 유혹한다. 낮고 무성한 덤불숲에서 불쑥 솟아오른 나이 많은 프로테아는 진짜 나무가 되고 싶어하는 욕망을 품고 좀더 하늘 높이 다가

시려는 듯 보인다. 하지만 프로테아의 줄기에는 이 생태계를 형성하는 거대한 힘의 흔적이 남겨져 있다.

케이프 지역에서는 그리 자주 일어나는 것은 아니지만 한번 타오르기 시작하면 걷잡을 수 없는 산불이 몇 년에 한 번씩 핀보스 초목을 휩쓸고 지나가며 나무라 불릴 만큼 높이 자란 식물들을 남김없이 쓸어버린다. 이렇게 핀보스 지대를 말끔하게 청소하는 불은 반세기 정도 늦어지는 일도 있긴 하나 언제나 잊지 않고 이곳을 찾는다. 그 당연한 결과로 핀보스 식물은 이 주기적으로 찾아오는 대참사에서 살아남기 위해 각종 다양한 전략을 진화시켜왔다. 수많은 핀보스 식물은 땅속에 알뿌리나 덩이줄기, 알줄기, 뿌리줄기를 만든다. 이런 땅속에 묻힌 뿌리와 줄기는 영양분을 오랫동안 보관하는 저장고 역할을 할 뿐만 아니라 불이 휩쓸고 지나간 자리에서 다시 싹을 틔우고 자라날 수 있는 조직을 보관하는 역할도 한다. 케이프 지역에는 식물학자들이 지중식물地中植物이라 부르는 이런 식물이 다른 어느 곳에서보다 높은 비율로 서식하고 있다. 주기적으로 일어나는 불에 좀더 패배주의적인 대응책을 마련하는 식물도 있다. 이런 식물은 열에 저항력이 있는 단단한 껍질에 싸인 씨앗만 남겨둔 채 불이 자신의 몸을 태우도록 내버려둔다. 이렇게 남겨진 씨앗은 지표면이 식고 난 뒤 즉시 발아한다.

봄비가 지표면을 적셔주고 난 후 싱싱하게 피어난 핀보스 초목 사이를 거닐고 있노라면 잘 가꾸어진 거대한 바위 정원을 보고 있는 기분이 든다. 내가 쉽사리 알아볼 수 있는 종도 있었다. 할머니가 "약술"을 빚을 때 사용하던 다육식물인 알로에 수코트리나Aloe succotrina가 눈에 들어왔다. 어린 시절에 키웠던 제라늄이나 프리지어와 완전히 똑같은 것들도 눈에 띄었다. 아내가 정성 들여 가꾸는 정원에 있는 꽃과 흡사한 모레아도 있었다. 아내가 여기 있었다면 나보다 훨씬 더 많은 종을 알아볼 수 있었을 것이다. 글라디올러스, 붓꽃, 바비아나, 스파라커스, 왓소니아 등 우리에게 익숙한 관상식물 중에는 남아프리카의 핀보스 초목에서 유래한 것이 많다. 그리고 케이프 지역에서도 일부 지역, 특히 산악지대에 펼쳐진 초목의 풍경은 지구 북반구에서 흔히 볼 수 있는 히스 황야나 황무지의 풍경을 닮았다. 이는 우연의 일치가 아니다. 히스[에리카속Erica에 속하는 소관목의 통칭]는 케이프 지역에서 가장 잘 자라고 있는 식물군의 하나로 케이프 지역에서만 무려 658종이 서식하고 있다(북아메리카에 서식하는 히스는 7종이 알려져 있다). 케이프 지역에서는 히스뿐 아니라 다른 식물도 광범위하게 다양한 종을 뽐낸다. 여기에 서식하는 국화과Asteraceae 식물은 1000종이 넘으며 붓꽃과Iridaceae 식물도 700종에 달한다. 주목할 만한 점은 고작 30여 가지밖에 되지 않는 식물군이 케이프 지역 식물상의 절반을 차지하고 있다는 사실이다. 물론 각각의 식물군은 다른 곳과 비교할 수 없을 만큼 풍부한 종을 자랑한다. 반면 보통의 식물군계는 비교적 적은 종으로 이루어진 수백 가지 식물군으로 구성되는 것이 일반적이다. 케이프 지역에서 번성하고 있는 식물군의 종류가 얼마 되지 않는 데에는, 또한 케이프 지역에서 전반적으로 종 풍부도가 이례적으로 높게 나타

핀보스와 카루 지대의 식물에는 독성이 있는 이차화합물을 함유하고 있는 식물이 있다. 특히 강심배당체cardiac glycoside는 포유동물과 조류의 심장 근육을 마비시킨다. 이런 식물을 먹고 사는 곤충은 흔히 이런 독성 물질을 따로 모아 자신을 방어하는 데 사용한다. 여기 거품메뚜기Dictyophorus spumans는 자신의 몸에 독성 물질을 품고 있으며 그 사실을 화려한 경고색으로 마음껏 뽐내고 있다.

나는 데에는 뭔가 이유가 있을 터이다. 식물학자들은 이 문제를 두고 오랫동안 골머리를 앓아왔다. 모든 식물학자가 고개를 끄덕일 만한 해답은 아직 나오지 않았지만 다들 그 원인의 일부가 이 지역의 고대 역사와 관련이 있다는 데에는 입을 모은다.

케이프 지역의 지리학적·기후학적 역사는 잘 알려져 있다. 한때 남아메리카와 호주, 남극 대륙과 하나로 붙어 있던 아프리카 대륙의 서쪽 끝단에 위치한 케이프의 지표면은 석탄기 이전에 형성된 암석이 풍화된 토양으로 덮여 있다. 5억 년 전에 형성된 퇴적층을 비롯한 이 지역의 퇴적층은 지구의 판구조 운동에 따라 끊임없이 구부러지고 접히는 와중에 오래된 암석층이 최근에 형

가룃과 밀라브리스속Meloidae, Mylabris sp.의 한 종이 한껏 뽐내고 있는 아름다운 천연색은 마치 "눈으로만 보고 만지지 마세요"라고 말하는 듯하다. 이 곤충의 몸에는 사람이 섭취할 경우 목숨을 잃아갈 수 있는 맹독인 칸타리딘cantharidin이 들어 있다.

성된 암석층을 밀어내고 지표면으로 올라오는 일도 많았다. 한편, 각기 다른 방식으로 풍화를 겪은 암석층들은 서로 다른 종류의 토양이 되었다. 지구상에서 유례를 찾기 어려운 이런 역동적인 지질학적 역사를 거친 결과 오늘날 케이프 지역에는 서로 다른 종류의 토양이 모자이크처럼 섞여 있게 되었다. 한 곳의 토양에는 영양분이 풍부한 반면 다른 곳의 토양에는 식물이 자라기 위한 필수 영양분이 턱없이 부족하다. 토양의 종류가 다양하기 때문에 토양에 따라 다양한 식물종이 나타나게 되었다는 점에는 의문의 여지가 없다. 그러나 이것만으로는 케이프 지역에서 종 풍부도가 이례적으로 높게 나타나는 현상을 설명할 수 없다. 케이프 지역에서 발견되는 토양이 얼마나 메마를 수 있는지를 생각하면 의문은 더욱 깊어진다.

케이프 지대는 현재 계절성이 높은 지중해성 기후를 보인다. 비가 많이 내리고 시원한 겨울이 지나면 잔인할 만큼 덥고 건조한 여름이 뒤따른다. 이 지역의 기후가 항상 이랬던 것은 아니다. 600만 년 전인 중신세 때까지만 해도 이곳은 습한 열대성 기후로 건기 없이 1년 내내 비가 내리는 지역이었다. 야자나무숲이 울창했고 식물이 번성했다. 이 지역에서 서늘하고 건조한 곳은 산꼭대기 부근뿐이었다. 이런 산악지대에서는 키가 작은 관목인 히스와 골풀처럼 생긴 레스티오Restionaceae[벼목에 속하는 속씨식물로 지구 남반구에 자생한다]만이 주목받지 못한 채 생명을 이어가고 있었다. 그러나 중신세 중반 즈음 빙하기가 닥치면서 남극 대륙에 엄청난 양의 얼음이

리비어선더렌드 산맥의 조나스콥Jonaskop에서는 핀보스 초목 분포의 전형적인 모습을 볼 수 있다.
이곳의 식물군계를 지배하는 세 가지 종류의 식물. 분홍색의 에리카와 풀숲의 레스테아. 관목처럼 보이는 프로테아가 무성하게 자라고 있다.
막 산불이 휩쓸고 지나간 뒤 아직 새잎이 돋아나기 전의 모습이다.

생겨나기 시작했다. 그 결과 차가운 저층수가 남아프리카 대서양 연안선을 따라 용승[해양의 차가운 해수가 표층 해수를 헤치고 올라오는 현상]하기 시작했다. 이런 현상은 현재까지도 이어지며 벵겔라 해류[아프리카 남쪽에서 서남 연안을 따라 북쪽으로 올라가는 한류]로 알려져 있다. 이 얼음처럼 차가운 한류 탓에 케이프타운 근처 해안에서 헤엄치는 일은 그리 기분 좋은 경험이 아니다(상어도 득시글거린다). 이 차가운 벵겔라 해류는 케이프 지역에 여름비를 뿌리는 따뜻하고 습한 공기를 차단해버렸고 그 결과 건기가 이어졌다. 울창하게 자라던 열대 수목은 오랫동

핀보스 지대와 서큘런트 카루 지대에는 물과 영양분을 저장하기 위해 땅속에서 조직을 키우는 지중식물이 풍부하다.

안 비가 오지 않는 익숙지 않은 기후에 적응하지 못하고 모두 사라져버리고 말았다.

한때 울창한 밀림을 자랑하던 땅은 문을 활짝 열고 새로운 주민을 기다렸다. 하지만 아프리카 근처 지역에서 살고 있던 식물 중에서 케이프 지역의 계절성 높은 기후에 제대로 적응할 수 있는 식물은 매우 드물었다. 그 넓은 땅은 계속해서 임자를 기다렸지만 찾는 이는 별로 없었다. 그런데 처음부터 이 지역을 떠나지 않고 살고 있던 식물이 있었다. 서늘하고 건조하던 고산지역에서 자라던 것들이었다.

고산지대의 기후를 견뎌낸 이 식물들은 오랫동안 비가 내리지 않다가 차가운 비가 퍼붓는 환경에서도 생존할 수 있도록 이미 적응을 마친 터였다. 빨리 성장하는 큰 잎을 지닌 열대초목과 경쟁할 필요가 없어진 이후 이 작지만 튼튼한 식물은 고산지대에서 내려와 새로운 서식지로 퍼져나가기 시작했다. 새로운 지역에 뿌리를 내리는 과정에서 장소마다 미묘하게 다른 미기후와 토질에 따라 이 식물들은 서로 밀접하지만 고유한 특징을 지닌 수많은 종으로 진화해나갔다. 중신세 당시 케이프 지역의 고산지대에서 자라던 식물은 비교적 가짓수가 적은 특정 식물군에 한정되어 있었고, 유리한 고지를 차지하고 새로운 생태적 지위로 뻗어나갈 기회를 얻었던 것은 바로 이 한정된 식물군이었다. 타불라 라사 *tabula rasa*(백지 상태)라고 불리는, 생태적 지위의 공백이 갑작스럽게 생겨났다는 가설로 우리는 비교적 적은 식물군들이 케이프 지역을 지배하는 현상을 부분적으로나마 설명할 수 있다. 한편 이 가설에 의문을 제기하면서 다른 가설을 제시하는 생물학자들도 있다. 이들에 따르면 핀보스 초목은 점점 길어지는 가뭄과 잦아지는 불에 견뎌낼 수 있는 능력으로 조금씩 열대식물을 대체하면서 아주 느린 속도로 케이프 지역으로 퍼져나갔다. 어떤 가설이 옳은가, 그 과정에 무슨 사정이 있었는가와는 상관없이 이 작고 기민한 핀보스 초목이 현재 경쟁에서 승리하여 케이프 지역을 지배하고 있다는 사실은 변하지 않는다.

그러나 의문은 여전히 남아 있다. 이를테면 케이프 지역에 서식하는 식물종의 엄청난 다양성 뒤에 숨은 원인은 무엇일까? 지역마다 서로 겹치는 종이 극히 드문(생태학자들은 이런 현상을 "높은 종 회전률"이라 부른다) 까닭은 무엇일까? 그리고 어떻게 이렇게나 풍부하게 자랄 수 있는 것일까? 여기 식물들이 세계 다른 어느 곳의 식물보다 빠르게 진화하는 식물이기라도 한 걸까? 이런 현상을 설명하기 위해 몇 가지 가설이 제안되었다. 어떤 가설에서는 지형(지표면의 형태)과 토질(영양분의 유무)이 복합적으로 작용한 결과 이런 현상이 나타난다고 주장한다. 또다른 가설에서는 케이프 지역에 믿을 수 없을 정도로 식물종이 풍부하게 나타나는 이유를 이 지역에 빈번하게 출몰하여 초목을 휩쓸어버리는 불에서 찾는다. 이런 불 덕분에 같은 종의 개체군 사이에서 차이가 나타나면서 유전적 분화가 촉진된다는 것이다. 한편 수분충의 날개에서 원인을 찾는 가설도 있다. 이런 가설에서는 수분충의 날개에 따라 식물의 꽃이 빠르게 특화될 수 있다고 주장한다. 반면 이런 가설과는 반대 방향에서 접근하는 가설도 있다. 케이프 식물종이 풍부한 원인을 식물종이 빨리 진화하기 때문이 아닌 식물종이 거의 멸종하지 않기 때문이라는 점에서 찾는 것이다. 지난 400~500만 년 동안 케이프 지역의 기후가 비교적 안정적으로 유지되었던 덕분에 기존의 식물종이 새로 진화한 식물종에 의해 대체되어 사라지지 않고 남아 있다는 가설을 뒷받침하는 근거가 있기는 하다. 이에 따르면 케이프 지역에서는 계속해서 새로운 종이 나타나는 한편 기존의 식물종 또한 멸종하지 않고 살아남을 수 있었을지도 모른다. 아마도 이 모든 원인이 동등하게 작용한 결과 이토록 굉장한 식물 왕국이 탄생했을 것이다. 명확한 답을 얻기 위해서 우리는 앞으로 계속해서 연구해야만 할 것이다. 하지만 그 원인이 무엇이든 간에 최종 결과물이 풍요롭고 아름답다는 사실만큼은 변하지 않는다.

독샘이 아예 없는 낙타거미는 메뚜기보다 덩치가 큰 어떤 동물에게도 해를 입히지 못한다. 그러나 남아프리카공화국에서는 인간에게 전혀 위험하지 않은 이 거미가 두려운 존재로 등장하는 전설들이 넘쳐난다. 붉은로마거미, 이발사거미, 독암거미 같은 무시무시한 이름으로 알려진 이 흥미로운 거미는 남아프리카의 건조한 지역에서 150종 이상이 서식하고 있다. 곤충이나 다른 작은 동물을 잡아먹고 사는 낙타거미는 독이 없기 때문에 먹잇감을 사냥할 때 건장한 근육이 있는 거대한 구기, 즉 협각(거미에서 집게발처럼 물체를 집을 수 있는 머리 부속지의 첫 한 쌍을 가리킨다)으로 먹잇감을 잡아 순식간에 토막낸다. 낙타거미 자신 또한 남아프리카공화국에 서식하는 숱한 동물의 주요 먹잇감 중 하나다. 올빼미와 맹금류를 비롯하여 여우, 제넷고양이, 심지어 재칼까지도 낙타거미를 잡아먹는다.

이토록 다채로운 식물들이 펼쳐진 케이프 지역은 곤충이 살아가기에 아주 훌륭한 환경이다. 초기 일부 연구에서는 핀보스 지대의 곤충다양성이 예상보다 높지 않다는 결과가 나오는 듯싶었다. 그러나 이런 주장은 이례적으로 높은 곤충다양성을 보여주는 다른 연구 결과에 의해 상쇄되었다. 적어도 일부 곤충 집단에서는 다양성이 아주 높게 나타났다. 남아프리카공화국의 웨스턴케이프 주를 가로지르는 동안 댄과 나는 다른 종류의 초목에 살고 있는 곤충을 조사하기 위해 차를 멈춰 세우곤 했다. 새로운 장소에 도착할 때마다 완전히 새로운 종의 메뚜기와 여치를 발견할 수 있었다. 이는 핀보스 지대에 메뚜기와 여치가 풍부하게 서식하고 있음을 보여주는 뚜렷한 증거였다. 핀보스 지대에 사는 메뚜기와 여치들은 대개 몸집이 아주 작았고 눈에 잘 띄지 않는 색과 형태를 하고 있어 그 곤충이 살고 있는 식물의 잎이나 가지와 구별하기 어려울 정도였다. 또한 날개가 없는 곤충이 많았다. 그래서 처음에는 아직 자라지 않은 새끼라고 생각했던 녀석들이 좀더 자세히 들여다보면 다 자란 성충이었다. 여치들은 이곳의 작은 잎이 빽빽하게 들어선 초목숲에서 살아남기 위해 진화적 적응을 거치는 동안 날개를 잃어버린 것이 분명했다.

마침내 우리는 스텔렌보스에 도착했다. 스텔렌보스는 케이프타운에서 그리 멀지 않은 곳에 위치한 작고 그림 같은 도시로 와인과 발효사과주가 유명한 도시다. 또한 여기에는 남아프리카공화국에서 두 번째로 오래된 대학이자 아직도 아프리칸스어로 대부분의 강의가 이루어

지는 몇 안 되는 고등교육 기관 중 하나인 유명한 대학이 있다. 나는 이 대학에서 아프리카 메뚜기의 생물학과 분류학을 중점적으로 연구하는 대학원생 코리 베이즐릿 Corey Bazelet을 만났다. 며칠 후 댄은 필라델피아의 집으로 돌아갔고 나는 코리와 함께 곤충 조사를 계속하기 위해 북쪽으로 길을 떠났다. 우리의 최종 목적지는 바로 케이프타운 북쪽으로 펼쳐진 시더버그 산이었다. 이 태고의 장엄한 산은 내게 아주 특별한 의미를 지닌 곳이었다.

13년 전 아직 폴란드에서 학생으로 공부하고 있을 무렵 나는 케이프타운의 남아프리카박물관에서 조그만 곤충 표본 수집품을 받았다. 그 안에는 처음 보는 곤충이 몇 마리 있었다. 몸집이 크고 옅은 갈색에 어두운 줄무늬를 띤 여치로 다리나 더듬이가 아주 길고 가늘었다. 겉모습만 보면 빛깔이 창백하고 약간 별나게 생긴 거미처럼 보이기도 했다. 이 여치는 학계에 알려지지 않은 새로운 종으로 판명되었다. 새로운 종을 발견하는 일은 언제나 반갑지만 딱히 흥미로운 일이라고는 할 수 없다. 이 표본에 붙여진 꼬리표에는 이 곤충이 시더버그 산의 바위틈에서 채집되었다고 적혀 있었다. 흥미로운 부분은 바로 여기였다. 지금까지 바위틈이나 동굴에서 사는 여치는 한 번도 발견된 적이 없었기 때문이다. 이 곤충이 동굴에서 발견된 최초의 여치가 될 수 있을까? 형태를 보면 그럴 가능성이 충분했다. 가늘고 길게 뻗은 다리와 더듬이, 창백한 색은 혈거생물, 즉 동굴에서 살아가는 생물의 전형적인 특징이며 새로운 여치는 이런 특징을 전부 지니고 있었기 때문이다. 안타깝게도 내 눈앞에 놓인 곤충은 1930년대에 채집된 것이었다. 이 곤충을 채집한 남아프리카박물관의 전 관장이던 케펠 하코트 바너드는 1964년에 이미 고인이 되었기 때문에 이 여치에 대한 추가적인 세부 사항을 따로 물어볼 사람이 없었다. 더 수수께끼 같은 점은 모든 표본이 미성숙 개체였다는 점이다. 나는 이 여치의 성충이 어떻게 생겼을지 추측만 할 수 있을 뿐이었다. 나는 이 새로운 여치를 학계에 발표했고 이 여치에 케다르베르게니아나 임페르펙타Cedar-bergeniana imperfecta(시더버그 산에서 발견된 미성숙 여치)라는 학명을 붙였다. 하지만 그때부터 나는 이 여치의 생리와 행동에 대해 좀더 많은 것을 알아내고 싶어 몸이 달아 있었다. 이 여치는 정말로 동굴에 사는가? 무엇을 먹고 사는가? 노랫소리를 낼 수 있는가? 다른 여치들처럼 혼자 살아가는가, 아니면 동굴귀뚜라미처럼 집단생활을 하는가? 그리고 지금 나는 마침내 그 답을 얻기를 고대하고 있었다.

아침 일찍 스텔렌보스를 나선 코리와 나는 처음에는 연안을 따라 올라가면서 여치와 메뚜기의 새로운 종이 나타날 가능성이 높아 보이는 인근 지역을 몇 군데 들렀다. 차로 이동하면서 우리는 곤충 이야기며 여행 이야기 등 사람을 처음 만났을 때 서로 알아가기 위해 하는 이런저런 이야기를 나누었다. 코리는 미국 동부 연안에서 태어나 자랐지만 자신의 유대인 핏줄을 되찾기 위해 이스라엘에 가서 살고 싶어했다. 코리는 정말로 이스라엘에서 살고 싶은 마음이 간절했지만 정작 히브리어는 한마디도 하지 못했다. 코리는 천재적인 발상으로 완벽한 해결책을 찾아냈다. 히브리어를 정말로 빨리 배우도록 몰아붙이는 환경을 만드는 것이었다. 즉 코리는 이스라엘군에 입대했다. 나는 '참 씩씩한 사람이지만 살짝 제정신이 아닌 것 같기도 한데?'라고 생각했다. 아니 제정신이라면 대체 누가 가장 압박이 심한 환경에 자진해서 들어가려 하겠는가? 더구나 코리는 훈련 조교가 코앞에서 있는 힘을 다해 고함쳐대는 명령을 한마디도 알아듣지 못할 터였다.(나도 군대에 가봤지만 군대에 갔다는 사실조차 기억하고 싶지 않다.) 시간이 지난 뒤에야 나는 이것이 코리가 살아가는 방식임을 깨닫게 되었다. 코리는 해야 할 일이 벅차고 어려워 보일수록 그 일을 끝내지 않고는 물러서지 못할 상황으로 자신을 기꺼이 몰아붙이는 사람이었다. 바로 그런 이유로 코리는 중국 대륙을 가로지르는 여행을 했고(물론 중국어 한마디 할 줄도 모르면서) 전에 한 번도 아프리카에 발을 들인 적도 없으면서 남아프리카공화국으로 이사해왔다. 그리고 지금 코리는 한밤

시더버그 산 동굴에서 서식하는 동굴여치. 마치 비늘처럼 보일 만큼 뭉툭해진 날개에서 우리는 동굴여치가 날 수는 없지만
노래는 할 줄 안다는 사실을 알 수 있다.

중 아프리카 야생지역을 돌아다니기 위해 전혀 알지 못하는 남자와 함께 위험할지도 모르는 후미진 곳으로 향하고 있다. 물론 나는 그 점에 대해 무척 감사한다. 아무리 그 일에 관심이 있다고 해도 보수 없이 힘겨운 현장 작업에 기꺼이 나서려는 사람을 찾기란 하늘의 별따기이기 때문이다.

그다음 날 우리는 최종 목적지에 도착했다. 시더버

그 산은 붉고 주홍빛을 띤 사암과 기이한 모양으로 솟아오른 바위탑, 뾰족한 바위를 깎아지른 듯한 절벽이 장대한 장관을 이루는 곳이다. 그리고 동굴이 있었다. 별로 깊지 않고 바깥으로 뚫린 통로가 많은 동굴 하나가 특히 내 관심을 끌었다. 이 동굴에는 울프버그크랙이라는 제법 어울리는 이름이 붙어 있었다. 바깥으로 통하는 길이 많다고는 해도 동굴 안쪽에는 빛이 들어오지 않는 서

늘하고 습한 환경, 내 생각에 우리 여치들이 좋아할 만한 환경이 조성되어 있었다. 이 동굴까지 가기 위해서는 몇 시간 동안 산을 타야 했다. 정확하게 표현하자면 산을 탄다기보다는 기어올라야 했다. 타는 듯이 내리쬐는 남아프리카의 태양 광선을 맞으면서 산을 기어오르는 짓을 한번 해보길 바란다. 아마 남은 생을 위해서 어떤 유의 유산소운동에라도 전념하게 될 것이다. 작은 몸집에 비축해둔 지방이라고는 1그램도 없어 보이는 유연한 여

성인 코리는 날듯이 산을 올랐다. 내가 완전히 뒤처지자 왜냐고 묻는 코리에게 나는 숨을 헐떡이면서 대답했다. "잠깐…… 사진…… 몇 장만…… 찍고……" 하지만 자주 걸음을 멈추고 나자빠져서는 심장박동수가 벌새의 심장박동수에서 덩치 큰 포유동물의 심장박동수로 떨어지기를 기다려야 했던 덕분에 나는 주위를 차분하게 둘러볼 수 있었다. 산비탈 높은 곳에서 내려다보는 광경도 장관이지만 내 시선을 끌어당긴 것은 그 산비탈을 덮고 있던

초목들이었다. 주위는 온통 이슬꽃이라는 뜻의 드로산테뭄Drosanthemum의 네온핑크빛으로 가득했다. 키가 큰 골풀처럼 생긴 레스티오, 나무처럼 높이 솟아오른 프로테아도 무성하게 우거져 있었다. 불이 이 산비탈을 휩쓸고 지나간 이후 오랜 시간이 흘렀다는 분명한 표지였다(그리고 몇 년 뒤 거대한 불이 일어나 시더버그 산의 초목을 덮쳤다). 눈 아래에는 원시 자연 그대로의 모습을 간직한 핀보스 초목과 거대한 바위들이 어우러져 마치 인류가 발을 딛기 전 아프리카의 모습을 떠올리게 하는 장관을 연출하고 있었다(나는 저 멀리 내려다보이는 농장은 눈에 안 보이는 셈 치기로 했다). 내가 아는 한 이 산에는 인간이라고는 오로지 우리 둘뿐이었다. 고요 속에서 즐겁게 지저귀는 매미 울음소리만이 울려 퍼졌다. 그리고 마침내 바위 사이에 수직으로 난 어두운 구멍이 눈앞에 나타났다. 우리는 헤드램프를 켜고 어둠 속으로 기어들어가기 시작했다. 동굴 안으로 들어가기 전 나는 쓰고 있던 챙이 넓

퀴버나무, 다른 이름으로는 코커붐나무 (알로에 디코토마Aloe dichotoma)라고도 불리는 이 나무는 나미브 지역의 산족[우리가 흔히 아는 부시맨]이 이 나뭇가지로 화살통을 만들어 쓰는 데서 그 이름이 유래했다 [퀴버나무의 퀴버는 화살통이라는 뜻이다]. 속이 비어 있어 화살통으로 적합한 퀴버나무의 가지를 그럴듯한 화살통으로 만들기 위해서는 가지를 잘라 한쪽 끝에 마개를 씌우기만 하면 된다. 또한 오래된 퀴버나무의 커다란 둥치는 일종의 자연 냉장고로서 물이나 고기 같은 음식을 저장할 수 있다.

원주민은 이미 오래전부터 스펀지처럼 생긴 줄기에 단열 효과가 있다는 사실을 잘 알고 있었다. 설탕새는 퀴버나무의 꽃봉오리와 꿀을 먹고 집단베짜기새는 퀴버나무의 높은 가지에 거대한 공용 새집을 짓는다.

서큘런트 카루와 나마콸란드 일대를 상징하는 나무로 퀴버나무보다 더 적합한 것은 없다. 이곳에서는 어디에서고 고개를 들기만 하면 지평선 위에 서 있는 퀴버나무를 한두 그루 찾아낼 수 있다. 하지만 이런 풍경도 머지않아 볼 수 없게 될 것이다. 아주 느리게 생장하는 퀴버나무는 환경의 변화에 제대로 적응하지 못할 것이 분명하기 때문이다. 또한 퀴버나무는 세계적인 기후 변화가 생물종에 미친 부정적인 영향을 명백하게 입증한 최초의 생물 중 하나이기도 하다. 퀴버나무의 서식지가 지금보다 한층 더워지는 동안에도, 신진대사가 느린 데다 종자를 퍼트리는 데 동물 의존도가 높은 퀴버나무는 점점 더워지는 적도지방을 벗어나 새로운 서식지를 개척하여 옮겨갈 수 없다. 남아프리카공화국의 생물학자인 웬디 포든 Wendy Foden과 그 동료들은 100여 년 동안에 걸친 풍부한 역사적 자료와 사진 자료를 바탕으로 퀴버나무 서식지 북부에서 퀴버나무의 수가 극적으로 감소했다는 사실을 증명해낼 수 있었다. 한편 이런 북부의 개체수 손실은 남부의 개체수 증가로 이어지지 않았다. 이런 추세가 예상대로 이어진다면 한 세기가 지나기도 전에 퀴버나무는 현재 서식지에서 그 수가 4분의 1로 줄어들 것이다. 정말로 두려운 부분은 퀴버나무가 더위에 잘 견디는 사막 식물이라는 점이다. 그런 퀴버나무조차 지구온난화에 살아남지 못한다면 다른 생물에게는 어떤 기회가 남아 있단 말인가?

은 모자를 벗어 입구 근처에 놓아두었다.

　　달구어진 냄비 같은 산비탈에 비해 동굴 안은 쾌적할 정도로 시원했다. 동굴 안 온도를 재보았더니 12도였다. 몸을 움직일 공간이 충분하지 않았기에 우리는 한 사람씩 차례로 거대한 바위 아래로 난 좁은 통로 사이로 몸을 우겨넣으며 기어가야 했다. 나는 계속 동굴 벽을 찬찬히 살펴보면서 곤충이 살고 있다는 흔적을 찾아보았지만 아무것도 눈에 띄지 않았다. 그때 코리가 말했다. "여기 있어요." 그러고는 자신의 헤드램프로 머리 위 동굴 천장을 비추었다. 바로 거기, 우리 머리 위에서 불과 몇 미터 떨어지지 않은 곳에 시더버그 동굴여치의 작은 떼가 무리지어 앉아 있었다. 그 순간 나는 마치 자식 없는 남자가 갓 태어난 자기 자식을 처음으로 품에 안는다면 이런 기분일 것이라고 상상하는 강렬한 감정이 가슴에서 솟구치는 것을 느꼈다. 나는 13년 동안 이 순간을 기다려온 것이다. 이 생물에게 이름을 붙이고 그 존재를 학계에 발표했지만 그건 단지 시작에 불과했다. 이제 나는 더욱 많은 것을 배울 수 있을 터였다. 이 여치들은 무리지어 사는 군생생물이 '맞았고' 정말 동굴 안에서 '살고' 있었다. 우리 머리 위에 모여 있는 열두어 마리의 여치에서 나는 성충 몇 마리를 분간할 수 있었다. 여치는 우리를 별로 개의치 않는 듯 보였지만 오래 불빛을 비추고 있으면 옆으로 걸어가버렸다. 나는 가장 가까운 바위 위로 천천히 기어 올라가 손을 뻗어 다 자란 수컷 여치를 채집병에 담았다. 이 얼마나 멋진 동물이었던가. 이 여치의 날개는 비늘처럼 보일 만큼 아주 작았지만 제대로 발달된 소리 생성 기관을 갖추고 있었다.(그러니까 이 여치는 결국 노래를 할 줄 알았다.) 몸 자체는 내 새끼손가락보다 조금 작았지만 그 기다랗게 뻗은 다리까지 합치면 내 손바닥만 한 크기였다. 엄청나게 빠르고 날렵할 것이라는 내 생각과는 반대로 이 여치들은 느리게 천천히 움직였으며 풀쩍 뛰어오르는 일도 없었다. 여치가 살고 있는 환경의 낮은 기온 탓에 신진대사가 느려진 것이 분명했다.

　　우리는 근처 동굴을 몇 군데 더 들르기로 했다. 원래 계획으로는 며칠 뒤에 이곳을 다시 찾아 자료를 좀더 수집할 예정이었다. 하지만 그전에 나는 우선 여기 살고 있는 여치 개체군의 크기를 대강이나마 가늠해보고 싶었다. 처음 동굴의 출구는 좁다란 바위턱으로 이어져 있었다. 그 옆으로 수직으로 솟아오른 바위벽을 따라 돌아 들어가면 또다른 바위 틈새를 통해 다른 동굴로 들어갈 수 있었다. 내가 먼저 조심스럽게 굽어진 바위턱을 따라 아주 천천히 걸음을 옮겼다. 코리는 바로 몇 발자국 뒤에서 나를 따라왔다. 고소공포증의 발작이 이따금 치솟아 오르기는 했지만 나는 여치를 찾은 일에 득의양양한 나머지 바위턱 아래의 뾰죽뾰죽 날카로운 바위에 대해서는 생각할 겨를이 없었다. 실제로 바위턱이 꽤나 널찍했기 때문에 생각보다 수월하게 지나갈 수 있었다. 그다음 순간 내 뒤에서 낮은 외마디 비명 소리가 들렸다. 고개를 돌린 내 눈에 절벽 표면을 따라 저 밑의 바위를 향해 굴러떨어지는 코리의 모습이 언뜻 스쳤다. 코리는 바위턱에서 8미터 정도 아래에 무릎부터 떨어졌고 떨어지는 관성에 못 이겨 절벽 아래 튀어나온 바위에 머리를 부딪혔다. 그러고는 꼼짝도 안 했다. 마치 번개를 맞은 것처럼 나는 희열을 느꼈던 행복감에서 몸을 마비시키는 공포감으로 곤두박질쳤다. 곧 뒤로 돌아 다시 동굴을 미끄러지듯 빠져나가 절벽 아래로 뛰어갔다. 그 아래에서 무엇을 발견하게 될지 두려워하는 마음이 발길을 재촉했다. 코리를 발견하고 뛰어가던 중에 나는 코리가 몸을 움직이는 것을 보았다. 코리가 떨어진 뒤 처음으로 머릿속에 희망의 불꽃이 깜박였다. 코리는 살아 있었다. 하지만 나는 여전히 코리가 어떻게 얼마나 많이 다쳤는지 짐작조차 할 수 없었다. 코리에게 의식이 있다는 사실을 확인하자마자 나는 코리가 머리와 팔다리를 제대로 느낄 수 있는지 확인하고는 코리를 일으켜 앉혔다. 머리에서는 피가 흐르고 있었지만 다행히 상처는 깊어 보이지 않았다. 하지만 뇌진탕을 입었을 가능성은 아주 높았다. 게다가 코리는 걸을 수가 없었다. 다리가 부러진 것은 아니었지만 몸 아랫부분 어딘가가 단단히 잘못된 것이 분명했다. 우리 차는 적어도 두 시간은 걸어 내려가야 하는 곳에 세워져 있었고 가장 가까운 인가는 그보다 더 멀리 있었다. 코리가 산비탈을 걸어 내려갈 수 없다는 것이 분명했기 때문에 나는 코리를 내버려두고 산을 뛰어 내려가 도움을 청하는 것 외에 선택의 여지가 없었다. 그래서 막 떠나려는 찰나 산 위 어딘가에서 사람 소리가 들려왔다. 고개를 들어보니 마치 기적처럼 사람 모양의 검은 그림자 셋이 산꼭대기 너머에서 모습을 드러냈다. 호주인, 프랑스인, 이탈리아인이 미국인을 구조하는 폴란드인을 돕기 위해 산에서 내려온 것이다. 서로 아는 사이가 아니라 그저 산에서 우연히 만나 같이 등산하고 있었던 이 세 명의 젊은이는 기적처럼 나타나 우리를 곤경에서 구해주었다. 그다음 끔찍하게 힘겨운 네 시간 동안 우리는 차례를 정해 두 사람씩 짝을 지어 코리를 들고 산을 내려왔고 마침내 차가 세워진 곳으로 돌아올 수 있었다.(엎친 데 덮친 격으로 우리 차의 타이어는 어찌된 영문인지 펑크가 나 있었다.) 이 힘겨운 시간을 견디는 동안 코리는 놀라운 극기심을 보여주며 단 한 번도 불평하는 말을 입 밖에 내지 않았다. 만약 내가 골반뼈가 세 군데나 골절되고 갈비뼈가 부러지고 폐가 쭈그러든 상황에 처했다면 도살당하는 돼지처럼 고래고래 비명을 질러댔을 것이다. 우리는 한밤중이 되어서야 근처 병원에 도착했고 그곳에서 하룻밤을 보낸 후 다음 날 아침이 되어서야 코리의 부상 정도를 자세히 알 수 있었다.

다행히도 코리는 아무런 합병증 없이 무사히 회복했고 얼마 지나지 않아 목발을 짚고 걸어 다닐 수 있게 되었다. 그리고 오래지 않아 목발도 필요 없어졌다. 하지만 나는 죄책감을 떨칠 수 없었다. 첫 여행에서 곧장 산으로 향한 것은 어리석은 짓이었다. 하지만 정말 솔직히 말해 나는 누군가가 문제에 휘말린다면 그건 나일 것이라고 생각했지 이스라엘군에서 훈련을 받은 튼튼한 사람이 사고에 휘말릴 것이라고는 생각지 못했다. 죄책감 때문에 아무것도 손에 잡히지 않았다. 내 여치만 아니었다면 코리는 아무 일 없이 무사할 터였다. 그리고 코리가 다시는 나와 함께 일하고 싶어하지 않을 것이 분명했다.

그러나 놀랍고 감사하게도 코리는 아무런 앙심도 품지 않았고 몇 달 뒤 우리는 조사를 중단했던 장소에서 다시 일을 시작하게 되었다. 코리는 특히 산 위에서는 좀더 조심스럽게 행동하게 되었다고 말하지만 그 강한 의지는 결코 변하지 않은 듯 보였다.

동굴여치에 대해 말하자면 나는 그날 이후 몇 차례 더 시더버그 산을 오를 기회가 있었고 그동안 동굴여치의 행동에 대해 많은 사실을 알아낼 수 있었다. 하지만

동굴여치의 생리에 관한 많은 부분은 아직도 수수께끼로 남아 있다. 나는 동굴여치의 노랫소리(초음파로 짧게 찌륵 하고 우는 소리)를 알고 있으며 무엇을 먹고 사는지(동굴여치는 밤에 동굴 밖으로 나가 풀을 뜯는다. 이처럼 밤에 먹이를 먹기 위해 동굴을 떠나는 동물을 주기성동굴동물이라고 한다)도 알고 있다. 하지만 번식 행동, 성장 과정, 사회 구조의 수수께끼는 밝혀지기만을 기다리고 있다. 그리고 나는 여전히 가장 불가사의한 수수께끼인, 동굴여치가 동

굴을 선호하는 이유를 알지 못한다. 이는 여치에게 좀처럼 볼 수 없는 특이한 행동이다. 시더버그동굴여치가 홍적세의 추운 기후에서 살던 곤충으로 동굴 안의 항시 낮은 기온에 의존하여 생존해온 유물생물일 가능성도 있었다. 이 가설이 사실이라면 동굴여치의 미래는 그리 밝지 않다. 기후가 한층 서늘한 시대에 살아남은 다른 생물과 마찬가지로 동굴여치 또한 기온이 서서히 높아지는 기후에 굴복하고 말지도 모른다. 코리와 나는 이 산맥의 다른 동굴에서 서식하는 동굴여치의 또다른 개체군을 찾아냈다. 그나마 다른 개체군이 있다는 것은 동굴여치가 오래 생존할 확률이 조금이라도 높다는 뜻이다. 나는 남아프리카공화국을 방문할 때마다 시더버그 산에 들러 동굴여치에 대해 좀더 많은 자료를 수집했다. 첫 방문의 안 좋은 기억은 남아프리카공화국에서 가장 높은 시더버그 산에서 자라는 포도로 만든 상쾌한 맛의 적포도주, 시더버거와인의 맛으로 조금씩 씻겨 사라져갔다.

예정에 없던 불운한 지연 끝에 다시 곤충 조사에 착수한 코리와 나는 남아프리카의 서쪽 연안을 따라 좀 더 북쪽으로 올라가보기로 했다. 우리가 점점 북쪽으로 향할수록 공기는 건조해졌고 오래지 않아 초목은 완전히 다른 모습을 띠기 시작했다. 작은 잎이 빽빽하게 우거진 수풀과 레스티오의 무성한 덤불이 사라져버렸다. 식물의 키가 점점 작아졌고 식물 사이에 드문드문 보이던 헐벗은 땅의 간격이 넓어지고 있었다. 다육질의 두꺼운 잎이 달리고 표면이 끈끈한 분비물이나 왁스층으로 덮인 식물들이 모습을 드러내기 시작했다. 어떤 식물은 두꺼운 줄기와 변형된 잎이 액체로 가득 차 한껏 부풀어 있어 마치 살아 있는 물 저장고 같았다. 달리 잘못 생각할 수 없었다. 우리는 핀보스 왕국을 떠나 다른 생태계로 들어서고 있었다. 서큘런트 카루Succulent Karoo라는 이국적인 이름으로 알려진 생태계다. 남쪽으로 이웃한 핀보스 생태계와 마찬가지로 서큘런트 카루 생태계에는 오직 이곳에서만 존재하는 고유한 생명들로 가득하다. 강우량이 극히 적고 기온이 높은 이 지역의 가혹한 환경에서는 생물 조직에 수분을 많이 저장할 수 있는 다육성 식물(서큘런트Succulent)이 수천 종 진화하여 서식하고 있다. 비가 주기적으로 내리기는 하지만 물의 양이 절대적으로 부족한 환경에 아랑곳하지 않고 살아가는 다육성 식물은 식물세계에서 가장 씩씩한 식물 중 하나다. 서큘런트 카루 지대에 서식하는 다육성 식물 중 1700여 종은 종종 작은 쿠션이나 초록색 소시지처럼 보이는 특수하게 변형된 잎에 물을 저장한다. 또다른 200여 종은 전

형적인 다육성 잎을 포기하는 대신 작은 통처럼 두껍게 부풀어 오른 다육성 줄기를 키워낸다. 이 줄기는 물을 저장하는 저장고일 뿐만 아니라 식물의 광합성이 이루어지는 주요 기관이기도 하다. 이런 식물에서 잎은 그 흔적이 남아 있다손 치더라도 대개는 가시처럼 변형되어 생명을 유지하는 데 없어서는 안 될 다육성 줄기를 보호하는 역할을 맡는다. 북아메리카 출신 여행객은 서큘런트 카루 지대의 식물을 선인장으로 착각하기 일쑤다. 하지만 선인장은 아프리카에서 자라지 않는다(단 한 종 기생 식물인 르힙살리스 박키페라Rhipsalis baccifera가 아프리카 열대지역에서 발견된다. 하지만 이 식물은 최근 남아메리카 새들의 이주와 함께 도입되었을 가능성이 높다). 선인장처럼 생긴 대극과Euphorbiaceae와 협죽도과Apocynaceae의 식물은 선인장이 아니며 미국 사막과 비슷한 환경에 적응하는 과정에서 선인장과 유사한 형태와 생리를 지니게 된 식물이다. 그러나 미국 사막은 물론 세계 어디에서도 다육성 식물이 이렇게 놀랍도록 다양하게 진화한 곳은 없다. 서큘런트 카루 생태계에는 세계에 존재하는 다육성 식물의 3분의 1 가까이가 서식하고 있다.

우리가 처음 서큘런트 카루 지대에 들어선 때는 바야흐로 9월이었다. 광활하게 펼쳐진 모래밭 위에는 이른 봄비를 맞고 수천 송이의 꽃이 피어 있었다. 핀보스 지대처럼 서큘런트 카루 지대 또한 전 세계 정원과 화분을 장식하고 있는 수많은 재배종의 고향이다. 여기서 좀더 북쪽으로 올라가면 나미비아가 나온다. 나미비아에 이르면 서큘런트 카루 생태계는 나마콸란드-나미브 생태계

로 바뀐다. 나마콸란드–나미브 생태계는 수년 동안 내리지 않을지도 모를 비에 의존하지 않고 차가운 벵겔라 해류가 사막에서 불어오는 더운 공기와 만나며 생성되는 이른 아침 안개에 의해 유지되는 신비로운 생태계다. 서큘런트 카루 지대에는 아주 적은 양이기는 하나 주기적으로 비가 내린다. 뉴잉글랜드에서 매년 가을 색색의 단풍을 즐기기 위해 수천 명의 방문객이 숲을 찾는 것과 마찬가지로 이곳에서도 매년 봄이 되면 봄비를 맞고 피어난 다채로운 꽃의 향연을 즐기기 위해 수많은 사람이 이곳을 찾는다.

서큘런트 카루 지대와 핀보스 지대의 식물군은 양편 식물군계를 모두 하나의 케이프식물구계로 묶어야 한다고 주장하는 식물학자가 있을 정도로 아주 가까운 친족 사이다. 이 두 식물군락을 자세히 관찰해보면 두 식물사회가 평화롭게 공존하는 것이 아니라 오히려 쉴 새 없이 전쟁을 벌이고 있다는 재미있는 사실을 알 수 있다. 서큘런트 카루는 핀보스가 정당하게 차지하고 있는 핀보스 지대로 지칠 줄 모르고 침투 병력을 파견한다. 그리고 이따금 서큘런트 카루가 승리를 거두고 국경을 조금 넓히는 일도 있다. 자신의 몸에 항상 물을 저장하고 있는 서큘런트 카루는 뛰어난 적응력으로 어디든 장소를 가리지 않고 자라날 수 있다. 반면 핀보스 식물은 토양에서 수분을 공급받을 수 있는 지역에서만 서식 가능하며 핀보스 지역보다 훨씬 건조한 남아프리카공화국 서북부에서는 절대로 살 수 없다. 그러나 핀보스에게는 전혀 생각지도 않은 동맹군이 있어 서큘런트 카루의

침입을 막을 수 있도록 돕는다. 그 동맹군이란 바로 몇 년마다 한 번씩 핀보스 초목을 휩쓸어버리는 불이다. 이 불은 핀보스 식물에게보다 서큘런트 카루 식물에게 한층 더 위협적인 존재다. 수백만 년 동안 주기적인 화재를 겪으면서 핀보스 식물이 진화시킨 생존 전략을 서큘런트 카루 식물은 갖추고 있지 않기 때문이다. 서큘런트 카루가 보유한 유일한 방어책은 자신의 조직에 저장된 물로 불을 끄는 것뿐인데 이것도 큰 불이 오랫동안 타오르면 아무 소용이 없어 서큘런트 카루 식물은 말라 비틀어져 한 줌의 재만 남기고 사라져버리는 수밖에 없다. 그러므로 핀보스 초목이 불길이 잘 퍼져나갈 수 있도록 일정한 식물 밀도를 유지하면서 자라나기만 한다면 핀보스의 안전은 보장되어 있는 셈이다. 특히 레스티오의 빽빽하게 들어찬 덤불은 서큘런트 카루에서 파견된 침투 병력을 완전히 뿌리 뽑을 수 있을 만큼 불을 오래도록 타오르게 하는 데 적합하다.

이런 동적인 평형 상태를 망쳐놓는 주범은 따로 있다. 발을 디디는 자연 생태계를 모두 망가뜨리는 데 천부적인 재능을 갖춘 우리 인간이다. 소나 양의 과도한 방목으로 불이 퍼져나갈 수 있는 초목의 길이 막혀버리고 그 자리에는 서큘런트 카루 식물이 들어서고 있다. 한편 서큘런트 카루 지대에서는 지나친 방목으로 인공적인 사막지대가 점차 넓어지고 있다. 핀보스 지대는 또한 외래식물종, 특히 이 생태계에서 완전히 낯선 존재인 소나무나 유칼립투스 같은 나무의 도입으로 크게 고통받고 있다. 농업지대가 확산되고 도시가 무질서하게 세력

방패등여치|Thoracistus viridifer

을 넓히는 상황 또한 핀보스 서식지가 줄어드는 중요한 원인이다. 서큘런트 카루 지역에서는 광산이 서식지를 망가뜨리는 주범이 되고 있다. 서큘런트 카루가 펼쳐진 지층에는 운 나쁘게도 다이아몬드와 석고, 석회암, 대리석, 모나즈석, 고령토, 티탄, 티타늄 등 그 지표면을 덮고 있는 얇은 녹색 식물층보다 훨씬 더 가치 있다고 여겨지는 자원들이 풍부하게 매장되어 있다. 물론 녹색 식물이 더 가치 있다고 생각하는 사람도 있다. 서큘런트 카루에서는 관상용 식물로 팔기 위해 서큘런트 식물의 불법적인 채취가 기승을 부리고 있으며 그 결과 숱한 종의 개체군이 거의 멸종 직전에 처해 있다. 의학적으로 효능이 있는 화합물을 함유했거나 그렇다고 여겨지는 종 또한 불법적인 채취꾼의 목표물이 되고 있다. 정부는 불법적인 채취를 막기 위해 수많은 종을 공식적인 보호종으로 지정해야만 했다. 한번은 나마콸란드의 뜨겁고 건조한 지역에서 트레킹을 하고 있을 때 나마비아인 안내인이 갑자기 멈추어 서더니 신이 난 듯한 몸짓으로 가시가 난 특이하게 생긴 식물을 가리켰다. 안내인은 모래밭에서 자라는 커다란 오이처럼 보이는 그 식물을 조각내어 자르고는 나에게 맛을 보라고 한 조각 내밀었다. 씁쓸한 맛이 나는 그 식물은 신기하게도 갈증을 싹 가시게 해줬다. 나는 그 식물 한 조각과 함께 뭉글 피어나는 의혹과 죄책감을 꿀꺽 삼켜버렸다. 방금 내가 먹은 것은 다 자라는 데 수십 년이 걸리는 식물이었는지도 몰랐다. 나중에야 나는 우리가 먹은 식물이 후디아라는 사실을 알게 되었다. 후디아는 현재 다이어트 보조식품으로 한창 열풍인 식물로 지나치게 많이 채취되어 개체군이 거의 남아 있지 않을 지경이다.

다행히도 아프리카 남부 서쪽 연안에서는 상황이 그리 암울하지 않다. 이곳은 또한 효과적인 보존 정책으로 놀라운 결과를 이끌어낸 사례들이 있는 곳이기도 하다. 남아프리카공화국의 침입종 박멸 캠페인은 남아프리카의 수많은 지역을 본래 주인인 고유종에게 돌려주는 데 큰 역할을 했다. 또한 멸종되었다고 생각했던 생물이 되돌아온 사례들도 있다. 케이프 지역의 개울에서 나무 침입종을 모두 제거하고 나자 이미 사라진 것으로 여겨졌던 실잠자리 두 종이 다시 개울에 모습을 드러냈다. 또한 남아프리카공화국은 보호지구와 국립공원이 기막

힐 정도로 훌륭하게 조직되어 있는 나라이기도 하다. 이 중에는 건조하고 연약한 핀보스 지대와 서큘런트 카루 지대를 보호하기 위한 보호지구와 국립공원도 있다.(그러나 남아프리카공화국은 광대한 나라이며 그중 보호되고 있는 지역은 7퍼센트에 불과하다. 나는 보호 면적 비율이 15퍼센트에서 20퍼센트까지 오른다면 정말 좋을 것이라고 생각한다.) 그중 리흐터스펠트 트랜스프런티어 국립공원에서는 나미비아와의 국경지대 양편으로 펼쳐진 6000제곱킬로미터의 서큘런트 카루 초목 지대를 보호하고 있다. 하지만 최근 이곳을 찾아갔을 무렵 나는 염소 떼가 그 값을 매길 수 없는 소중한 고유종 식물을 먹어치우는 광경을 목격하고는 불안한 기분에 휩싸였다. 이 국립공원은 국유지와 공유지, 사유지가 모자이크처럼 섞여 있는 곳으로 반유목적 가축 사육이 아직도 허용되고 있다. 다른 곳도 그렇지만 남아프리카공화국에서도 환경을 보호하는 일은 그곳에서 전통을 지키며 살던 원주민의 권리를 존중하는 동시에 지구상 마지막 남은 종의 개체군과 달리 대체할 수 없는 서식지를 보호해야 하는 절박함 사이에서 까다롭게 균형을 잡아야 하는 일이다. 이런 전쟁에서 자연이 패배하게 되리라는 것은 불 보듯 뻔하다. 앞으로 수십 년 동안 숱한 동식물종이 멸종될 것이다. 물론 효과적인 유일한 보존 전략은 가능한 한 넓은 지역을 개발과 채취의 손으로부터 보호하는 일이다. 그러나 한편으로 나는 보호에 노력을 쏟는 만큼 아직 생존해 있는 동식물을 기록하는 일에도 힘써 노력해야 한다고 생각한다. 남아프리카공화국에서 댄과 코리와 내가 조사한 메

뚜기 및 여치의 목록은 대수롭지 않은 것처럼 보일지도 모른다. 하지만 언젠가 이 메뚜기와 여치와 우리가 세상에서 사라지고 난 뒤, 그 서식지마저 모습을 감추고 나면 우리의 기록은 이 동물들이 세상에 존재했다는 사실을 보여주는 유일한 기록이 될지도 모른다.

이 놀랍도록 다채로운 핀보스 초목은 이곳에 살고 있는
메뚜기 종의 다양성에 그대로 반영된다.
여기에 사는 식물종만큼이나 종이 다양한 핀보스의 메뚜기는
대개 몸집이 작으며 날개가 없거나 혹 있다고 해도
없는 것이나 마찬가지로 짧다. 주위에 비슷한 덤불이 빽빽하게
우거진 덕분에 짝짓기 상대를 쉽게 찾을 수 있어 평생 자신이
사는 덤불 바깥으로 나갈 필요가 없는 환경에서는
비행능력이 딱히 필요하다고 할 수 없다.
핀보스 지대에 사는 메뚜기들은 대개 자신이 먹고 사는
식물과 그 색이나 형태가 비슷하며 자신의 모습을
감추는 데 뛰어난 솜씨를 발휘한다. 같은 종의 메뚜기에서
새싹 같은 녹색을 띤 개체와 오래되어 시들고 말라버린 녹슨
갈색을 띤 개체를 한꺼번에 보게 되는 일도 드물지 않다.
이런 색의 다형성多形性을 통해 메뚜기는 잠재 포식자가
자신을 포착하는 법을 경험으로 습득하게 될 가능성을 없앤다.

프론티피시아 엘레간스
Frontifissia elegans

테리클레시엘라Thericlesiella sp.의 한 종

테리클레시엘라Thericlesiella sp.의 한 종

렌툴라 옵투시프론스
Lentula obtusifrons

렌툴라Lentula sp.의 한 종

어둑어둑한 시더버그 산의 사암동굴은
세계에서 하나밖에 존재하지 않는 동굴여치의
서식지다. 동굴여치는 숲지붕이나 광활하게
펼쳐진 관목지, 대초원에서 평생을 살아가는
여느 여칫과 동물과는 그 행동 양식이 사뭇
다르다. 또한 동굴여치는 무리지어 살아가는
유일한 여칫과 동물이기도 하다. 동굴여치는
대개 다양한 연령대의 여치가 다섯 마리에서
스무 마리씩 모여 무리를 이루어 살아간다.
시더버그동굴여치Cedarbergeniana imperfecta의
외모와 형태학적 적응 양상에서는 동굴
환경에서 살아가는 곤충의 전형적인 특징을
찾아볼 수 있다. 더듬이를 비롯해 다리와
구기 같은 부속물은 아주 기다랗게 뻗어 있다.
이런 특징에서 우리는 동굴여치가 시각보다는
주로 촉각을 써서 어둠 속에서 길을 찾는다는
사실을 짐작할 수 있다. 또한 동굴에서
거주하는 생물이 집단으로 무리지어 살아가는
것은 흔히 찾아볼 수 있는 현상이다.
집단생활에는 짝짓기 상대를 찾기가 좀더
수월하다는 이점이 있기 때문이다. 아주 작은
비늘처럼 보일 만큼 퇴화한 수컷의 날개는
오직 초음파의 짧은 찌륵 소리를 내어 암컷을
부르는 용도로만 쓰인다. 반면 동굴여치와
가까운 친족으로 시더버그 산맥의 탁 트인
핀보스 초목에서 살아가는 여치는 연속적으로
길게 찌르르 하고 노래한다. 그러나 동굴 안의
밀폐된 공간에서 이런 울음소리를 낸다면 계속
해서 메아리가 울려 암컷이 구애 소리를 내는
수컷을 찾기 어려울 것이다.
그렇지만 동굴여치들이 동굴 안에서의 삶에
완벽하게 적응한 것은 아니다. 해가 떠 있는
동안 동굴여치들은 동굴 안에서 구애 행동을
하고 짝짓기를 한다. 문제는 이 바위투성이
어둠 속에는 이 채식주의자들이 먹을 수 있는
먹이가 그리 많지 않다는 것이다.
동굴여치는 동굴 입구 근처에서 자라는
풀의 씨앗이나 꽃을 먹기
위해 매일 밤 동굴에서 나와야만 한다.
이따금 해가 떠 있는 동안에도 동굴 밖에 나와
있는 여치가 발견되기도 한다. 이렇게 동굴
안에서 살면서 주기적으로 먹이나 번식을 위해
동굴을 떠나야 하는 동물을 주기성동굴동물
trogloxene("동굴의 외국인"이라는 뜻이다)
이라고 한다.
동굴여치 암컷의 기다란 산란관에서 우리는
동굴여치가 흙 속 깊이 알을 낳는다는 사실을
짐작할 수 있다. 암컷은 아마도 동굴 입구
근처의 흙 속에 알을 낳을 것이다. 동굴
바깥에서 부화한 여치 약충은 동굴 안으로
들어오기 전 먹이를 쉽사리 찾아 먹을 수 있다.

거대한 몸집의 포식성베짱이 클로니아 멜라놉테라Clonia melanoptera가
억센 근육의 가시 돋친 다리를 길게 뻗은 채 먹잇감이 지나가기를 기다리고
있다. 이 큼지막한 베짱이는 앉아서 먹이를 기다리는 전형적인 포식동물로
양 앞다리와 양 가운데다리 사이에 들어오는 동물이면 뭐든 가리지 않고 물고
늘어진다. 거대한 턱은 눈 깜짝할 사이에 다른 베짱이나 매미 같은 곤충은
물론 작은 도마뱀의 내장까지 찢어발길 수 있다.
가슴 앞부분에 돋친 또다른 가시는 먹잇감이 발버둥치다 도망가지
못하도록 붙잡아두는 역할을 한다.
아직 명명되지 않은 또다른 종의 포식성베짱이(위쪽)는 이런 베짱이들이
먹잇감을 기다리는 전형적인 자세를 보여준다. 포식성베짱잇과Saginae로
분류되는 이 포식동물은 흥미롭게도 격리분포[생물이 서로 격리된 지역에
분포하는 현상] 양상을 보인다. 포식성베짱이가 서식하는 지역은 아프리카 대륙
남부와 구북구[동물지리구의 하나로 유럽 전 지역, 히말라야 이북의 아시아,
사하라 사막 이북의 아프리카 지역이 여기에 포함된다]의 서남부 지역뿐이다.

광활하게 펼쳐진 아프리카 평원에서 매년 볼 수 있는 얼룩말과 영양, 톰슨가젤을 비롯한 여러 유제류의 대규모 이주 모습에서 가장 마음을 울리고 아름답기로 유명한 장면 하나가 탄생했다. 타는 듯이 붉은빛으로 빛나며 저물어가는 태양을 배경으로 한 지평선 위로 장엄한 그림자들의 행렬이 끝없이 꼬리를 물고 이어진다. 이토록 엄숙하고 순수한 생명의 광경을 보고 있노라면 우리 마음은 자연과 하나 된 행복감으로 벅차오른다. 다른 한편 마음 한켠에서 분노가 치솟을지도 모른다. 어째서 사람들은 작물을 더 많이 심고 가축을 더 많이 방목하기 위한 목적 말고는 별다른 이유 없이 이 용맹한 동물들이 지나는 길과 서식지를 아무렇지도 않게 파괴하는 몰염치한 짓을 저지른단 말인가? '우리 인간은 얼마나 이기적인가? 우리는 왜 자연을 있는 그대로 놔둘 수 없단 말인가?'라는 생각에 골똘히 잠길지도 모른다. 물론 나 또한 마찬가지다. 하지만 곤충학자로서 나는 사람들이 한 이주생물 집단에는 열렬한 관심을 보이면서 다른

이주생물 집단에는 아주 무관심한 반응—실은 무관심이 아니라 극심한 혐오감이라 해야 옳겠지만—을 보이는 것이 이상할 정도로 불공평하지 않은가 하고 생각한다:

아프리카에서 좀더 푸른 초원을 찾아 일제히 이동하는 동물은 수없이 많다. 그중에서 가장 내 관심을 끄는 동물은 로쿠스타나 파르달리나Locustana pardalina라는 학명으로 알려진 몸집이 작고 특별할 데 없는 평범한 메뚜기다. 평소에 홀로 살아가는 이 메뚜기는 우리가 감탄하며 바라보는 초식동물과 마찬가지로 이따금 수백만 마리가 한데 모여 좀더 풀이 많은 곳을 찾아 남아프리카공화국의 카루 지대를 가로지른다. 아직 날개를 키워내기 전, 바짝 마른 땅 위를 뛰어다니는 메뚜기 떼는 거대한 붉은 파도가 넘실거리는 듯 보인다. 그리고 메뚜기가 마지막 허물을 벗고 튼튼한 날개 한 쌍을 키워내는 순간 메뚜기 떼는 일제히 공중으로 날아오른다.

메뚜기 떼가 내 머리 위를 지나 구름 한 점 없는
하늘로 날아오르는 광경은 실로 숨이 막힐 듯한
장관을 연출한다. 수천 쌍의 날갯짓이 만드는
바스락 소리가 대기를 채운다. 햇살이 메뚜기의
몸을 투과하면서 메뚜기 한 마리 한 마리에는
영묘한 분위기가 감돌 지경이다.
나는 이런 장관을 살아오면서 딱 두 번 봤을
뿐이지만 그 두 차례 모두 눈앞에 펼쳐진 장관은
세렝게티 초원의 그 유명한 대이주만큼이나
장엄하게 느껴졌다. 얼마 지나지 않아 이 거대한
메뚜기 떼의 구름은 지평선 너머로 사라져버렸다.
아마도 푸른 풀이 가득한 땅을 찾아낸 다음 땅에
내려 앉아 풀을 뜯기 시작했을 것이다.
나는 남아프리카공화국의 농부가 아니기 때문에
갈색메뚜기 떼에 대한 내 설명은 이 곤충을
묘사하는 전통적인 설명과는 사뭇 다를 수밖에
없다. 갈색메뚜기 떼에 대한 좀더 전통적인
설명에서는 "황폐"라든가 "비극"이라든가
"굶주림" 같은 단어들이 빈번하게 등장한다.
이 메뚜기 떼가 주곡작물에 끔찍한 피해를
입힌다는 사실을 부인할 수는 없다. 메뚜기 떼
입장에서는 주곡작물이 심겨진 논밭은 농업이
조직적으로 이루어지기 이전 그곳에 있었던 풀이
가득한 초원과 하등 다를 바가 없는 것이다.
메뚜기 떼가 일으키는 경제적 손실이나 인간의
고통을 생각할 때 메뚜기 떼를 억제하려고
노력하는 일의 정당성에 의문을 제기할 수 없다.
하지만 제대로 고심하지 않고 성급하게
행동한다면 문제를 해결하기보다 오히려
키울지도 모른다. 메뚜기를 전멸시키기 위해
사용되는 광범위한 약효의 살충제는 목표인
메뚜기뿐만 아니라 헤아릴 수 없이 많은 다른
생물을 죽인다. 메뚜기 말고도 다른 해충이
급격하게 증가하는 것을 막는 역할을 하는
유익한 포식기생충이나 식물을 수분시키는
수분충까지도 이 살충제의 피해를 입는다.
언제 어디에서 메뚜기 떼가 발생하게 될지
예측하기가 어렵다는 점 또한 문제를 더욱 어렵게
만드는 요인이다. 그 자체만으로는 예측하기
어려운 메뚜기 떼의 발생 시기가 남태평양
지표수의 엘니뇨 수온 이상 현상과
관련이 있다는 근거가 있다.

저무는 태양에서 뿜어 나오는 마지막 햇살을 등지고 언덕 위에 퀴버나무Aloe dichotoma 한 그루가 외로이 서 있다. 퀴버나무 주위를 키 작은 서큘런트 초목이 둘러싸고 있다. 지금. 나무 주위의 공기에서 열기가 한풀 꺾이고 수분 손실의 위험이 낮아질 때가 되어서야 퀴버나무는 잎의 기공을 열어 성장하는 데 필요한 이산화탄소를 흡수하기 시작할 것이다. 퀴버나무를 비롯하여 서큘런트 카루 지대에 자라는 수많은 식물에서 우리는 건조한 기후에 맞춘 재미난 생리적 적응physiological adaptation 사례를 찾아볼 수 있다. 이는 다육식물 유기산대사crassulacean acid metabolism(CAM) 라고 알려져 있다. 세계 각지에 분포한 대부분의 식물은 C_3 광합성이라고 알려진 방식으로 신진대사를 한다. C_3 광합성 방식은 이산화탄소를 아주 효율적으로 흡수한다는 장점이 있지만 동시에 기공에서 물이 빠져나가는 증산 작용이 활발해지기 때문에 식물이 토양에서 흡수한 수분 대부분을 손실하게 된다는 단점이 있다. 항상 토양에서 물을 빨아들일 수 있는 습한 기후에서는 C_3 광합성 방식이 적합하지만 여기 이 건조한 환경에서 사는 식물들은 이 충분치 않은 소중한 자원을 이토록 많이 손실하게 되는 일을 감당할 수 없다. 퀴버나무나 여느 다육성 식물처럼 다육식물 유기산대사를 하는 식물은 수분 손실을 효과적으로 막는 대신 식물 성장에 필요한 주요 요소라 할 이산화탄소를 흡수할 수 있는 시간에 제약을 받는다. 이는 서큘런트 카루의 식물이 아주 느린 속도로 성장하는 이유 중 하나다. 퀴버나무는 완전히 다 자라는 데 80년까지 걸릴 수 있다.

서큘런트 카루 지대의 다육성 식물은
자신의 몸을 살아 있는 물 저장고로
둔갑시키면서 식물에서 볼 수 있는
가장 기이한 모습으로 자라나기도 한다.
이 붉은 피어슨알로에Aloe pearsonii는
다육성 잎을 지닌 식물 중 하나이며
후디아Hoodia alstonii는 전형적인 다육성
줄기 식물이다. 리흐터스펠트 트랜스프런티어
국립공원에 서식하고 있는 이름을 확인할 수
없는 식물(위쪽)은 그 두꺼운 잎과 줄기
양쪽 모두에 물을 저장하는 듯 보인다.

쌍뿔머리거미 Caerostris sexcuspidata

잔가지메뚜기 Geloiomimus nasicus

남아프리카의 덥고 건조한 기후에서는 작은 덤불들이 풍경의
대부분을 차지하고 있다. 그런 까닭에 이곳에서 살아가는 수많은
동물은 덤불의 말라비틀어진 가지를 흉내 내는 의태를
진화시켜왔다. 어떤 곤충은 의태가 무척 교묘한 나머지
그 곤충 몸의 주요 부분을 제대로 알아보기 어려울 정도다.

팔파레스Palpares sp.의 한 종

팔파렐루스 풀켈루스Palparellus pulchellus

서큘런트 카루의 모래로 덮인
건조한 지역은 개미귀신이라 알려진
명주잠자리Myrmeleontidae의 유충이 살기에
더할 나위 없이 이상적인 환경이다.
명주잠자릿과에 속한 수많은 종의 유충은
모래 속에 깊은 웅덩이를 파고 불운한
희생양이 구덩이로 미끄러져 떨어지기만을
기다린다. 그러나 크고 아름다운 무늬를 지닌
팔파레스속과 팔파렐루스속의 유충은
모래덫을 만들지 않는다. 대신 모래 표면 밑에
몸을 숨기고 길고 바늘처럼 생긴 턱만
밖으로 내밀고는 어슬렁거리다가 운 나쁘게도
그 위를 지나가게 된 불운한 먹잇감을
무엇이든 가리지 않고 물고 늘어진다.
밝혀진 바에 따르면 명주잠자리 유충은
자신보다 몸집이 몇 배나 큰 곤충도
잡아먹을 수 있다.
무시무시한 포식성베짱이Clonia 또한 예외는
아니다. 그러나 대개 개미귀신은 작은 먹잇감,
특히 흰개미를 즐겨 먹는다. 이례적으로
신진대사율이 낮은 개미귀신은 몇 달 동안
아무것도 먹지 않고 버틸 수 있으며
그럼에도 몸무게가 20퍼센트밖에
줄지 않는다. 개미귀신의 성충인 명주잠자리
또한 포식성 동물이지만 이 곤충의 행동에
대해서는 거의 알려진 것이 없다.

풀잠자릿과Nemopteridae에 속하는
실날개풀잠자리. 숟가락날개풀잠자리는
개미귀신의 사촌쯤으로 서큘런트 카루의
건조한 환경에서 많이 살고 있다. 풀잠자리는
특유의 기다랗게 늘어지거나 커다랗게 펼쳐진
뒷날개 덕분에 쉽게 알아볼 수 있다.
극락조에 나타나는 기다란 깃털을
연상시키는 이 기이한 날개 형태의 역할에
대해서는 아직 완전히 밝혀지지 않았다.
특별히 커다랗게 변한 뒷날개를 가진 종의
경우 큰 날개는 아마도 이 곤충이 실제보다
훨씬 더 크다는. 그러므로 어쩌면 훨씬 힘이
셀지도 모른다는 잘못된 인상을 주어 몇몇
포식자를 단념시키는 데 사용되는 것으로
나타난다. 반면 길고 실처럼 생긴 날개를 지닌
종의 경우 날개의 기능은 아마도 비행 시
공기 역학과 관련이 있는 듯싶다.
개미귀신과 마찬가지로 풀잠자리의 유충 또한
육식을 하지만 풀잠자리 성충은 좀더 평화로
운 식이법을 선호한다. 꽃가루와 꿀을 먹고
사는 성충의 구기는 포식성 사촌에게서
발견되는 전형적인 무는 형 구기와는 전혀
다른 형태를 하고 있다. 풀잠자리의 구기는
꽃 안으로 깊숙이 담그기에 적합해 보이는
다소 기다란 모양을 하고 있기 때문에
풀잠자리의 머리는 언뜻 오리처럼
보이기도 한다.

풀잠자릿과. 네미아 코스탈리스
Nemia costalis

카루바위메뚜기 Porthetis carinata

짧고 인색한 봄비가 내리고 나면 남아프리카공화국 노던케이프 주에 위치한 괴갭자연보호지구
Goegap Nature Reserve의 평소 먼지투성이의 우중충한 바위산 비탈에서는 눈이 휘둥그레질 만큼
다채로운 색색의 향연이 펼쳐진다. 이 지역의 연간 강우량은 15센티미터에 불과하기
때문에 여기 살고 있는 식물들은 온 힘을 다해 이 귀중한 자원을 붙잡아두려 한다. 이 지역에
서식하는 식물은 대부분 두껍고 스펀지처럼 생긴 잎이나 줄기에 물을 가능한 한 많이 담아두어
저장한다. 또한 수분 증발을 막기 위해 서큘런트 카루 지대의 식물은 외부로 노출된 부분을
전부 털이나 가시, 왁스 등 수분 증발을 막아줄 수 있는 물질로 덮는다. 여기에 더해 건조한
바람이 과외의 수분을 한 방울도 빼앗아가지 못하도록 잎과 줄기에 난 기공, 식물이 숨을 쉬는
작은 숨구멍조차 조직 깊숙이 가라앉혀 닫아버린다.
이 가혹한 땅에 살고 있는 곤충 또한 마찬가지의 문제를 해결해야 한다. 수분을 치명적으로
많이 손실하게 되는 일은 식물에게뿐만 아니라 곤충에게도 심각한 문제다. 수많은 곤충이
이런 문제에 맞서 식물과 아주 비슷한 양상의 해결책을 진화시켜왔다. 생쥐만큼 몸집이 큰
카루바위메뚜기Porthetis carinata의 암컷은 키틴질로 만들어져 돌처럼 단단하고 방수 효과가
있는 튼튼한 각피층으로 건조한 공기에서 자신을 보호한다. 카루바위메뚜기 암컷은 또한 체절
옆에 쌍으로 난, 숨을 쉬기 위해 사용하는 자신의 숨구멍을 단단히 틀어막을 수도 있다
(포유동물을 비롯한 척추동물과는 다르게 곤충은 입이 아닌 숨구멍으로 호흡한다).
괴갭에 사는 다른 작은 동물과 마찬가지로 카루바위메뚜기 암컷 또한 하루 중 가장 더운
시간에는 그늘 밑에 숨거나 모래에 몸을 반쯤 파묻은 채 지내다가 해가 질 무렵이 되어서야
풀을 뜯어먹기 위해 길을 나선다. 카루바위메뚜기는 그 바위와 구별할 수 없는 겉모습에 더해
느릿느릿 움직이면서 새나 도마뱀의 날카로운 눈을 피한다.

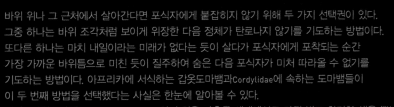

바위 위나 그 근처에서 살아간다면 포식자에게 붙잡히지 않기 위해 두 가지 선택권이 있다.
그중 하나는 바위 조각처럼 보이게 위장한 다음 정체가 탄로나지 않기를 기도하는 방법이다.
또다른 하나는 마치 내일이라는 미래가 없다는 듯이 살다가 포식자에게 포착되는 순간
가장 가까운 바위틈으로 미친 듯이 질주하여 숨은 다음 포식자가 미처 따라올 수 없기를
기도하는 방법이다. 아프리카에 서식하는 갑옷도마뱀과Cordylidae에 속하는 도마뱀들이
이 두 번째 방법을 선택했다는 사실은 한눈에 알아볼 수 있다.
케이프납작도마뱀Platysaurus capensis의 수컷은 파충류 세계에서도 가장 밝고 화려한 색을 뽐낸다.
위험이 다가오면 케이프납작도마뱀은 가까운 바위 틈새로 뛰어 들어가 자신을 숨기고
몸을 살짝 부풀려 바위틈 사이에 단단히 고정시킨다. 몸이 납작할수록 바위 틈새 더 깊은 곳으로
몸을 숨길 수 있기 때문에 포식자의 공격에서 살아남을 확률도 높아진다. 새끼를 밴 암컷의 경우
방어 전략은 좀더 정교해진다. 케이프납작도마뱀은 암컷이 아주 납작한 알을 한 번에 두 개씩만
배도록 진화해왔다. 실제로 새끼를 밴 암컷은 새끼를 배지 않은 다른 도마뱀과 전혀 구분되지
않는다. 대개 곤충을 먹고 사는 케이프납작도마뱀은 날아다니는 곤충도 뛰어올라 잡을 수
있으며 잘 익은 무화과를 먹는 것으로도 알려져 있다. 이 도마뱀들이 새를 단서로 삼아
열매가 열린 무화과나무를 찾아낸다는 보고도 있다.
케이프납작도마뱀과 가까운 사촌인 케이프바위도마뱀Pseudocordylus microlepidotus(아래쪽)은
케이프납작도마뱀처럼 납작하지 않지만 갑옷처럼 두꺼운 비늘이 몸 전체를 뒤덮고 있다.
이 비늘 덕분에 케이프바위도마뱀은 바위 사이에 단단히 몸을 고정시킬 수 있다.
어떤 포식자도 한번 바위틈으로 숨은 케이프바위도마뱀을 그 안전한 은신처에서 끄집어낼 수 없다.

억울하게도 좋지 않은 평판을 듣고 있지만 파충류와 양서류는 대부분 인간에게 전혀 해를
끼치지 않는다. 포식자나 사진작가에게 포착되어 위협당하고 있을 때 파충류와 양서류 동물의
유일한 방어책은 허세를 부리며 엄포를 놓는 것뿐이다. 딜레피스카멜레온Chamaeleo dilepis은
목 부분을 불룩하게 부풀리고 입을 떡하니 벌리지만 무는 일은 거의 없다. 딜레피스카멜레온의
먼 친척인 아가마도마뱀Agama aculeata은 몸을 잔뜩 부풀려 상대에게 겁을 주려고
애를 쓴다. 한편 뾰족코개구리Hemisus marmoratus는 포식자에게 자신이 삼키기 어려울 만큼
크다는 인상을 주기 위해 비슷한 전술을 사용한다.

남아프리카공화국에서는 코링크리케koringkrieke라고
알려진 헤트로디나잇과Hetrodinae의 여치는 우리가
흔히 알고 있는 녹색을 띠고 긴 날개를 지닌 여치와는
사뭇 다르다. 이 과의 여치들은 모두 날지 못하며
그 통통한 몸을 날카로운 가시로 보호하고 있다. 심지어
어떤 여치는 뾰족한 갑옷으로 몸을 보호하는 데서
그치지 않고 공격자에게 자신의 피를 찍 하고
내뿜는다. 이 여치의 혈림프는 유독하지는 않지만 톡
쏘는 느낌을 준다고 알려져 있다. 나는 이런 전술의
효과를 도무지 이해할 수 없었다. 포식자는 그 여치를,
피나 껍질이나 할 것 없이 통째로 삼키려 하지 않는가?
눈앞에 차려진 밥상의 음식을 조금 미리
맛보는 것이 어떻게 식욕을 떨어지게 만들 수 있단
말인가? 하지만 여치가 내뿜는 피를 몇 번 맞아보고
나서야 그것을 이해할 수 있었다. 순식간에 내뿜어지는
피를 맞으면 포식자는 순간 놀랄 수밖에 없고
그 틈을 이용하여 여치는 자신의 등을 구부려 날카로운
가시를 완전하게 드러낼 시간을 벌 수 있다.
바흐만여치Hemihetrodes bachmanni는 서큘런트 카루
초목의 키 작은 관목에서 발견되는 종으로 복잡하게
생긴 갑옷 같은 껍질을 두르고 있다. 바흐만여치의
수컷은 대부분 녹색을 띠며 등에는 곧은 가시가 나
있다. 반면 바흐만여치의 암컷(위쪽)은 대부분 갈색을
띠며 등에 난 가시는 날카로운 고리 모양을 하고 있다.
이 구부러진 가시는 누군가 여치를 들어올리려 할 때
특히 효과적인 방어 무기가 될 수 있다.
여치는 공격을 받으면 자신이 앉아 있던 식물에 온
힘을 다해 매달린다.

카루갑옷여치Acanthoproctus cervinus는 멋들어진
갑옷으로 자신을 보호하지만 인간에게는 전혀 해를
입히지 않는다. 특히 그 머리 이마에 난 기다란 가시는
주로 먹잇감의 머리를 움켜쥐는 박쥐나 다른
포식자에게 좋은 방어 수단으로 작용한다.

자신의 몸에 치명적인 독이 들어 있고 스스로도
그 사실을 잘 알고 있다면 아무런 두려움 없이
사진작가 앞에서 포즈를 취할 수 있다.
남아프리카공화국 전역에서 흔히 볼 수 있는
거품메뚜기Dictyophorus spumans는 지역마다
그 아름다운 색이 조금씩 달리 나타난다. 나는
웨스턴케이프 주의 건조한 저지대에서는
이 검붉은 변종이 흔하게 눈에 띈다는 사실을
발견했다. 한편 남아프리카공화국의 동부인
쿠아줄루 나탈 주KwaZulu-Natal에서 서식하는
개체들은 주로 주홍색에 푸르스름한 색
(옆 위쪽)을 띠고 있다. 실은 전혀 관계가 없는 유
독한 동물들이 서로 비슷한 경고색을 띠는 예는
쉽사리 찾아볼 수 있다. 이런 현상은 뮐러형

의태Mullerian mimicry라고 알려져 있다.
뮐러형 의태는 포식자가 위험한 곤충을 피하는
법을 금세 습득할 수 있도록 하기 때문에
뮐러형 의태를 하는 곤충 모두에게 도움이 되는
방어책이다. 검붉은 메뚜기를 먹어보고 속이
좋지 않은 경험이 있는 포식자는 아마도 비슷한
색의 뛰어다니는 곤충이라면 어떤 것이든
멀리하게 될 것이다. 마찬가지로 독을 지닌
덤불메뚜기Phymateus morbillosus 중에서
웨스턴케이프에 서식하는 메뚜기들은 검붉은 색을
띤다. 이 지역에 서식하는 독을 지닌 다른
메뚜기들이 이와 비슷한 색을 띠기 때문이다.
웨스턴케이프 주가 아닌 다른 지역에 서식하는
덤불메뚜기는 대개 올리브색을 띤다.

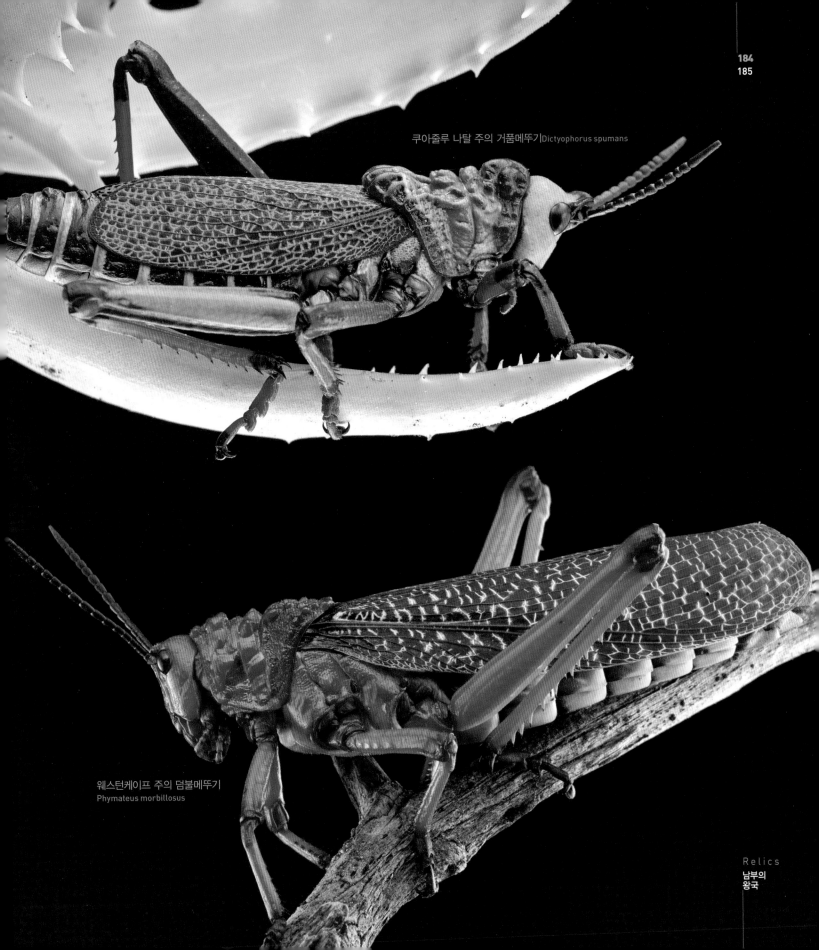

쿠아줄루 나탈 주의 거품메뚜기|Dictyophorus spumans

웨스턴케이프 주의 덤불메뚜기
Phymateus morbillosus

Relics
남부의
왕국

아프리카 대륙 남단에서 살고 있는 곤충은 대부분 어떤 식으로도
공격이란 것을 할 줄 모른다. 몸에 유독한 화합물이 있는 것도 아니고
날카로운 이빨이나 침이 있는 것도 아니기 때문에 이 곤충들이
취할 수 있는 가장 효과적인 방어 전략은 잠재 포식자의 시야에서
모습을 완전히 감추는 것이다. 이런 은신술을 두꺼비메뚜기Batrachor-
nis perloides보다 더 잘 구사하는 동물은 없다. 서큘런트 카루의 탁
트인 모래밭에 많이 살고 있는 두꺼비메뚜기는 주위 환경에 섞여
들어 숨는 능력이 탁월하다. 나는 이 사진을 찍고 나서야 내가
한 마리가 아닌 두 마리를 찍었다는 사실을 발견했다.(작은 메뚜기는
덩치가 큰 암컷에게 구애를 하고 있는 수컷이다.)

히지만 아무리 변장을 잘했다고 해도 언제나 성공할 수는 없는 법이다.
괴캅자연보호지구의 평원에서 메뚜기 사진을 찍던 중 나는 근처
덤불에서 나를 골똘하게 쳐다보는 누군가의 시선을 느꼈다.
때까치Lanius Collaris 한 마리였다. 내가 카메라에서 한 걸음 물러나자
때까치는 그 순간을 놓치지 않고 급강하하여 방금 내가 사진을 찍은
곤충을 훔쳐 달아났다. 다음번 공격이 시작되었을 때 날 준비가
되어 있었고 그 사냥의 순간을 포착할 수 있었다. 사냥을 마친
때까치는 어린 새끼들이 기다리고 있는 덤불 둥지로 날아가
새끼들에게 맛있는 밥을 먹였다.

아프리카 대륙에서 발견되는, 혹은 소식이
들려오는 동물 중 가장 놀라운 것은 나를 비롯한
수많은 곤충학자의 의견에 따르면 방광메뚜기다.
방광메뚜기 수컷은 마치 살아 있는 풍선처럼 배를
공기로 가득 부풀려 성능이 뛰어난 울림통으로
사용한다. 수컷은 이 울림통을 통해 자신의
구애 노래를 다른 어떤 곤충들이 감히 흉내낼 수
없을 정도로 먼 거리까지 방송할 수 있다.
방광메뚜기의 수컷은 복부 기저부에 있는 작은
못들처럼 생긴 이랑에 뒷다리를 아주 빠르게
문질러 구애 소리를 낸다. 강한 드릴 소리를
연상시키는 저주파의 소리는 1.5킬로미터
반경 너머까지 울려 퍼진다.

방광메뚜기Bullacris sp. 암컷의 날개는 그 갑옷처럼 보이는 앞가슴등판 아래에 완전히 숨겨질 만큼 아주 작다. 이 날개는 오직 수컷의 구애 소리에 답하여 짧은 찌륵 소리를 내는 데에만 사용된다.

방광메뚜기Pneumoridae는 주로 아프리카 대륙 남부에서 서식하며 현재 알려진 종은 17종에 불과하다. 그러나 이 작은 곤충 집단은 청력과 구애 전술의 진화를 연구하는 생물학자 사이에서 지대한 관심의 대상이 되어왔다. 방광메뚜기의 귀는 곤충 중에서는 가장 예민하다고 할 수 있지만 한편으로는 놀라울 정도로 단순한 구조로 이루어져 있다. 메뚜기 복부 표면에 붙어 있는 감각세포 한 다발이 귀의 전부다. 그러나 방광메뚜기는 부족한 정교함 대신 양으로 승부한다. 방광메뚜기 한 마리는 이 단순한 귀를 열두 개씩 갖고 있다. 방광메뚜기 암컷은 수컷의 구애 소리를 2킬로미터 밖에서도 들을 수 있다. 반면 수컷은 암컷이 아주 작게 답하는 소리를 50미터 내에서만 들을 수 있을 뿐이다(물론 이것만 해도 아주 놀라운 능력이다). 그다음 수컷과 암컷이 찌륵 하는 소리를 주거니 받거니 하는

동안 수컷은 자신의 짝이 있는 곳을 제대로 찾아갈 수 있다. 그러나 이 뚱뚱한 무방비의 노래하는 수컷은 암컷에게 발견되기 쉬운 만큼 포식자에게도 포착되기 쉽다. 그런 까닭에 어쩔 수 없이 속임수를 사용하는 수컷도 있다. 이런 사기꾼 수컷은 스스로 구애 소리를 내어 암컷을 부르면서 기운을 낭비하는 대신 노래하는 수컷 옆에서 조용히 기다리다가 암컷을 가로채버린다. 소위 '위성' 수컷이라 불리는 이런 수컷은 노래를 부르는 수컷에게 쫓겨나지 않기 위해 암컷의 모습을 흉내낸다. 그래서 날개는 물론 다른 수컷처럼 눈에 잘 띄는 잔뜩 부풀어 오른 배가 없다. 이렇게 "기다렸다 가로채는" 성적 기생은 귀뚜라미 같은 노래하는 다른 곤충에게서도 나타나는 현상으로 알려져 있다.

제5장
비의 여왕이
다스리는 숲

남아프리카공화국의 림포포 주Limpopo에 있는
울창한 모자지소철Encephalartos transvenosus
숲만큼 태곳적의 신비로운 분위기가 감도는
곳은 지구상에서 찾아보기 어렵다. 모자지소철
은 아프리카 대륙에 뿌리내린 소철류 중 가장
크게 자라는 종으로 무려 13미터까지
자랄 수 있다. 여기 지구의 마지막 소철숲에는
1만~1만5000그루의 소철나무가 모여 자라고
있다. 이 숲의 나무들은 대부분 수령이
수백 년에 이를 것으로 추정된다.

일본 오키나와 섬 북쪽 끝단에서 바위에 뿌리를 내린 소철속 나무Cycas revoluta 한 그루가 외로이 서 있다. 오키나와 섬에서는 요즘 세계 각지의 정원이나 온실에서 흔하게 찾아볼 수 있는 이 아름다운 나무가 자라는, 세계에서 가장 큰 자생 개체군이 자리 잡고 있다. 소철속Cycas은 현존하는 모든 소철류 식물 중에서도 가장 원시적인(즉 토대에 가까운) 식물일 것이다. 소철속 식물에서는 이미 멸종한 친족인 고생대의 양치종자류와 비슷한 특징이 수없이 발견된다.

남아프리카공화국 림포포 주 동부에 제멋대로 뻗어 있는 크하파네Kgapane 마을의 모습은 다소 우중충한 풍광을 선사한다. 이 나라의 다른 시골 지역과 마찬가지로 이 마을 또한 수십 년에 걸친 냉혹한 인종차별 정책으로 제대로 발전하지 못했다. 오늘날 실업률은 고공행진 중이며 에이즈가 만연한 탓에 인구도 줄어들고 있다. 우리가 달리고 있는 도로는 진흙투성이었다. 나는 지금이라도 당장 우리의 조그마한 렌터카가 바닥없는 구덩이에 빠져 다시는 나오지 못할 것 같은 불안감을 떨쳐버릴 수 없었다. 우리는 주유소에 들러 보급품을 채워넣고 길을 물었다. 나와 동행한 보니와 코리가 각각 줄루어와 아프리칸스어 통역자로 활약하는 동안 나는 팔을 휘두르고 손으로 가리키는 전 세계 공용어를 구사하며 정보를 얻어내려고 애썼다. 마침 운 좋게도 우리가 찾는 장소가 어디에 있는지 알고 있는 남자와 만날 수 있었다. 두꺼운 철창 뒤에 앉아 불퉁스러운 얼굴을 하고 별로 물건을 팔고 싶지 않은 눈치를 보이는 가게 주인에게 빵과 채소통조림을 산 다음 우리는 새로운 안내인과 함께 길을 나섰다. 더는 나빠질 수 없어 보였던 도로 상태는 더욱 악화되었다. 도로 상태가 얼마나 안 좋았던지 나는 앞으로 나아가기 위해서는 눈을 꼭 감고 엑셀을 세게 밟은 다음 눈을 떴을 때 차가 도로에서 벗어나 있지 않기를 기도하는 수밖에 없다고 생각했다. 여기 겉으로만 보이는 마을과 도로의 모습을 본다면 누구나 우리가 별로 특별할 것도 없는 림포포 주의 어느 후미진 곳을 지나고 있다고 생각했을 것이다. 하지만 사실 우리는 아프리카 대륙에서 가장 오래된, 그리고 가장 훌륭한 왕국으로 들어서고 있던 참이었다.

모자지 여왕은 몇 세기 동안 이 지역의 발로베두 족을 다스려왔다. 수백 년 전 대짐바브웨Great Zimbabwe의 모노마타파 왕국 지배자의 딸로 태어난 여왕은 북쪽에 있는 자신의 영토를 포기하고 새로운 왕국을 건설하기 위해 드라켄즈버그 산맥 최북단 산비탈에 위치한 몰로치 골짜기를 찾아왔다. 여왕은 고향을 떠나오는 이별 선물로 아버지로부터 비를 내리는 능력을 받았다. 아프리카 남부의 타는 듯이 말라버린 땅에서 실로 가치 있는 선물이었다. 불멸의 존재인 비의 여왕(후계 여왕은 선대 여왕의 환생이다)은 이 골짜기에 자리 잡은 뒤로 그 모권 중심의 권력으로 이 땅을 평화롭게 다스려왔다. 샤카 줄루(19세기 남아프리카 줄루족의 추장으로 줄루 왕국을 세웠다)나 넬슨 만델라(남아프리카공화국 최초의 흑인 대통령이자 흑인인권운동가) 같은 사람들도 여왕에게는 존중의 뜻을 표했다. 마지막 비의 여왕이었던 마코보 모자지가 2005년 사망한 뒤(공식적으로는 뇌수막염으로 사망했다고 발표되었지만 비공식적으로는 평민이던 연인과의 결혼을 거절당한 상처로 사망했다는 이야기가 있다) 마코보의 딸이 왕족이 아닌 평민의 딸이라는 이유로 장로들이 여왕위 계승을 반대하고 있기 때문에 마코보의 사망 이후 왕국에는 여왕이 없었다. 그러나 여왕의 생존 당시 비를 내리게 하는 그녀의 능력을 부인하는 사람은 아무도 없었다. 여왕이 주재하는 대단히 비밀스러운 기우 의식이 치러지기만 하면 다른 지역이 아무리 바짝 말라 있더라도 여기서

편리하게도 서쪽을 향하고 있다는 우연의 일치가 만들어낸 현상일지도 모른다. 그 속사정이야 어찌되었든 다습한 아열대 기후가 나타나는 모자지 지역에는 넋을 잃을 만큼 아름다운 식물의 경이가 간직되어 있다. 지구상에 마지막으로 남은, 그리고 유일한 자생의 소철숲이다. 나는 이 숲을 두 눈으로 직접 보고 싶어 죽을 지경(혹은 운전하고 가는 도로 상태를 생각하면 죽기 바로 직전)이었다.

그리고 마침내 우리는 모자지숲, 여왕의 신성한 정원(이곳은 보호구역이다)에 도착했다. 며칠 밤 묵을 곳도 마련할 수 있었다. 나는 숲 자체는 물론이거니와 숲 관리인의 직선적이고 솔직한 태도에도 깊은 인상을 받았다. 숲 관리인은 도리에 어긋나는 일, 말하자면 돈을 내고 영수증을 받지 않는 조건으로 우리가 하룻밤 더 머물 수 있을지를 넌지시 물어보는 말에 대번 눈살을 찌푸렸다. 이 나라에서는 흔히 이런 식으로 장사를 하면서 눈감아주는 곳이 많다.

모자지 소철숲은 진정으로 자연에 대한 경외감을 실감할 수 있는 곳이다. 이곳에서는 완전히 다 자란 모자지소철Encephalartos transvenosus이 1만~1만5000그루 서식하고 있는 것으로 추정된다. 이중에는 믿기 어렵게도 13미터 높이까지 자란 나무들도 있다. 모자지소철을 처음 보는 사람들은 이 소철나무가 전형적인 야자나무와 다를 바 없다고 생각할지도 모른다. 다 자란 나무는 두꺼운 줄기 위에 길게 갈라진 거대한 잎으로 된 우산을 쓴 모습을 하고 있다. 모자지소철의 잎은 야자나무만큼이나 아주 거대하게 자랄 수 있으며 어떤 잎은 길

11월의 지역성 폭우가 쏟아졌다. 여왕의 비를 내리는 능력은 아마도 모자지 왕국이 자리 잡은 산골짜기가 기후학상의 오아시스라는 우연의 일치, 즉 인도양에서 불어오는 바람을 잡을 수 있을 만큼 높은 곳에 위치해 있으며 마침 내륙으로 부는 바람이 품은 수분을 훔치기에

오키나와 섬의 카르스트 지형, 즉 석회암이 물에 녹아 씻겨 내려가면서 형성된 울퉁불퉁한 바위 지형은 소철나무Cycas revoluta에게 이상적인 서식지다. 남조류와의 상리공생 관계를 통해 소철나무는 대기 중 질소를 받아들일 수 있기 때문에 이 사진에서처럼 바위투성이인 불모의 메마른 땅에서도 자랄 수 있다. 여기 왼편에 서 있는 소철나무는 수나무로 그 수구과는 이미 시들어버렸다.

이 7미터까지 자라기도 한다. 그러나 소철나무는 야자나무와는 티라노사우루스 렉스가 젖소와 다른 것만큼이나 다르다. 소철나무는 지구상에서 가장 오래된 종자식물로서 약 2억5000만 년 전인 고생대부터 지구에 단단히 뿌리를 내리고 자라왔다. 또한 소철나무는 겉씨식물이다. 암배우자female gamete가 씨방 속에 안전하게 감추어져 있는 속씨식물과는 다르게 소철나무의 밑씨는 특화된 변형잎인 대포자엽megasporophyll 표면에 완전히 노출된 채 자라난다. 소철나무의 먼 친족으로 역시 오랫동안 살아남은 침엽수와 마찬가지로 소철나무는 꽃가루와 밑씨가 있는 구과를 만들어낸다. 그리고 소철나무는 암수딴그루다. 즉 모든 소철나무는 암나무이거나 수나무이며 암나무에서는 암구과만이 자라고 수나무에서는 수구과만이 자라난다. 또 이 구과는 참으로 대단한 물건이다. 구과 하나의 무게가 40킬로그램이 넘는 종이 있는가 하면 구과의 길이가 1미터에 달하는 종도 흔히 찾아볼 수 있다. 구과는 밝은 노랑이나 주홍, 초록 등 화려하고 다채로운 빛깔을 자랑하며 그 안에 들어 있는 씨앗 또한 눈에 띄는 색을 하고 있다.

그날 오후 우리는 모자지보호지구 중심에 위치한 언덕을 올랐다. 이 언덕에서는 모자지보호지구에서도 가장 크고 오래된 소철나무들이 자라고 있었다. 언덕 마루에서는 날씨가 화창한 날에는 크루거국립공원이 내려다보이지만 대개는 짙은 안개가 자욱해 시야를 가리고 있다. 나는 박물학자로서의 무모한 꿈이 마침내 실현되었다는 기쁨에 빠져 약간은 몽롱한 기분으로 거대한 모자지소철나무의 고동빛 둥치를 손으로 쓸어내렸다. 마치 거대한 초식공룡의 다리를 어루만지는 기분이었다. 소철류의 나무껍질에는 어딘가 파충류를 연상시키는 데가 있다. 소철나무 껍질은 우리가 아는 전형적인 나무껍질과는 다르며 끝이 겹쳐지는 비늘 같은 것으로 뒤덮여 있다. 이 비늘은 특수한 보호잎인 비늘조각잎鱗葉과 오래된 잎꼭지의 잔재다. 아주 두껍고 단단해질 수 있는 이 비늘들이야말로 바로 소철나무의 줄기를 지탱하는 버팀대다. 소철나무의 줄기는 목질부가 거의 없으며 식물을 구성하는 기본 조직인 유조직으로 채워져 있다. 그러므로 줄기가 아무리 두꺼운 소철나무라 해도 날이 넓은 칼을 제대로 한 번만 휘두르면 베어낼 수 있다. 소철나무의 서

식지이거나 예전에 서식지였던 지역에 사는 사람들은 이 사실을 잘 기억하고 있다.

모자지소철숲에서 자라는 나무처럼 키가 크고 두꺼운 소철나무는 수령이 수백 년에 이를 수도 있다. 몇몇 특정 나무의 수령이 1000년이 넘는다고 보는 이들도 있다. 하지만 소철나무의 수령을 제대로 파악하기 위해서는 숙련된 기술이 필요하다. 소철나무의 나무줄기에는 수령을 알기 쉽게 보여주는 나이테가 없기 때문이다. 나이테는 주로 계절이 변하는 지역에서 서식하는 나무에 전형적으로 나타나는 특징으로 나무줄기 단면에 나타나는 원 모양의 나이테를 세어보면 그 나무의 수령을 대략적으로 파악할 수 있다. 하지만 이조차도 계절에 상관없이 생장이 느려지기도 하고 빨라지기도 하는 나무들이 있기 때문에 정확하다고는 할 수 없다. 어쨌든 소철나무가 아주 느리게 성장한다는 사실만큼은 분명하므로 1미터 높이만큼 자란 나무는 아마 수령이 100년에 이른다고 봐도 좋을 것이다. 그러나 이런 방법으로 나무의 수령을 추정하는 일은 땅속줄기를 지닌 소철나무 종에서는 한층 더 어려워진다. 이런 종의 소철나무는 성장함에 따라 나무를 땅속으로 끌어내리는 특수한 수축줄기를 지니고 있기 때문에 나무 높이로 수령을 짐작하기 어렵다. 그리고 소철나무는 심지어 그 잎조차도 오래 산다. 일제히 새로운 잎이 '싹트면서' 오래된 잎을 떨구어내기까지는 보통 2년에서 10년이 걸린다. 소철나무와 연관된 모든 것은 느리고 오래가는 듯 보인다. 소철나무의 번식 또한 예외는 아니다.

소철나무의 생식주기는 수나무에서는 꽃가루가 들어 있는 수구과가, 암나무에서는 밑씨가 들어 있는 암구과가 열리면서 시작된다. 그러므로 소철나무가 번식하기 시작하는 것은 처음 씨앗에서 싹을 틔운 지 30년이 지난 뒤의 일이다(소철류에서 10년 안에 번식할 준비를 마치는 종은 극히 드물다). 이런 양식에서 벗어나는 유일한 예외는 가장 원시적인 형태를 띠고 있으며 주로 동남아시아에서 서식하는 소철속Cycas에 속하는 종뿐이다. 소철속은 오직 수나무만이 제대로 된 구과를 만들어낸다. 소철속의 암나무는 줄기 끝에 느슨하게 매달린 가짜 구과에 밑씨가 들어 있다. 이런 특징은 소철류가 오래전에 멸종한 양치종자류와 아주 가까운 친족이라는 사실을 보여주는 명확한 증거다.

단 한 개의 수구과에서 생산되는 꽃가루의 양은 무려 0.5리터가 넘는다. 대부분의 식물에게 수분은 동물의 수정인 셈이다. 하지만 이렇게 서두르는 일은 소철나무와는 어울리지 않는다. 수구과의 꽃가루가 암나무의 포자엽에 붙어 생식세포인 수배우자를 만들어내는 데에는 세 달에서 일곱 달이 걸린다. 소철류의 생식세포는 다른 속씨식물의 생식세포와는 완전히 다르며 오히려 동물의 생식세포와 비슷하다. 정자spermatozoid라고 알려진 수배우자는 굉장히 미세한 독립적인 유기체로 일련의 털(편모鞭毛)을 이용하여 암나무의 밑씨를 향해 열심히 헤엄쳐가야 한다.

아주 오랫동안 식물학자들은 소철나무가 침엽수처럼 바람에 의해서 수분되는 풍매식물일 것이라고 확신

멕시코의 멕시코소철Zamia furfuracea

플로리다의 쿤티소철Zamia integrifolia

해왔다. 풍매식물이라고 생각하면 꽃가루의 양이 엄청나게 많은 것과 벌이나 나비, 나방 같은 전형적인 수분충이 구과 주위를 맴돌지 않는다는 사실이 설명되기 때문이다. 하지만 현재 이 낡은 정설이 틀렸다는 사실이 밝혀지고 있다. 대부분의 소철종에 대한 새로운 연구에서는 끊임없이 소철나무와 곤충과의 복잡하면서도 정교한 상호의존 관계의 비밀이 밝혀지고 있다. 지금까지 알려진 사례에 따르면 소철나무의 수분은 소철나무의 종마다 고유하게 존재하는 딱정벌레종에 의해 이루어진다. 대개 이런 딱정벌레는 작은 바구미류로, 이를테면 멕시코 소철Zamia furfuracea의 수분충인 르호팔로트리아 몰리스Rhopalotria mollis가 있다. 이 바구미의 유충은 수구과 안에서 영양이 풍부한 끈적한 침전물(과 서로를)을 먹고 자라면서도 주의 깊게 꽃가루에는 손을 대지 않는다. 번데기에서 탈피한 어린 딱정벌레가 수구과에서 빠져나오기 위해서는 두꺼운 꽃가루층을 뚫어야 하며 그 와중에 꽃가루를 흠뻑 뒤집어쓰게 된다. 수구과에서 나온 딱정벌레는 난초가 벌을 유혹하는 향기와 화학적으로 성분이 비슷한 향기를 풍기는 암구과로 날아간다. 그러고는 이내 수분이 이루어진다.

호주의 소철나무 마크로자미아 루키다Macrozamia lucida는 여기서 한발 더 나가 좀더 확실하게 수분을 성사시킬 수 있는 정교한 방법을 진화시켰다. 이 소철나무는 적극적으로 나서 수분충의 행동을 조종한다. 총채벌레Cycadothrips chadwicki라고 알려진 작은 곤충은 이 소철나무의 꽃가루를 먹고 산다. 소철나무는 수구과에서 꽃가루가 준비되고 나면 휘발성의 아주 향기로운 몇 가지 화합물을 합성하고 이 향기에 끌린 총채벌레는 성숙한 수구과로 찾아온다. 이렇게 소철나무는 총채벌레를 끌어들여 꽃가루를 묻힐 수 있지만 다음 단계가 남아 있다. 총채벌레가 꽃가루를 묻힌 채 암구과로 찾아가도록 설득하는 일이다. 여기서 소철나무는 기막히게 독창적인 생리적 재간을 발휘해 수구과에서 열을 내기 시작한다. 숨이 막힐 정도로 더워진 수구과에서 한때 매혹적이었던 향기는 애프터셰이브로션을 지나치게 많이 바른 남자처럼 곤충 손님의 숨을 막히게 하고 이미 꽃가루를 묻힌 총채벌레는 견디다 못해 수구과를 떠나는 수밖에 없다. 몇 시간이 지나고 나서야 수구과는 서늘하게 식기 시작한다. 한편 암구과에서 수구과보다 한층 낮은 농도로 발산하는 향기로운 화학물질은 수구과가 열을 내는 동안에는 총채벌레에게 적당하고 매혹적인 향기로 느껴진다. 수구과의 짙은 냄새에 쫓겨 나온 총채벌레는 암구과의 향기에 이끌려 암구과 안으로 비집고 들어가지만 암구과에는 영양가 많은 꽃가루가 없다. 자신의 실수를 깨달은 총채벌레는 서늘하게 식어 다시 한번 매혹적인 향기를 내뿜고 있는 수구과로 돌아가게 된다. 그리고 다음날 아침 "밀고 당기는 수분"이라는 적절한 이름이 붙은 이 수분 과정은 다시 한번 되풀이된다.

소철나무와 그 수분충은 아주 밀접한 관계를 맺고 살아가고 있기 때문에 서로가 없이는 그 자신도 존재할 수 없다. 현재 소철나무와 수분충 사이에 종種 수준으로 맺어진 관계는 비교적 최근에 진화한 것으로 여겨지고 있지만, 확실한 근거에 따르면 이 두 생물 집단은 적어도 2억 년 이상 공진화의 길을 함께 걸어온 것으로 나타난다.

대체로 소철나무는 관계를 오래 지속시키는 일에 뛰어난 재능을 보이는 듯하다. 소철나무가 상리공생 관계를 맺고 있는 또다른 매우 중요한 생물로는 남조류(시아노박테리아)가 있다. 어쩌면 남조류와의 관계 속에 소철나무가 지구의 역사에서 그렇게 기나긴 시간 동안 살아남을 수 있었던 비결이 담겨 있을지도 모른다. 또한 소철나무가 장수하는 비법과 척박한 환경에서도 살아남을 수 있는 능력의 비밀이 여기서 풀릴지도 모른다.

다른 모든 식물과 마찬가지로 소철나무도 토양에 뿌리를 내리고 살아간다. 하지만 실제로 소철나무의 수많은 종은 흙 없이도 살아갈 수 있으며, 실제로 어떤 종은 정말 아무것도 없는 바위 위에서 용케 뿌리를 내리고 자라난다. 소철나무의 뿌리는 아주 넓게 뻗어나갈 수 있으며 소철나무가 물과 필요한 영양소를 얻기 위해 뿌리를 내릴 만한 흙 한 줌을 찾아 온통 바위투성이인 거친 땅을 수십 미터 움직이는 일도 얼마든지 있을 수 있다. 소철나무가 살아가기 위해—그리고 모든 살아 있는 생물이 살아가기 위해—필요한 영양소 중 하나는 바로 질소다. 질소는 지구 위 대기를 구성하는 주요 성분 중 하나이지만(지구 대기의 78퍼센트가 질소로 구성되어 있다) 살아 있는 생물이 대기상에 유리 상태로 존재하는 질소를 잡아내 자신의 필요에 따라 이용하기는 상당히 어려운 일인 듯하다. 대기 중의 질소를 이용할 수 있는 동물은 지금껏 아무도 없었다. 그리고 아주 극소수의 식물만이 이 위대한 개가를 달성할 수 있었으며 그럴 수 있었던 것은 모두 남조류 덕분이었다. 남조류는 대기상의 질소를 좀더 쉽게 신진대사에 이용할 수 있는 복잡한 분자로 변환 가능한 지구상의 유일한 생물체다. 그런 이유로 남조류와 공생관계를 맺기만 한다면 어떤 식물이라도 진화의 역사에서 우위를 차지할 수 있다. 소철나무는 바로 그런 운 좋은 식물 중 하나다. 소철나무에는 바람에 맞서 식물을 지탱해주는 전형적인 뿌리 말고도 특별한 뿌리가 더 있다. 산호뿌리Coralloid라고 하는데 여기에는 바로 남조류가 서식하고 있다. 이 산호뿌리는 참으로 뿌리답지 않은 특징을 지니는데, 그 둥글납작한 생김새도 그렇거니와 남조류가 이따금씩 필요한 태양빛을 받기 위해 자꾸만 지표면 밖으로 자라나려 하기 때문이다. 남조류는 특화된 뿌리에서 안전하게 보호받으면서 살아가는 대가로 대기 중의 질소를 변환하여 소철나무 조직에 공급하고 그 덕분에 소철나무는 토양에 질소가 희박한 서식지에서도 살아남을 수 있다.

대기 중의 질소를 이용하는 능력만으로도 생존하는 데 크게 도움이 되지만 소철나무가 지닌 생존 능력은 여기서 그치지 않는다. 영양분이 풍부한 탄수화물로 채워져 있는 소철나무의 줄기는 잎과 뿌리 없이 전혀 햇살을 받지 못하는 완전한 어둠 속에서도 몇 년 동안 살아남을 수 있다. 아무리 작은 줄기 조직이라도 땅에 심어지기만 하면 바로 새로운 잎과 뿌리를 틔워낼 수 있으며 그 두껍고 비늘 같은 껍질 덕분에 불에도 상당히

잘 견뎌낼 수 있다. 소철나무는 또한 염분에도 저항력이 매우 높아서 몇몇 종은 해안 늪지대에서 맹그로브나무Rhizophora[맹그로브나무는 그 몸 안에 염분을 함유하고 있어 실제로 바닷물에 뿌리를 담고 자란다]와 어깨를 나란히하고 자라기도 한다. 19세기 유럽에서 정원이나 온실에 이국적인 식물을 키우는 일이 한창 유행하면서 거대한 소철나무에 대한 수요가 높아졌고 그 결과 아프리카 등지에서 소철나무가 유럽으로 수입되는 일이 많았다. 대개 몇 주 넘게 걸리는 대양을 건너는 항해 동안 소철나무는 잎의 싱싱함을 유지한다는 명목 아래 배 뒤에 매달려 바닷물 속으로 끌려갔지만 이런 고초를 겪고도 다시 심어지기만 하면 싱싱하고 건강하게 자라났다.

소철나무는 상처를 입어도 끄떡없다. 상처를 입은 소철나무는 재빠르게 수지 비슷한 점액을 분비하여 상처를 덮음으로써 회복을 돕는다. 하지만 이런 모든 증거보다 소철나무가 다른 어떤 식물에 비해 튼튼하다는 증거는 단지 눈길을 주는 것만으로 식물을 죽일 수 있는 나 같은 사람이 보스턴 우리 집에서 소철나무를 멋지게 키워내고 있다는 사실일 것이다.

1753년 소철나무를 최초로 학계에 공식적으로 발표한 사람은 바로 분류학의 아버지라 불리는 칼 린네Carolus Linnaeus다. 린네는 빵을 만드는 데 사용되는 일종의 야자나무의 그리스어 이름인 코이카스koikas를 따서 소철나무에 키카스Cycas라는 이름을 붙였다. 물론 지금 우리는 소철나무가 야자나무와는 전혀 다르다는 사실을

털다리부전나비Lachnocnema bibulus라고 알려진 작은 나비 한 마리와 개미 한 무리가 모자지소철을 먹고 자라는 진딧물이 만들어내는 단물을 모으고 있다. 진딧물이 만드는 단물에 유독한 이차화합물이 함유되어 있지 않은지, 아니면 단물을 먹으러 오는 곤충 손님들이 이 독에 저항력을 지니고 있는지는 아직 분명하게 밝혀지지 않았다.

알고 있다. 하지만 소철나무에 대한 이 잘못된 오해는 끈질기게 이어져 현재 소철나무를 부르는 별칭인 사고야 자라는 이름에도 그 흔적이 남아 있다. 실제로 진짜 사고야자Metroxylon sagu는 동남아시아에 서식하는 야자나무로 빵이나 곡분 제품을 만드는 데 널리 이용된다. 한편 소철나무에도 탄수화물이 풍부한 줄기와 맛있어 보이는 열매가 있기 때문에 사람들이 소철나무를 먹기 시작하는 데는 그리 오랜 시간이 걸리지 않았다.

플로리다에서는 아주 오래전부터 원주민인 칼루사 족과 세미놀족이 쿤티라고도 불리는 플로리다 고유종인 쿤티소철Zamia integrifolia을 영양가 많고 풍부한 식량 자원으로 이용해왔다. 플로리다에는 소철나무가 넘칠 정도로 많았기 때문에 피부가 하얀 개척자들이 원주민을 인정사정없이 몰아내고 이 반도를 차지했을 때 새로운 정착민 또한 즉시 이 영양가 많은 식량 자원에 손을 대기 시작했다. 1800년대 말에 플로리다에 있는 쿤티 방앗간

에서는 쿤티소철을 이용하여 엄청난 양의 녹말을 생산했다(여기서 만들어진 녹말은 주로 아기 이유식을 만드는 데 사용되었다). 이 방앗간은 1920년 쿤티소철이 바닥날 지경에 이르러서야 문을 닫았다.

소철나무 녹말은 소철나무가 풍부하게 자라는 세계의 수많은 지역에서 식량으로 이용되어왔고 오늘날에도 그 쓰임새는 이어진다. 일본 류큐 제도에서는 지금도 고유종인 키카스 레볼루타Cycas revoluta의 탄수화물이 풍부한 줄기로 소테추된장(소철된장)을 만들고 있다. 또한 같은 종의 열매를 따서 일본의 국민주인 정종을 만들기도 한다. 소철나무 열매로 만드는 정종은 한 가지 단점을 빼고는 아주 훌륭하다. 그 단점이란 바로 이 정종을 마시는 사람이 급작스럽게 사망할 가능성이 있다는 것이다. 소철나무에 대해 알아야 할 한 가지는 소철나무에 상당히 치명적인 독이 들어 있다는 사실이다. 소철류에 속하는 모든 종은 예외 없이 치명적인 독을 함유하고 있으므로 이를 섭취하는 사람은 그 즉시 고통스러운 죽음을 맞거나 오랜 기간 몸이 쇠약해지는 고통을 겪다가 목숨을 잃는다. 소철나무 잎에 함유된 독도 치명적이며 열매는 물론 꽃가루도 입에 넣으면 그 즉시 목숨을 잃을 만한 독을 품고 있다.

소철나무 조직에 함유된 몇 가지 이차화합물은 그 이름부터 무시무시하다. 소철나무에는 신경독소인 BMAAβ-methylamino propionic acid를 비롯하여 마크로자민, 사이카신 등이 들어 있다. 특히 사이카신은 일부 종에서는 식물 건조 중량의 4퍼센트를 차지할 만큼 함유량이 높다. 사이카신은 그 자체만으로는 무해하다. 소철나무도 자신을 독살하고 싶지는 않을 것이기 때문이다. 하지만 동물이 섭취할 경우 이 화합물은 치명적인 MAMmethylazoxymethanol으로 변환된다. 이를테면 양 한 마리가 소철나무 잎사귀 한 장을 먹었다고 한다면 그 양은 체내로 들어온 MAM에 의해 급성간부전을 일으켜 바로 목숨을 잃을 것이다. 혹 그 가엾은 양이 소철나무 잎을 조금 씹어보기만 했다 하더라도 유독한 화합물이 이 불운한 포유동물의 장기 전체에 발암 돌연변이를 퍼트리기 때문에 양은 몇 달 동안 목숨을 부지할 수 있을 뿐이다. 호주 목축업자 사이에서 "자미아 보행착란", 즉 가축이 자생 소철나무를 먹고 난 뒤 뒷다리가 영구적으로 마비되는 현상은 아주 심각한 문제였다. 전에 보지 못한 식물을 먹어보고 싶었던 가축 한 마리의 호기심으로 가축 떼가 전멸한 일도 있었다. 또한 소철나무는 중독성이 매우 높다고도 알려져 있다. 아주 최근까지만 해도 호주에서 소철나무는 유해한 잡초 취급을 받았으며 호주 정부에서는 불이나 등류, 심지어 비소를 이용하여 소철류를 방제하는 지침을 널리 배포하기도 했다.

열매는 물론 줄기에 이르기까지 소철나무의 모든 부분에 함유되어 있는 BMAA도 독성에 있어서 사이카신에 뒤지지 않는다. BMAA는 흔히 파킨슨병이나 다발성 경화증, 치매처럼 보이는 여러 종류의 신경퇴행성 질환을 일으키는 것으로 알려져 있다.

그렇다면 의문을 한번 가져볼 만하다. 도대체 사람들은 왜 이토록 치명적인 식물을 먹는 것일까? 아마도 그 답은 사람들이 왜 이토록 해로운 담배를 계속 피우는지에 대한 답과 같을 것이다. 잘 알지 못하기 때문이기도 하고 당장 별다른 영향이 나타나지 않기 때문이기도 하다.

BMAA, 몸통 윗부분에 매달린 기다란 부속물 두

남아프리카공화국의 이스턴케이프푸른소철
Encephalartos horridus

개를 어떻게 써야 하는지 알 수 없게 만드는 이 화합물은 몸속에 축적되는 독소로서 뇌에 눈에 띄는 손상을 입히기까지는 몇 년이 걸린다. 아직도 소철나무로 녹말을 만들거나 소철나무 열매를 발효시켜 먹는 문화에서는 이것을 먹기 전에 여러 번 씻거나 껍질을 벗기는 등의

멕시코의 밤나무소철Dioon edule

복잡한 단계를 거친다. 하지만 아무리 그런 단계를 거친다고 해도 소철나무로 만든 음식에는 BMAA가 남아 있기 마련이다. 더 무서운 일은 소철나무로 음식을 준비하는 사람은 단지 그 열매를 씻기만 해도 그 열매를 먹는 사람보다 신경학적 질병에 걸릴 확률이 수십 배 높아진다는 것이다. 그러므로 소철나무를 먹는 문화권의 여성들은 식물 재료를 날것으로 다루는 동안 독성물질이 피부를 통해 흡수되기 때문에 소철나무로 인한 질병의 희생양이 되는 예가 남편들에 비해 훨씬 많다. 그중에서도 소철나무 열매가 특히 위험하다. 여전히 소철나무를 먹고 있는 남아프리카 반투족에서는 간암 발병률이 극단적으로 높게 나타난다. MAM을 비롯한 소철의 독성물질을 꾸준히 섭취해온 것에 대한 결과다.

소철나무와 관련된 가장 잘 알려진 의학적 사례는 언뜻 신경퇴행성 병인학 연구 사례라기보다는 탐정 이야기처럼 들린다. 괌의 차모로족Chamorro은 오랫동안 의학계가 관심을 기울인 대상이었다. 차모로족에 나타나는 특정 신경학적 장애의 발생률이 세계 나머지 지역에 비해 약 100배 높게 나타났기 때문이다. 특히 루게릭병과 괌에서는 "리티코-보디그병"이라 알려진 파킨슨 치매 복합증은 이 섬의 한 가족이라도 걸리지 않은 곳을 찾아보기 힘들 만큼 만연해 있다. 의심의 눈길은 당장 차모로족의 식단에서 큰 비율을 차지하고 있는 소철나무에 쏠렸다. 그러나 60년 넘게 의학적 원인을 규명하려는 노력이 이어졌음에도 이 드라마에서 소철나무가 어떤 역할을 하는지는 아직도 밝혀지지 않고 있다. 진실의 추는 소철나무에 전적인 책임이 있다는 의견과 소철나무는 아무런 책임이 없다는 의견 사이에서 흔들리고 있다.

이 현상을 연구하는 과학자들은 대부분 소철나무가 들어 있는 음식의 BMAA 농도가 이렇게 심각한—하지만 아주 늦게 나타나기 쉬운—증상을 일으키기에는 지나치게 낮다는 사실에 동의한다. 그리고 몇 년 전 새로운 가설이 등장했다. 차모로족은 소철나무와 함께 거대과일박쥐를 먹고 사는데 거대과일박쥐 또한 소철나무 열매를 먹고 산다. 독물학 연구 결과 과일박쥐 한 마리의 몸속에는 이 박쥐를 섭취할 경우 소철나무 음식을 몇 년 동안 섭취하는 것에 맞먹는 수준의 BMAA가 축적되어 있다는 사실이 밝혀졌다. 이 가설을 지지하는 연구자들은 그 근거를 상당량 수집했다. 이중에는 리티코─보디그병이 만연했던 수십 년 전 괌에서 잡힌 박쥐의 몸 안에 BMAA가 함유되어 있었다는 증거도 있다. 한편 차모로족 사이에서 의사로 일하면서 평생을 보낸 존 스틸 박사가 최근 발표한 논문에서는 소철나무의 무죄가 다시 한번 밝혀지는 듯하다. 그는 질병의 원인이 소철나무가 아닌 유해유전자와 동종번식, 그 외 밝혀지지 않은 환경 조건이라고 주장했다. 나는 존의 주장을 믿기는 하지만 소철나무로 만든 음식을 먹기보다는 차라리 볼로네즈 소스를 얹은 살아 있는 촌충 한 접시를 먹는 편이 낫다고 생각한다.

바로 얼마 전에 나는 온두라스에서 열리는 테오신테의 날 축제에 대한 기사를 읽었다. 테오신테의 날 축제는 테오신테 *Dioon mejiae*(테오신테 teocinte는 현대 옥수수의 조상인 테오신테 teosinte와는 다른 식물이다)라는 온두라스 소철을 기념하는 행사다. 이 축제에서는 소철나무의 열매를 비롯한 다양한 부위로 음식을 만들어 나누어주고 있었다. 나는 어린이에게 소철나무로 만든 음식을 주는 사진을 보고 등골이 오싹해졌다. 하지만 달리 생각하면, 발암물질을 먹는 것과 발암물질을 피우는 것[이를테면 흡연]이 무엇이 다르단 말인가?

하지만 만약 아무 일 없다는 듯이 태평한 척 거실로 들어가 소철나무가 보지 않을 때를 틈타 잽싸게 소철나무 화분을 창문 밖으로 밀어버리려고 생각하고 있다면 불안해할 필요가 없다. 소철나무는 소화기관에서만 멀리 떨어뜨려놓으면 위험하지 않다. 우리 정원에서 자라는 소철나무가 충분히 행복해 수구과를 만들어낸다 해도 그 꽃가루를 직접 들이마시지 않도록 주의하기만 하면 아무 일 없을 것이다. 수천 명의 사람이 아무런 부작용 없이 집과 정원에서 소철나무를 키우고 있다. 오히려 이 아름다운 식물에 대한 우리의 집착 때문에 고생하는 것은 소철나무들이다.

남아프리카공화국의 모자지소철숲에 처음 도착했을 때 보호지구 입구를 지키는 관리인은 이곳을 방문하고 싶어하는 내 동기에 대해서 좀처럼 의심의 끈을 놓지 않았다. 나는 왜 보호지구가 문을 닫는 동틀녘과 해질녘에 소철나무 사진을 찍어야 하는지 아주 자세하게 설명했다. 가장 예쁜 빛이 비추는 조건에서 소철나무 사진을 찍어서 환경보호의 취지를 널리 알리고 교육적인 효과를 일으키는 데 사용하려 한다는 계획을 설명했다. 관리인은 인내심을 갖고 내 설명에 귀를 기울이면서 이따금 동의한다는 듯이 고개를 끄덕였다. 이런 설명을 이미 전에 수도 없이 들어봤던 것이 분명했다. 그리고 관리인은 마침내 입을 열었다. "이보세요. 여기 길을 따라 내려가면 묘목장이 있거든요. 여기서 훔치는 대신 차라리 거기 가서 나무를 사는 게 어떤가요?"

나는 나를 의심하는 관리인을 탓할 수가 없었다. 최근 이 보호지구에 나무도둑이 들어 다 자란 소철나무를 100그루 넘게 훔쳐갔기 때문이다. 소철나무는 한 그루당 수천 달러의 값이 나간다. 다 자란 큰 소철나무에 대한 수요가 무척 높은 나머지 남아프리카공화국에서 자생하는 몇몇 종은 이제 자연에서는 그 모습을 찾아볼 수 없게 되었다. 야생에서 자라던 소철나무는 마지막 한 그루까지 자연서식지에서 강제로 뿌리 뽑혀 소철나무 수집에 미친 돈 많은 수집가의 손에 넘어갔다. 진귀한 것 중에서도 가장 진귀한 것을 소유하려는 욕망 때문에 일부 소철나무의 가격은 한 그루당 5만 달러까지 치솟았다. 보상이 이만큼 높아지자 도둑들은 어떤 위험을 감수하고 수고를 들여서라도 나무를 훔치려고 덤벼들게 되었다. 국립공원이나 보호지구에서 수령이 수백 년 된 거대한 나무를 훔치기 위해 헬리콥터까지 동원하는 도둑이 있을 정도다. 2004년 허리케인 프랜시스가 플로리다 남부를 강타했을 무렵 나무도둑들은 사람들의 관심이 다른 곳으로 쏠린 틈을 타 페어차일드열대식물원에 숨어들어 식물원의 수집품이던 매우 진귀한 소철나무 서른

그루를 훔쳐 달아났다.

수령이 오래되고 진귀한 품종의 소철나무를 보호하기 위한 방안으로 그 줄기 안 깊숙이 작은 전자 인식 칩을 설치하는 방법이 실행되었다. 이론상으로는 도둑맞은 식물이 국경을 넘을 경우 이런 전자칩으로 식물이 도난당한 것인지를 식별할 수 있어야 한다. 하지만 나무 도둑들이 X-레이 기계를 통해 전자칩을 찾아내 칩을 제거하기 시작하는 데는 그리 오랜 시간이 걸리지 않았다. 소철나무 밀수에 대항하는 가장 효과적인 무기는 아마도 각 소철나무의 표본 개체를 인식할 수 있도록 해주는 DNA 지문분석법일 것이다. 하지만 이 기술은 비용이 많이 드는 데다 아직 널리 보급되어 있지 않다.

자연서식지에서 자생하는 소철나무의 마지막 한 그루까지 훔쳐내는 사람들, 자연의 역사를 간직한 위대한 나무의 얼마 남지 않은 자연개체군마저 파괴하는 사람들은 마땅히 법이 규정하는 최고형으로 처벌받아야 한다. 그러나 마음 불편한 의문 하나가 머리에 끈질기게 달라붙어 밤에 잠을 이룰 수가 없다. 우리는 정말 문제를 그 뿌리부터 해결하고 있는 것일까? 혹은 그저 마음 편하자고 쉽게 눈에 띄는 안이한 표적에만 신경을 쓰고 있는 것은 아닐까? 결국 이 문제를 좀더 깊이 생각할 때 이 나무도둑들은 누구인가? 다른 누군가가 이미 들어와 다 훔쳐내고 파괴한 범죄 현장에 가장 나중으로 들어와 남아 있는 것을 훔쳐내는 마지막 도둑들이 아닌가. 어떤 소철나무종도, 멸종 위기에 처하거나 위기에 근접한 어떤 종도 자연적인 이유로 멸종 위기에 처하지 않았다. 절

대 그렇지 않았다. 소철나무가 멸종 위기를 맞은 것은 어느 시점에서 누군가가 그 자연서식지를 파괴하고 개체군을 전멸시키며 소철나무가 피난처로 삼을 수 있는 어떤 장소도 남겨두지 않기 위해 애써 공을 들였기 때문이다. 괌 근처에 위치한 로타 섬에는 최근까지만 해도 남아프리카공화국의 모자지소철숲과 어깨를 겨룰 만한 소철나무숲이 있었지만 지금은 이 섬에서 소철나무 자취를 찾아보기 어려울 지경이다. 관광객을 위한 골프장이 들어섰기 때문이다. 골프장을 위해 수천 그루의 소철나무를(그리고 수백만 마리의 다른 생물을) 죽인 개발업자는 처벌을 받게 될까? 그렇지 않을 것이다.

호주와 뉴기니에 서식하는 바워새는 암컷을 유혹하기 위해 반짝이는 진귀한 물건을 모은다. 우리 인간에게도 세상에 단 하나뿐인 진귀한 물건을 수집하고 싶어하는 욕망이 있다. 어떤 이에게 그 대상은 우표나 동전일 수도 있고 어떤 이에게는 옛 대가들의 그림일 수 있으며 또다른 이에게는 멸종 위기에 처한 생물일 수도 있다. 이런 욕망은 우리 유전자에 새겨져 있는 것이라 어떤 방법으로도 억누를 수 없다. 하지만 우리는 그 대신 이 진귀한 생물을 탐탁지 않은 존재로 만들어버릴 수 있다.

최근 미국 어류 및 야생동물 관리국에서는 22만 5000달러의 예산을 들인 함정 수사를 실행한 결과 소철나무 밀수꾼 중 거물 세 명을 색출하여 처벌할 수 있었다. 그중 한 명은 소철나무 생물학과 원예학의 전문가로 국제적으로 권위를 인정받는 사람이었다. 밀수꾼은 손목을 가볍게 한 대 맞는 정도의 처벌만 받고 자유로운 몸이 되어 각자의 나라로 돌아갔다. 나는 이 작전을 위해 사용된 세금을 차라리 작은 땅을 사는 데 투자했으면 훨씬 좋았을 것이라 생각한다. 지금 있는 보호지구 옆에 붙어 있는 땅이라면 더 좋으리라. 그리고 이런 밀수꾼이 거래하는 소철나무 묘목을 수천 그루 심는 것이다. 진귀한 종을 훔쳐내 파는 밀수꾼과 수집가들에 대항하는 가장 좋은 방법은 그 진귀한 종을 진귀하지 않은 흔한 종으로 만드는 것이다. 나는 아직 큰어치를 유럽으로 밀수하거나 유럽소나무를 미국으로 밀수하는 밀수조직이 있다는 이야기를 들어보지 못했다. 이런 동식물을 거래하는 암시장은 존재하지 않는다. 이 생물들이 아름답지 않아서가 아니라 아주 흔하기 때문이다(나는 큰어치가 영리함과 깃털의 화려함에 있어 대부분의 앵무새와 견주어도 뒤지지 않는다고 생각한다).

물론 소철나무를 흔한 종으로 만드는 일은 결코 말처럼 단순하지 않다. 소철나무를 수천 그루 심는다 한들 소철나무가 생존할 수 있는 시간을 좀더 벌어줄 수 있을 뿐 그것이 앞으로 계속해서 살아가는 데에는 도움이 되지 않는다. 소철나무가 계속해서 살아가도록 하려면 우리는 소철나무의 수분을 돕는 생물과 씨앗 분산을 돕는 생물을 함께 보호해야 한다. 그러므로 소철나무를 보호하기 위한 노력은 그 자연서식지를 온전하게 보호하는 일, 소철나무에게 필요하고 소철나무가 필요한 다른 생물종을 함께 보호하는 일에 초점이 맞춰져야 한다. 아무리 진귀한 종이라도 키워내고야 마는 애호가의 능력을 활용한 소철나무의 인공적인 번식을 통해 소철나무의

자연개체수를 늘려야 하며 그 서식지를 확대해야 한다. 가끔씩 밀수꾼을 잡아들이기만 해서는 그 식물의 가치만 더욱 높여줄 뿐이며 그 결과 도둑들이 그 식물을 훔쳐가는 위험을 기꺼이 감수하게 만들 뿐이다.

모자지숲에서 모습을 드러내는 거대한 거인들 사이를 거닐면서 나는 오래전 사라진 세계를 걷는 듯한 기분에 사로잡혔다. 나무 사이에서 시조새라도 한 마리 날아올 듯한 기분이었다. 하지만 이런 기분이 드는 것은 소철나무가 "살아 있는 화석"이라는 잘못된 통념 때문이었다. "살아 있는 화석"은 찰스 다윈이 최초로 소개한 의미가 모호하고 혼동스러운 단어다. 하지만 우리가 알고 있는 진화의 역사에서 실제로 소철나무는 "살아 있는 화석"이 아니다. 소철나무의 진화 역사에서 처음 8000만 년 동안 소철나무는 지금 내가 보고 있는 거대한 나무가 아니라 가느다란 줄기를 지닌 연약한 식물이었다. 지금

처럼 나무로 크게 자라는 종이 나타난 것은 백악기가 끝날 무렵, 공룡의 치세가 끝을 향해 달려가던 시기였다. 덧붙여 모자지숲에 서식하는 소철나무인 엔케팔라르토스속Encephalartos은 현존하는 소철나무 중에서도 가장 어린 축에 속하며 그 역사가 200~300만 년을 넘지 않는다. 하지만 그렇다고 해서 모자지소철숲에 대한 감동이 옅어지는가? 물론 아니다. 나는 여전히 이 아름다운 생존자들을 보며 찬탄한다. 한 생물군으로서 이 나무들은 지구 지질학 역사에서 가장 격동적인 시대를 견뎌냈고 빠르게 성장하는 민첩한 속씨식물과의 경쟁에서 살아남았다. 소철나무는 오랜 시간 꺾이지 않고 꿋꿋하게 버텨내왔다. 이제 우리가 할 일은 소철나무가 좀더 오래 버틸 수 있는 기회를 짓밟아버리지 않도록 노력하는 일이다.

소철나무는 대부분 뻣뻣하고 딱딱한 잎을 지니고 있다. 하지만 그중에서도 아프리카에 서식하는 엔케팔라르토스속Encephalartos의 잎처럼 잘 보호되는 잎은 찾아보기 어렵다. 엔케팔라르토스속의 잎에는 단단한 목질 성분이 함유되어 있으며 엔케팔라르토스 라티프론스E. latifrons 같은 종에는 각 잎사귀 끝에 극도로 날카로운 가시가 달려 있기도 하다. 일부 식물학자는 초식공룡에 대항하기 위한 보호 수단으로 이런 방어 체계가 진화되었을지도 모른다고 추정한다.

오키나와 섬 해변가 바위에 소철나무들이
무리지어 서 있다. 소철나무는 놀라울 정도로
염분에 대한 저항력이 강하다. 이따금씩 소금물을
뒤집어쓰거나 심지어 소금물에 완전히 잠겨도
별 문제 없이 잘 견뎌낼 수 있다.

여느 소철나무들과는 다르게 소철속
(키카스속Cycas)의 나무는 암나무에서
진짜 암구과가 맺히지 않는다. 그 대신
대포자엽이라 알려진 특수하게 변형된 잎이
암나무 꼭대기에 무리지어 피어나 가짜구과를
만든다. 각 대포자엽 밑면에는 완전히 노출된
밑씨가 달려 있다. 이렇게 노출된 밑씨는
소철나무의 멸종한 친족이며 조상일 수도 있는
양치종자류를 연상시키는 원시적인 특징이다.

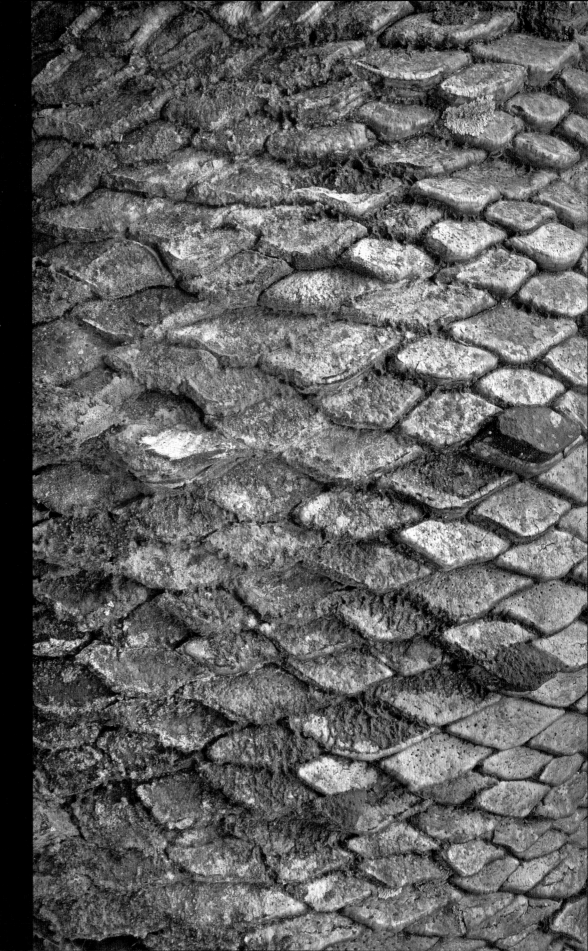

소철나무의 수령을 정확하게 계산하는 일은
쉽지 않다. 하지만 이 원시적인 모자지소철숲에서
자라는 나무들은 적어도 수령이 수백 년은 되는
것으로 추정된다. 모자지소철은 줄기 지름이
65센티미터까지 자랄 수 있지만 이 줄기에는
놀랍게도 딱딱한 목질부가 거의 없다. 나무줄기를
지탱하는 것은 두껍고 끝부분이
겹쳐진 비늘처럼 생긴 껍질이다. 이런 비늘은
오래된 잎꼭지와 바늘조각잎의 잔재다.
이 거대한 거인 사이를 거닐고 있노라면 공룡이
이러한 식물 사이를 어슬렁거리는 모습을 쉽게
상상할 수 있다. 하지만 이런 거대한 나무 형태의
소철류가 처음 등장한 것은 백악기 말기의 일이다.
그리고 엔케팔라르토스속이 처음 모습을 나타낸
것은 고작해야 수백만 년 전의 일일 것이다.

완전히 다 자란 나이 많은 소철나무의 줄기는
고대 거대한 파충류의 몸을 연상시킨다.
각 비늘은 잎 하나하나가 떨어지고 남은
잎꼭지의 흔적이다. 소철나무는 대개 1년에
한 번 한꺼번에 잎을 피워낸다. 그러므로 줄기
비늘의 고리 수를 세어 나무의 수령을
대략적으로 짐작해볼 수도 있다.
하지만 가뭄이 지속되면 잎의 성장
속도가 느려지는 한편 계절성 화재가 일어날
때는 새로운 잎이 피어나는 일이 잦아지므로
정확하게 고리 한 줄이 수령 1년을
의미한다고는 할 수 없다.
아열대의 습한 기후인 모자지숲에서는
수많은 오래된 소철나무 줄기에
기생이끼와 조류가 다닥다닥 붙어 살고 있다.

소철나무에서 구과는 식물의 가장 끝부분,
즉 끝분열조직에서 열리는 듯 보이지만
실제로 열리는 곳은 끝분열조직의 바로 아래
부분이다. 여기 나무의 끝분열조직에서는 마침
새로운 잎을 한꺼번에 피워낸 참이다. 새로
피어난 잎 옆으로 어린 암구과가 열려 있다.
구과와 잎의 기저부는 비늘조각잎이라 알려진
특수한 보호잎으로 잘 보호되고 있다.

여기 사진에서는 '빈민소철나무'라고도 알려진
엔케팔라르토스 빌로수스Encephalartos villosus의
미성숙한 암구과를 볼 수 있다.
남아프리카공화국 동부에서 흔하게 볼 수 있는
빈민소철나무는 나무줄기가 완전히 땅속에
묻혀 있다. 그러므로 이 종의 구과는 항상
지표면 바로 위에서 열린다.

모자지소철에 열린 어린 수구과의
기저부가 비늘조각잎으로 보호되고 있다.
이 나무의 수구과에서 생산되는
꽃가루의 양은 어마어마하다.

이 엔케팔라르토스 프레데리카-구일리에미Encephalartos frederici-guiliemi는 19세기 프로이센 왕인 프리드리히 빌헬름 3세의 이름을 따서 명명된 소철나무다. 프리드리히 빌헬름 3세는 식물학자들의 후원자로 유명하다. 이 나무는 식물 중심부에 다량의 비늘조각잎을 생산하는 것으로 보아 이제 막 한 뭉치의 새로운 잎을 피워내려는 참이다.

여기 알렉산드리아소철나무Encephalartos arenarius의 어린 암구과가 있다. 알렉산드리아소철나무는 남아프리카공화국 이스턴케이프 주의 모래 언덕 위에서 흔하게 찾아볼 수 있었던, 종이지만 그 매력적인 모습에 모래흙에서는 아무리 커다란 나무라도 쉽게 뽑아낼 수 있다는 점이 더해져 자연개체군이 급격하게 감소하고 말았다.

모자지소철의 암구과는 가공할 만큼 거대하며 그 무게가 40킬로그램이 넘는 경우가 허다하다. 모자지소철을 비롯하여 몇몇 소철종은 세계에서 가장 큰 구과를 맺는 식물이다. 소철나무 암구과에 있는 특유의 직사각형처럼 생긴 마름모꼴 비늘은 암구과가 성숙해지면서 밝은 노란색이나 주홍색으로 변한다. 이 화려한 색에 이끌려 개코원숭이나 코뿔새 같은 수많은 동물이 찾아온다. 이런 동물은 밑씨를 둘러싼 다육질 부분(다육외층)을 먹지만 딱딱하고 치명적인 독을 함유하곤 하는 배아 부분을 건드리지 않는다.

림포포 주 동부에 있는 모자지소철의 보호지구를
가파른 산비탈이 둘러싸고 있다. 이 산비탈에는
아직도 이처럼 경이로운 식물들이 울창하게
숲을 이루고 있다. 이따금 불이 이 숲을 휩쓸고
지나면서 나뭇잎과 줄기 대부분을
태워버리기도 한다. 다행히 소철나무줄기를
보호하는 두꺼운 비늘층은 불에도 상당히 잘
견뎌낼 수 있다. 소철나무는 불에 타버리더라도
줄기가 남아 있으면 얼마 지나지 않아
새로운 잎을 피워낼 수 있다.

인간은 보통 이런 식으로는 생각하지 않지만 인류의 농업이나
문화 관습에 편입한 생물은 진화적 관점에서 볼 때 야생에 남아 있는
경쟁 상대와 비교하여 상상할 수 없을 정도로 큰 성공을 거두게 된다.
진화적 관점에서 가장 성공한 새는 카리스마 넘치는 대머리독수리
(전 세계에 15만 개체가 살고 있는)가 아니라 하찮기 그지없는 닭이다.
이 지구상에 우리와 함께 살고 있는 닭은 무려 160억 마리에 이른다.
그러나 닭이 성공적인 번식에 대한 대가로 종종 때 이른 끔찍한
죽음을 맞는 반면 우리 인간을 마음껏 이용하면서도 아무런 대가를
지불하지 않는 생물이 있다. 우리 집 개도 그렇거니와 태고의
아름다운 은행나무도 그런 생물 중 하나다.
은행나무Ginkgo biloba는 은행나무문Ginkophyta이라 알려진 초기의
종자식물 집단에서 유일하게 남아 있는 마지막 생존자다.
은행나무문이 처음 지구상에 모습을 나타낸 것은 약 2억7000만 년
전의 페름기다. 아주 오래된 생물 혈통은 그 친족 관계를 확실하게
밝히기가 어려우며 은행나무 또한 예외는 아니다. 하지만 몇몇 근거에
따르면 은행나무가 소철나무와 아주 가까운 친족 관계라는 점은
확실하다. 은행나무 최초의 화석이 쥐라기 초기(약 2억 년 전)의
것이라는 사실에는 이론의 여지가 없으며 이로써 은행나무는 가장
오래 살아남은 종자식물의 속이 된다. 하지만 그 기나긴 역사 속에서
은행나무가 특별히 다양한 종을 자랑했던 시기는 한 번도 없었다.
전 세계를 통틀어 은행나무는 고작해야 몇 종 혹은
한 종만 존재했을 뿐이다. 은행나무는 한때 여러 대륙에 걸쳐
폭넓게 분포하다가 몇백만 년 전 서식지 대부분에서 자취를 감추었다.
화석 기록에 따르면 은행나무가 가장 마지막으로 모습을 나타낸 곳은
중국 중앙의 작은 지역이다. 그리고 2000여 년 전 불교 승려들은
아마도 이곳, 양쯔 강을 가로지르는 낮은 산맥에 남아 자라는 최후의
은행나무숲을 발견하고는 은행나무를 재배하기 시작했을 것이다.
중국에서 은행나무를 재배한 역사는 적어도 2000년이 넘는다.
그리고 현재 진정한 의미에서 자생하는 은행나무숲은 세계
어디에서도 존재하지 않는다. 1000여 년 전 중국에서 일본으로
넘어간 은행나무는 그 이후 정원사의 손에 의해
세계 방방곡곡으로 퍼져나갔다.

은행나무가 매력적인 이유는 쉽게 꼽을 수 있다. 은행나무는 아름다울 뿐만 아니라 서리나 오염에 저항력이 강하며 무수한 해충이나 병원균에도 강해 다른 식물이 전멸할 때에도 꿋꿋이 살아남을 수 있다. 이런 이유로 은행나무는 도시 환경에서 살아가기에 가장 적합한 나무이며 그 결과 수많은 도시계획가의 선택을 받아왔다.
또한 은행나무는 오래 살기로도 유명하다. 수령이 1000년에 이르는 경우도 흔하며 중국에는 수령이 3000년에 이르는 것으로 추정되는 것도 몇 그루 있다. 히로시마의 그라운드 제로에서 살아남은 것도 있다는 사실로 보아 은행나무는 핵전쟁 이후 지구 표면에 서 있을 유일한 생물이 될지도 모른다.
또한 은행나무는 그 성분에 헤아릴 수 없을 정도로 많은 의학적 효능이 있다고 한다. 은행나무에 기억력을 향상시킨다든가 치매나 알츠하이머병을 치료하는 효과가 있다는 것은 통념이 되었다. 은행나무에 의학적 효능이 있다는 주장은 매우 오랫동안 신봉되어왔지만 과학적으로는 한 번도 입증된 적이 없었다. 최근에야 실시된 몇몇 엄격한 연구에서 은행나무 추출물이 치매를 치료하거나 정신 능력을 향상시키는 데 아무런 효과가 없음이 밝혀졌다.

이런 결과가 나온 지 얼마 지나지 않아 세계에서 가장 큰 은행나무 보충제 회사에서 자금을 댄 새로운 연구에서는 (참으로 놀랍게도) 은행나무 보충제의 효과를 보증했다. 결국 은행나무 성분이 우리 두뇌 향상에 미치는 효능은 있다고 해봐야 아주 미미할 뿐인 것으로 나타난다. 하지만 과학적으로 입증된 바에 따르면 은행나무 성분은 순환 불량을 치료하고 세포 손상을 막는 데 효능을 보이며 신경보호제로서도 활용될 수 있다.
또한 은행나무 성분이 이명(귀울음)이나 백피증(백색의 반점이 생기는 피부병) 치료에 도움이 된다는 근거도 있다.
인간이 그 약효가 있다고들 하는 잎을 채집해야 하는 덕분에 그리고 그 아름다운 외모 덕분에 은행나무는 모든 대륙에서 자신의 옛 서식지를 전부 되찾을 수 있게 되었다. 그리고 지금 은행나무는 자신의 역사를 통틀어 가장 많은 개체수를 자랑하며 자라고 있다. 은행나무가 이 모든 것을 이루어낼 수 있었던 것은 인간을 자신의 도구이자 유통업자로 활용했기 때문이다. 고백하자면 얼마 전 나도 이상하게 은행나무를 키우고 싶은 마음이 들어서 지난 주 우리 집 앞에 은행나무 한 그루를 심었다.

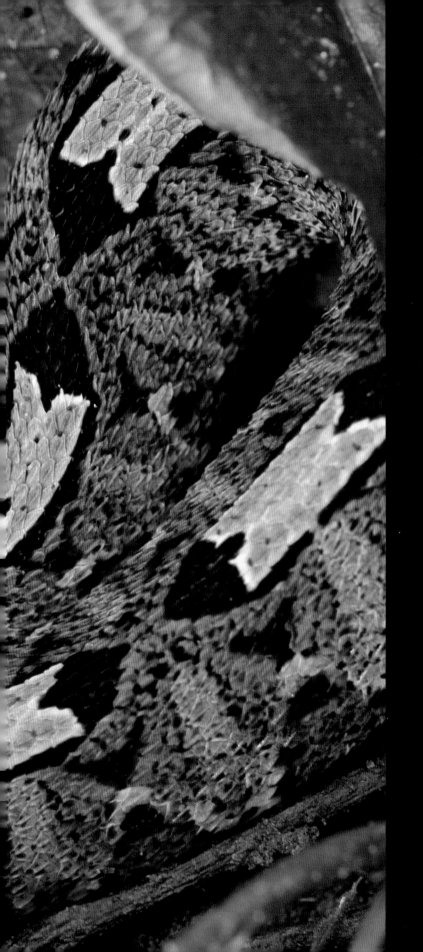

제6장
아트와

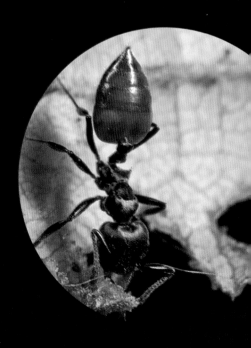

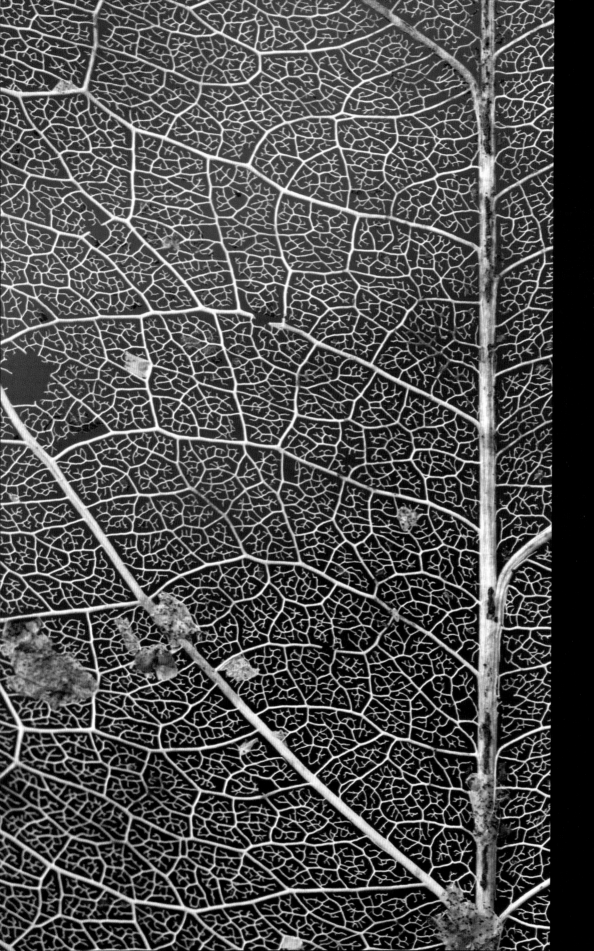

아트와숲의 바닥에 쌓여 있는
낙엽의 잔해는 언제고 사라질 수밖에
없는 생명의 무상함을 일깨워주는
한편 이 생태계가 활기차게 살아
움직이고 있다는 사실을 보여주는
증거이기도 하다. 이 열대우림에서는
아무것도 낭비되지 않는다.
죽은 식물의 몸 안에 갇혀 있던
연조직과 영양소는 순식간에 세균과
곰팡이에 의해 분해되어 신속하게
재활용된다. 좀더 단단하고 분해하기
쉽지 않은 잎의 목질부 또한 지칠 줄
모르는 흰개미의 공격으로 종국에는
사라지고 말 것이다. 흰개미가 단단한
목질부를 분해할 수 있는 것은
흰개미와 공생하는 원생동물 덕분이다

오래된 생명이 사라지면 새로운 생명이
싹을 틔우는 것이 세상의 이치다.
수많은 열대나무가 틔워내는 어린잎에
는 엽록소가 거의 들어 있지 않아
아름다운 핑크빛과 보랏빛을 띤다.
이 어린잎이 가장 먼저 해야 할 일은
가능한 한 빨리 성장하는 것이다.
바라는 크기만큼 자란 다음에야
나뭇잎은 엽록체를 만들어내 광합성을
하기 시작할 것이다. 물론 잎이 녹색이
아니라고 해서 진딧물이 영양가
많은 수액을 그냥 지나칠 리 없다.
여기에 자신의 진딧물 "떼"를
돌보는 개미가 보인다.

약20억 년 전 지구는 지금과는 전혀 다른 곳이었다. 아직 육지 표면에는 생명이 거의 살고 있지 않았다. 오직 남조류와 점균류만이 강렬한 자외선의 폭격이 쏟아지는 지표면의 습기 찬 구석과 바위 틈새에 숨어 생명을 이어가고 있을 뿐이었다. 대기의 산소 농도는 지금의 4분의 1에 불과했으며 자외선을 막아주는 오존층은 아예 존재하지 않았다. 아직 비교적 어린 지구는 여러 대륙을 가지고 놀면서 이런저런 배치를 시험해보는 듯했다. 대륙괴라 알려진 거대한 지표 조각들은 융합과 분리를 되풀이하면서 낯선 이름의 초대륙들을 형성했다. 콜롬비아에서는 니나가 탄생했고 니나는 로디니아의 일부가 되었다. 로디니아에서는 앞으로 로라시아와 곤드와나가 될 대륙이 탄생했고 계속해서 대륙은 변화를 반복해나갔다. 화산은 지구 맨틀에서 마그마를 토해냈다. 원생대[선캄브리아기의 후반기, 25억 년 전에서 5억7000년 사이의 지질 시대]라고 알려진 이 시기에 현재 인간의 역사와 경제를 좌지우지하는 수많은 광물이 생성되었다. 그중에는 깁사이트와 베마이트, 다이어스포어가 있었다. 알루미늄 원소를 함유하고 있다는 공통점을 지닌 이 세 광물은 세월의 세례를 받으면서 암석층을 형성했고 다시 오랜 세월이 흐른 뒤 이 암석층은 새로운 암석층과 토양층 아래로 사라져갔다. 소위 말하는 선캄브리아 순상지에서도 알루미늄을 함유한 암석들이 풍부하게 매장된 지역은 지구 남반구의 초대륙 곤드와나를 가로질러 펼쳐져 있었다. 그리고 누대에 걸친 풍화와 침출 작용으로 지층에서 물에 잘 녹는 성분들이 융해되어 빠져나갔고 그 결과 알루미늄이나 철이 풍부한 광물처럼 무거운 광물들이 정제되어 지표면 가까이 드러나게 되었다. 어떤 지역에서는 비와 바람이 다른 것을 모두 가져간 나머지 보크사이트와 철광석 덩어리만 남기도 했다. 그 이전의 초대륙이 그러했듯 곤드와나 또한 분리되기 시작했고 백악기 초반 지표면에 균열이 나타나기 시작했다. 오늘날 우리가 남아메리카라고 부르는 거대한 대륙이 자신의 몫인 알루미늄 암석층을 챙겨 떠나간 뒤에는 아프리카 대륙이 남겨졌다.

그 뒤 1억3600만 년이 지나 차에서 뛰어내린 내가 서아프리카뿔살무사와 떡하니 마주쳤다. 우리는 둘 다 그대로 굳어졌다. 내가 이 매혹적인 짐승을 어떻게 하면 잡을 수 있을까 미친 듯이 머리를 굴리는 동안 살무사는 혀를 날름거리면서 이 눈앞의 인간에게 자신의 용혈독을 잽싸게 한 방 주사해줄 만한 가치가 있는지를 고민하는 듯 보였다. 운이 나쁘게도 살무사는 나를 내버려두고 근처 수풀로 가던 길을 재촉하기로 결심했다. 나는 순간 꼬리를 낚아채 살무사를 잡고는 재빨리 주머니 안으로 던져넣었다. "비티스 나시코르니스Bitis nasicornis라. 시작이 좋은데." 코트디부아르 파충류학자인 퀴오암Kuoame이 말했다. 퀴오암은 나처럼 아트와를 조사하기 위해 파견된 국제적인 생물학자 조사진의 일원이었다. 아트와는 서아프리카에서 가장 눈여겨볼 만한 생태계 중 하나로 한때 아프리카 대륙을 주름잡았던 원시 아프리카 숲이 남아 있는 유물서식지다. 가나의 수도 아크라에서 북쪽으로 80킬로미터밖에 떨어지지 않은, 전체 면적이 240제

간 식물학자가 아니면 감히 지나갈 생각조차 못할 정도로 두터운 장막을 드리운 곳도 있었다. 온갖 곳에 버섯이 고개를 내밀고 자라고 있었다. 첫날밤이 깊어지면서 숲바닥에 썩어가는 나무 조각마다 피어난 야광버섯들이 푸르스름한 빛을 발하자 숲바닥은 마치 머리 위 별이 총총한 하늘을 비추는 거울 같았다. 버스 몸채만큼이나 두꺼운 줄기의 나무들은 거인의 손가락처럼 생긴 거대한 버팀줄기를 뻗고 있었다. 머리 위를 가로지르는 나뭇가지는 그 위에 잔뜩 올라탄 기생 양치식물과 이끼들을 힘겨운 듯 지탱하고 있었다. 숲지붕 위로 내리쬐는 햇살을 받기 위한 발판으로 나뭇가지를 무단으로 이용하는 손님들이었다. 때로 숲 어디선가는 이 반갑지 않은 손님들에 싫증난 나무가 무리하게 기생식물을 태운 가지를 떨궈내는 소리가 들려왔다. 하지만 아트와숲이 특별한 이유를 진정으로 이해하려면 우리는 다시 한번 시간을 되돌려야 한다.

지난 2000만 년 동안 지구는 수십 번의 빙하기를 겪어왔다. 200만 년 전부터 특히 극심한 빙하기가 찾아왔고 약 4만1000년을 주기로 빙하기와 간빙기가 교차했다. 나중에는 빙하기가 교차하는 주기가 10만 년으로 길어졌고 가장 최근의 빙하기가 절정에 이른 것은 1만 8000년 전의 일이다. 이런 빙하기는 지구 각 지역에 완전히 다른 영향을 미쳤다. 지구가 차갑게 얼어붙으면서 극빙이 점점 세력을 넓혀감에 따라 지구의 순환계에서 어마어마한 양의 물이 빠져나갔다. 극지 근처의 지역에서는 빙하기란 꽁꽁 얼어붙는 날씨에 육지 대부분이 얼

곱킬로미터가 채 되지 않는 작은 보호구역인 아트와숲을 처음 보았을 때 나는 그 아름다움에 숨이 멎을 뻔했다. 이 울창하게 우거진 숲은 내가 전에 봤던 그 무엇과도 비교할 수 없었다. 융단처럼 펼쳐진 수백 종의 식물이 다듬어지지 않은 생동하는 아름다움을 뿜어내고 있었고 숲의 대기는 꽃향기와 젖은 나뭇잎 냄새, 숲바닥에서 썩어가는 나무줄기의 향취가 뒤섞여 강렬한 향기를 내뿜고 있었다. 가시 돋친 덩굴식물이 원숭이나 정신 나

음으로 덮어버리는 시기를 뜻했다. 반면 극지에서 멀리 떨어진 열대지역에서 빙하기란 대기 중에 수분이 사라지는 시기였다. 곤드와나가 분리된 대륙 조각인 아프리카는 다습한 기후였고 그 결과 거대한 열대우림이 현재 이집트가 있는 북부까지 끊이지 않고 펼쳐져 있었다. 그러나 빙하기가 반복되는 동안 아프리카의 지표면을 적셔주는 물의 양은 점점 줄어들었다. 아프리카 대부분 지역에서 열대우림이 자취를 감추었고 한때 열대우림이 들어섰던 자리는 대초원 식물처럼 습도가 그리 높지 않아도 살아갈 수 있는 다른 종류의 초목이 차지했다. 그러나 열대우림의 작은 조각들은 가장 건조한 시기에도 사라지지 않고 이곳저곳에 조금씩 남아 있었다. 이내 극빙이 다시 녹아내리고 아프리카 대기와 생태계에 습기가 돌아왔을 때 이 작은 생물다양성의 방주에 의탁해 살아남은 열대우림은 다시 한번 세력을 넓혀나갈 수 있었다. 이런 생물학적 피난처는 대개 고도가 높은 고원지대, 건조함의 바다 위에 동그마하게 뜬 습기의 섬에 위치했다. 일부 과학자들은 홍적세 레퓨지아라고도 하는 이런 피난처 때문에 이소적 종분화allopatric speciation[지리적 격리를 계기로 일어나는 종분화]가 촉진되었다고 추측한다. 종의 개체군이 서로 격리되어 있었던 빙하기 동안 새로운 종들이 등장했다는 것이다. 남아메리카에서는 이소적 종분화 현상을 뒷받침하는 근거가 뚜렷하게 나타나지만 아프리카에서는 홍적세 레퓨지아 가설을 뒷받침하는 근거가 그만큼 뚜렷하게 나타나지 않는다. 하지만 열대우림이 피난해야 했던 시기에 새로운 종이 진화했는지의 여부

숲카멜레온Chamaeleo gracilis

와는 관계없이 이런 피난처 덕분에 우리 지구 위에서 생물다양성이 가장 풍부한 생태계가 살아남을 수 있었다는 사실만큼은 분명하다.

이미 알아차렸겠지만 아트와숲은 바로 이런 생물다양성의 성소다. 고원지대에서도 가장 높은 곳에 위치한 아트와숲은 해발 800미터에 이르는 지역도 있다. 이 높은 고도 덕분에 아트와숲은 아프리카 대륙이 바짝 말라버렸던 시기에도 주위의 저지대보다 기온이 조금 낮은

한편 높은 습도를 유지할 수 있었다. 여러 근거에 따르면 아트와숲은 적어도 1500만여 년 전 극빙이 확장된 결과 지구 해안선이 크게 뒤로 물러나면서 서아프리카에 있던 열대우림이 대부분 자취를 감추었던 중신세 당시의 모습을 거의 그대로 간직하고 있다. 하지만 아트와숲이 진정한 유물인 까닭은 비단 이것만이 아니다. 아트와숲은 지구상에 얼마 남지 않은 "고지대상록숲Upland Evergreen Forest"의 하나다. 고지대상록숲은 높은 고도와 습도에 적응한 생물로 이루어진 아주 독특한 생물 공동체다. 아트와숲과 비슷한 고지대상록숲은 아프리카 대륙 맞은편 동쪽 끝단에서도 발견된다. 이 생태계가 아주 오래전에는 하나로 이어져 있었다는 증거다. 아트와숲에는 나무고사리Cyathea manniana처럼 서아프리카의 다른 지역에서는 발견되지 않지만 아프리카 대륙 반대편인 동부의 탄자니아에서 발견되는 종들이 서식하고 있다.

지난 세기가 시작될 무렵만 해도 가나의 서부 지역에는 거대한 원시림이 끊임없이 펼쳐져 있었다. 그 이후 이 원시림의 80퍼센트 이상이 벌채되거나 불태워지거나 또다른 방식으로 파괴되었다. 마치 빙하기에 일어났던 현상을 재현하는 듯한 인간의 행동으로 인해 아트와숲은 다시 한번 마지막으로 남은 방주가 되어 다른 곳에서는 모두 사라져버린 생물다양성을 보존하는 피난처 역할을 하게 되었다. 놀라울 정도로 다양한 생명을 품고 있는 아트와숲은 최근까지만 해도 비교적 안전한 편이었다. 생물학자들은 일찍이 아트와숲이 아프리카 대륙에서도 매우 특별하다는 사실을 깨닫고 있었다. 가나가 아

직 영국의 식민지였던 1926년 아트와숲은 보호림으로 선정되었고 그 덕분에 톱과 도끼와 불의 공격을 받아 이미 오래전에 사라져버린 주위 숲들과 같은 운명을 피할 수 있었다. 그 이후로 보호지구로서 아트와숲의 지위는 꾸준히 진화해왔다. 특수생물학적보호지구Special Biological Protection Area가 되었다가 세계중요생물다양성지구Globally Significant Biodiversity Area이자 중요조류서식지Important Bird Area가 되었다. 모두 그럴듯하게 들리는 이름이지만 유감스럽게도 이런 이름에는 실제로 행사할 수 있는 법적 권한이라고는 하나도 없었다. 그리고 그동안 아트와숲에는 고대 지질학 역사가 던지는 어두운 그림자가 드리워져 있었다. 아트와숲이 그 위에서 수백만 년 동안 버텨왔던 고원지대의 대부분이 알루미늄이 풍부한 보크사이트로 이루어져 있기 때문이다. 지난 몇십 년 동안 전 세계의 채굴회사들은 이 값비싼 광석에 눈독을 들여왔다. 그들은 앞다퉈 아트와숲에서 탐사 작업을 벌였고 알루미늄 매장량이 그 위를 덮고 있어 채광에 방해되는 녹색 식물을 모두 제거할 만큼 가치가 있다는 사실이 밝혀진다면 일이 어떻게 돌아가게 될 것인지를 궁금해했다.

생물학자로 구성된 우리 조사진이 아트와숲에 도착했을 당시에도 보크사이트 탐사가 한창 진행 중이었다. 우리 조사진을 아트와숲으로 초대한 채굴회사의 목적은 보호지구 안에 살고 있는 모든 동식물의 목록을 작성하는 것이었다. 채굴회사는 수십 년 동안 이 지역을 개발하여 여기에 매장된 보크사이트를 전부 캐내고 난 다음 채굴 작업을 마무리하면 숲이 원상 복귀될 수 있

북아메리카 대륙의 청개구리와 놀라울 정도로 닮았지만 실제로는 전혀 관계가 없는 남아프리카긴발가락개구리Leptopelis occidentalis가
커다란 발가락 빨판으로 나뭇잎에 매달려 있다. 이 개구리의 우둘투둘한 피부는 개구리가 호흡하는 데 폐만큼이나 중요한 역할을 한다.
그러므로 이 개구리는 습도가 높은 환경에서만 살아갈 수 있다.

을 거라 생각하고 있었다. 도대체 어디에서 그리고 어떻게 생물다양성이 돌아올 수 있다는 것인지 우리는 도무지 이해할 수 없었다. 그러나 비영리기관인 세계보존협회Conservation International의 신속평가기관에서 자리를 마련한 이번 조사는 아트와 생태계에 대해 더 많은 것을 배울 수 있는 다시없을 기회였다. 그리고 우리는 수집한 정보를 이용하여 보호지구 안에서 산업 개발을 중지하도록 가나 정부를 설득할 수 있을지도 몰랐다.

보크사이트 채굴이 시작되면 이 고지대 숲이 간직한 고유한 생명들이 모두 빠르게 사라져버릴 것은 불 보듯 뻔하다. 한편 아트와숲은 이미 그 생물학적 자원을 상당량 도둑맞고 있었다. 두꺼운 줄기에 이리저리 뒤틀

박쥐는 생태계의 건강을 알려주는 훌륭한 지표다. 아트와숲에는 박쥐가 풍부하게 서식하고 있다. 우리가 이곳에서 발견한 박쥐 중 가장 큰 박쥐는 이 깃과일박쥐Myonycteris torquata다.

린 덩굴식물 사이를 걷고 있노라면 숲바닥 사방에 사냥꾼이 흘리고 간 탄약통이 어지럽게 굴러다니는 모습이 계속해서 눈에 밟혔다. 아트와숲의 가장 후미진 곳에서조차 눈에 잘 띄지 않는 사냥길이 이리저리 뻗어 있었다.

다이커영양을 잡으려고 쳐둔 덫에 하마터면 발을 들여놓을 뻔한 적도 여러 번이었다. 다이커영양은 숲에 사는 작은 영양으로 그 고기가 맛있다는 이유로 귀한 대접을 받는다. 우리는 여기에 오기 전부터 아트와숲에 고기를 얻기 위한 불법적인 야생동물 사냥이 횡행하고 있다는 사실을 알고 있었다. 실제로 우리는 숲에 야영지를 꾸리기 전 인근 마을 몇 곳의 지도자를 찾아가 우리가 조사를 행하는 동안 사냥을 중단해달라고 부탁했을 정도였다. 야간에 맛있는 사냥감으로 오해받아 사냥꾼의 총에 맞고 싶지 않다는 아주 단순한 이유에서였다. 하지만 그렇게 부탁했음에도 내가 매일 밤 여치의 구애 노래를 녹음하기 위해 마이크를 들고 소리 죽여 여치를 쫓고 있노라면 저 멀리서 총 소리가 들려왔다. 아트와숲에서 인근 마을로 향하는 도로변 야생동물 고기 가판대에서는 멸종 위기에 처한 가장 진귀한 동물을 음식으로 팔고 있다. 나는 평생 동안 천산갑을 두 눈으로 직접 보고 사진 찍을 수 있는 날이 오기를 꿈꾸어왔다. 천산갑은 몸 전체가 파충류 같은 딱딱한 비늘로 덮여 있는, 개미나 흰개미를 먹고 사는 신비로운 포유동물이다. 이 매혹적인 동물은 사람의 눈에 좀처럼 띄지 않기 때문에 아프리카에서 천산갑의 사진이 찍히는 일은 굉장히 드물었다. 그러나 정작 아프리카 도로 한켠에서 천산갑이 꼬리부터 매달린 채 탈수 상태에 빠져 기진맥진해 죽어가고 있는 모습을 보았을 때 나는 마음이 무척 아파 카메라를 들어올릴 수조차 없었다. 내 친구는 밀렵꾼에게 그 천산갑을 샀지만 숲에 놓아줄 기회가 오기 전에 그 가엾은 동

물은 죽어버리고 말았다.

아트와 고원 전체를 위험에 빠뜨리는 것은 선사시대에 형성된 보크사이트층만이 아니다. 아트와숲에 서식하는 나무의 오래된 수령 또한 아트와숲에 내린 저주라 할 수 있다. 이곳에서는 키가 크고 줄기가 두꺼우며 수령이 오래된 나무일수록 불법적인 벌목꾼의 목표물이 되기 쉽다. 숲지붕 위에 한층 더 높이 솟은 거대목들은 지난 20년간 벌목꾼의 손에 베여 모습을 감추었다. 거대목이 사라지면서 거대목에서만 둥지를 트는 회색앵무와 같은 동물 또한 자취를 감추었다. 종래에는 불법 벌목이 횡행한 나머지 가나 정부가 무언가 조치를 취하지 않으면 보호지구 안에 아무것도 남아나지 않을 지경에 이르렀다. 2001년 가나 정부는 이 유물숲이 벌목꾼의 손에서 완전히 망가져버리는 것을 막기 위해 아트와숲에 군대를 파견했다. 그 뒤 불법 벌목은 다소 진정되는 듯싶었지만 결코 완전히 사라지지는 않았다. 우리가 아트와숲을 조사하는 동안에도 매일같이 어딘가에서는 전기톱이 돌아가고 나무 쓰러지는 소리가 들려왔다.

하지만 이 원시숲의 운명에 대해 조심스럽게 낙관해볼 수 있는 이유가 몇 가지 있다. 수백만 년 동안 끊임없는 진화를 통해 성취한 믿을 수 없을 만큼 풍부한 생물다양성을 무기로 숲은 아직까지는 비교적 미미한 인간 활동에 상당히 잘 저항하고 있다. 우리의 조사가 완료되고 얼마 지나지 않아 채굴회사는 가나 정부와 옥신각신한 끝에 아트와숲의 보크사이트 채굴 계획을 포기해야 했다. 채굴회사는 아트와숲을 이리저리 가로지르는 도로망만 남겨두고 떠났다. 나는 불법 벌목꾼이 그 도로망을 이용해 더 많은 재목을 훔쳐내면 어쩌나 걱정하는 마음이 들었지만 보크사이트 탐사 작업이 중단된 지 1년여 뒤 아트와숲으로 돌아와 숲이 회복하는 속도를 보고는 깜짝 놀랐다. 불과 1년 전 거대한 트럭과 무거운 시추기계를 실어 나르던 도로는 어린 나무들과 마란타과 식물 Marantaceae의 두꺼운 줄기로 뒤덮여 알아보기 어려울 정도였다. 우리가 조사하는 기간에는 도로 근처에는 얼씬도 하지 않았던 코뿔새와 앵무새가 고요해진 숲가를 날고 있었다. 나는 텐트 앞에 앉아 숲이 상처를 보듬고 있는 모습을 보게 된 행복감을 만끽했다.

아트와숲을 보존하는 일이 얼마나 중요한지는 말로 표현할 수 없을 정도다. 앞으로 5만여 년이 지난 뒤, 아마도 인간 문명이 사라지고도 오랜 시간이 흐른 다음 지구에 또 한 번의 빙하기가 찾아오면 서아프리카 대부분의 지역은 바짝 말라 반사막화될 것이다(물론 그 훨씬 전에 인간이 먼저 아프리카를 사막화시킬 가능성이 높기는 하다). 아트와숲 같은 장소는 지구의 생물다양성을 보존하는 방주 역할을 해왔다. 그리고 아트와숲은 다시 한번 숲에 사는 야생동물과 식물을 위해 방주 역할을 해줄 수 있어야 한다. 그러기 위해서는 우리 인간은 우리 자신만의 행복을 생각하지 않고 지구 전체와 다른 생물들의 행복에 대해서도 관심을 기울여야 한다. 물론 그러기는 쉽지 않다. 다른 모든 생물과 마찬가지로 인간 또한 언제나 자기 자신의 생존을 우선으로 생각하기 마련이며 이는 지극히 자연스럽고 당연한 행동이다. 전 세계적으로 식량 위기가 닥치고 경제가 붕괴하는 시기에 우리가 열대 지방의 식물이나 무척추동물에게 닥친, 나와 전혀 상관없는(혹은 그렇게 생각하는) 문제에까지 관심을 쏟기 어려운 것은 어쩌면 당연한 일이다. 정부와 기관에서는 바로 눈앞의 목표를 이루기 위해서만 자원을 투자하며 이곳저곳에서 점점 더 자주 불거져 나오는 발등의 불을 끄는 데만 급급하다. 그리고 굶주림과 빈곤에 등을 떠밀려 또 하루를 살아가기 위해 보호지구에 들어와 멸종 위기에 처한 동물을 사냥하는 사람들을 비난할 수는 없는 노릇이다. 짐바브웨는 이런 곤경에 처한 나라 중 하나다. 한때 아프리카 경제와 환경보호를 이끄는 빛나는 등대였던 짐바브웨에서는 탐욕스러운 데다 비이성적인 독재자 때문에 굶주림에 내몰린 필사적인 사람들이 살아가기 위해 어쩔 수 없이 국립공원과 야생동물을 약탈하며 파괴하고 있다.

우리가 역사에서 무언가 배운 것이 있다면 그것은 우리 생명이 우리가 매일 쓰는 생물 자원의 임계 질량을 보존하는 데 달려 있다는 교훈일 터이다. 마야 제국

영양분이 많지 않은 얕은 열대지방의 토양에서 비길 데 없이 다양한 식물이 자랄 수 있는 것은 분해자와 재활용업자 덕분이다. 헤아릴 수 없이 많은 세균과 곰팡이와 무척추동물이 나무 한 조각, 나뭇잎 한 장도 낭비되거나 이미 필요 없어진 영양분을 가두고 있지 않도록 부지런히 움직인다. 그중에서도 지렁이는 특히 효율적인 재활용업자이자 토양 생산자다. 아트와숲에서는 비가 내리고 난 다음이면 거의 뱀처럼 거대한 지렁이(아칸토드릴리다잇과Acanthodrilidae)들이 숲바닥을 샅샅이 헤치고 다니는 광경을 볼 수 있다.

의 붕괴, 한때 융성했던 이스터 섬 문명의 멸망, 좀더 최근에 있었던 르완다와 수단의 끔찍한 분쟁은 전부 인간이 쓸 수 있는 자연자원을 잘못 관리하여 동내버렸다는 데에 그 뿌리를 두고 있다. 우리 인간은 자신이 여느 동물과는 다르며 특별하다고 생각하기를 좋아하지만 인간 또한 지구 생물권 안에서 생겨나고 살아가는 생물의 일부일 뿐이다. 근본적으로 우리에게 좀더 필요한 것은 석

탄이나 천연가스, 보크사이트 광물 같은 무생물자원이 아니라 이 지구에서 숨 쉬고 살아가는 생물자원이다. 우리는 자동차나 맥주캔 없이도 살 수 있지만 식량과 산소 없이는 살아갈 수 없다. 온 나라가 힘을 모아 온실가스 배출과 식수원 감소 문제를 해결하기 위해 노력하는 동안에도 세계 방방곡곡에서는 수천 종의 생물이 소리 없이 멸종하고 있다. 유명한 하버드대 생물학자인 에드워

에 비교가 되지 않을 만큼 많은 사람이 덕을 보며 살아가는 숲이기도 하다. 아트와숲은 기후 완충 지대, 이산화탄소 흡수계, 공기 정화 숲, 식수 공급원으로서 인간에게 생태 서비스를 제공하고 있다. 보크사이트 채굴 때문이 아니라고 해도 보호지구의 생물자원이 파괴된다면 엄청난 피해가 일어날 것이다. 아트와숲을 집으로 삼아 살고 있는 생물이 죽어나가거나 빙하기를 위한 피난처라는 아트와숲의 역할이 끝나버리게 된다는 사실을 제쳐두고도 아트와숲은 이 고원지대를 말 그대로 하나로 붙잡아두는 역할을 하고 있다. 이미 충분히 증명된 바에 따르면 보호지구의 나무를 일부 제거하기만 해도 보호지구 근처 마을에서는 걷잡을 수 없는 침식이 일어날 것이다. 게다가 수많은 보크사이트 광물 덩어리는 그 주위에서 자라는 나무뿌리에 의해 지탱되고 있다. 아트와숲이 없어지면 고원지대 침식이 가속화될 가능성이 높으며 그 결과 아트와숲에 있는 세 주요 하천계의 수원에 영향을 미칠 가능성이 높다. 이 세 하천계는 현재 수도인 아크라를 비롯하여 주변 지역 전체에 물을 공급하고 있다. 또한 숲의 완충 효과가 없다면 이 주변 지역의 기후가 한층 더 예측하기 어려워지면서 혹독해질 가능성이 있다. 한편 숲에 사는 수분충과 생물방제충이 사라진다면 농업에도 악영향을 미칠 것이다. 유감스럽게도 숲보호지구라는 아트와숲의 지위로는 숲을 생물학적 자원의 개발이라는 위험성으로부터 보호하지 못한다(결국 아트와숲은 전략적인 재목의 저장고로도 여겨지고 있기 때문이다). 그런데도 아직까지 아트와숲을 법으로 보호하는 정식

드 윌슨Edward O. Wilson은 최근 우리 인류가 마주한 문제를 단순한 법칙으로 정리했다. "우리가 살아 있는 환경, 우리가 버려둔 생물다양성을 구할 수만 있다면 자연스럽게 물리적 환경 또한 구할 수 있다. 하지만 물리적 환경만을 구하려 한다면 우리는 결국 둘 다 잃게 될 것이다." 아트와숲은 윌슨의 법칙을 가장 잘 보여주는 사례다. 아트와숲은 서아프리카 초원에서 이미 모습을 감춰버린 수많은 종이 살아갈 수 있는 서식지다. 그러나 한편으로는 보호지구 안에서 살고 있는 생물을 다 합친 것

국립공원으로 지정하는 데 관심을 보이는 사람은 거의 없는 실정이다. 그러니 이기적으로 생각하자. 여치나 난초나 다이커영양에 대해서는 전부 잊어버리자. 다만 아트와숲 근처에서 살고 있는 사람들, 그 사람들의 자녀와 자손을 위해 아트와숲을 구해내자. 하지만 인간이 모두 사라지고 난 다음에도 우리가 구해낸 아트와숲은 계속 존재할 것이다. 그리고 아트와 고원 꼭대기에 올라탄 초록빛 숲속, 거대한 나무 둥치에서 천산갑이 후르륵거리며 혀로 흰개미를 먹는 소리가 울려 퍼진다면 그것은 모두 우리의 노력 덕분일 것이다.

P.S. 이 글을 쓴 바로 그날 나는 아트와숲을 방문하고 돌아온 친구에게 이메일 한 통을 받았다. 듣자 하니 주변 마을에서 모여든 주민 수백 명으로 구성된 "벌목 마피아"가 아트와숲으로 들어와 나무를 베어내고 훔쳐내는 모양이었다. 친구는 거대한 나무가 널빤지로 둔갑해버린 모습을 찍은 사진 몇 장을 보내주었다.

아트와숲 보호지구의 생존이 다시 한번 심상치 않은 위험에 처해 있다. 2009년 후반 또다른 보크사이트 채굴회사가 탐사를 위해 보호지구를 어슬렁거리기 시작했기 때문이다. 엎친 데 덮친 격으로 아트와숲 보호지구를 정식 국립공원으로 지정하려는 노력을 처음으로 시작한 세계보존협회는 이 계획에서 손을 떼고 가나에서 철수한다는 결정을 내렸다. 내가 알고 있는 한 현재 아트와숲을 보호하기 위해 노력하는 어떤 조직도 존재하지 않는다.

아트와의 고지대상록숲Upland Evergreen Forest은 같은 나라 안 근방의 다른 숲, 혹은 예전에 한때 숲이었던 곳의 잔재와는 사뭇 다르다. 아트와숲에는 매년 1200~1600밀리미터의 비가 내린다. 이는 숲지붕까지 습기 찬 안개가 있는 환경에서 잘 자라는 기생식물들이 마음껏 활개를 치며 자라나기에 충분한 양이다. 아트와숲의 식물 구성은 상당히 독특해서, 엄격히 말해 아트와숲의 고유종은 존재하지 않지만 가나의 다른 어느 곳에서도 발견되지 않는 식물종이 50종 넘게 서식하고 있다. 이렇게 아트와숲에서 무성하게 자라는 수많은 기생식물종은 오직 아프리카 대륙 반대편에 위치한 열대지방의 산간지대에서만 발견된다. 이 생태계가 아주 오래전에는 하나로 연결되어 있었다는 사실을 보여주는 증거다. 아트와숲의 식물상으로는 765종의 관다발 식물이 알려져 있지만 실제로 이 숲의 전체 식물군이 제대로 조사된 적은 한 번도 없다. 매우 풍부할 것으로 추정되는 난초를 비롯하여 아트와숲의 기생식물상은 특히 더욱 알려져 있지 않다. 이 숲의 기생식물에 대한 정보는 숲지붕에서 우연히 바닥으로 떨어진 식물에만 기반을 두고 있다.

주변 지역보다 500미터쯤 높이 솟아
있는 아트와 고원은 저지대 지역보다
건기가 짧고 비가 더 많이 내린다.
평균 기온도 4~5도 낮다.
아트와숲의 다습한 기후에는 이곳에
가나의 세 주요 하천계의 수원이 있다는
사실도 영향을 미친다. 이 세 강은 수도
아크라와 주변 지역에 물을 공급하는
주요 상수원이다. 아트와 고원
대부분을 형성하는 보크사이트
암석층이 물이 빠지지 못하게 잡고 있는
덕분에 아트와숲에는 고지대 늪이
생겨날 수 있다. 고지대 늪이라는
진귀한 생태계는 가나 어디에서도
찾아볼 수 없는 수많은 개구리종을
비롯하여 여러 수중생물이 살아가기에
완벽한 환경이다.

나는 예쁜 색을 뽐내는 이 자나방Geometridae의 애벌레를 전에
한 번도 본 적이 없지만 첫눈에 이 애벌레가 독을 품고 있을
것이 틀림없다고 생각했다. 동물이 이렇게 화려한 색을 자랑하기
위해서는 자신이 먹기에 적합하지 않다는 사실을 절대적으로
확신하고 있어야 하기 때문이다. 나중에 나는 이 애벌레가
나무껍질에 자라는 이끼를 긁어 먹고 산다는 사실을 알게 되었다.
이끼 중에는 매우 유독한 이끼가 있으므로 아마도 이 애벌레는
이끼에 함유된 독성 있는 화합물 중 일부를 자신의 방어
수단으로 사용하기 위해 챙겨두는지도 모른다.

선녀벌렛과Flatidae의 암컷은 다 자랄 때까지 자식들을 돌본다.
이 흥미로운 동물의 양육 행동에 대해서는 알려진 바가
거의 없다. 일부 선녀벌렛과 곤충은 기질진동을 발생시켜
포식자의 접근을 막는 한편 아마도 개미를 유혹하는 것으로
알려져 있다. 개미는 선녀벌레가 생산하는 단물을 얻기 위해
선녀벌레를 보호해준다. 선녀벌레의 약충은 길고 부드럽고 연약한
"꼬리"를 지니고 있으며 포식자가 공격하거나
사진작가가 다가오면 일제히 꼬리를 들어올린다.
약충 무리가 일제히 꼬리를 들어올린 모습은 포식자가 감히
공격할 엄두를 내지 못하는 몸집이 크고 털이 난 애벌레와
비슷해 보인다. 이와 비슷한 방어 전략은 여치나 노린재 같은
곤충에서도 나타난다. 이런 곤충의 새끼들은 함께 무리를
이루어 덩치가 크고 위험할 수 있는 동물을 흉내낸다.

어느 날 빽빽하게 늘어진 덩굴식물 틈새를 비집고 지나는 순간
별안간 오른팔에 눈앞이 깜깜해지는 통증이 느껴졌다.
공황 상태에 빠지기 직전 나는 불안한 마음으로 나를 문 것이
분명한 독사를 찾아 두리번거렸다. 그러나 내가 발견한 것은 작고
귀여우며 순진해 보이는 애벌레였다. 애벌레가 앉아 있던 자리를
내가 뜻하지 않게 건드리자 애벌레가 내 피부를 스치면서 떨어진
것이다. 이제껏 수많은 것에게 쏘이고 물려본 사람으로서
말하지만 이 쐐기나방과Limacodidae의 애벌레는 가장 기억에
남는 경험을 선사해주었다. 쐐기나방의 애벌레는 그 방어
전략으로 잘 알려져 있다. 수많은 쐐기나방종 애벌레의 몸에는
쐐기풀처럼 날카롭게 쏘는 털이 나 있다. 포식자가 건드릴 경우
이 털은 쉽사리 떨어져 나와 잠재적 포식자의 피부를 뚫고
들어가 날카로운 통증을 일으키며 종창과 염증까지 일으킬 때도
많다. 쐐기벌레 애벌레의 털에 함유된 화합물은 히스타민 등
여러 신경전달물질의 작용을 통해 공격자 피부에 있는
통각수용기, 즉 고통을 인식하는 신경세포를 활성화시킨다.
이렇게 훌륭한 보호를 받는 쐐기벌레 애벌레는 자신의 아주
효율적인 방어 전략을 아름다운 천연색으로 한껏 뽐낸다.
어떤 용감한 척추동물 포식자도 이 화려한 애벌레 사탕을
감히 입에 넣으려 하지 않을 것이다.

그렇다고 쐐기나방 애벌레가 완벽하게 안전한 것은 아니다.
가시를 건드리지 않고 그 사이로 애벌레를 공격할 수
있는 동물은 가시 없이는 완전히 무방비인 이 애벌레를 쉽게
제압할 수 있다. 포식성 노린재Pentatomidae는
자신의 기다란 구기를 애벌레의 몸에 단검처럼 찔러 넣어
애벌레의 체액을 빨아먹는다.

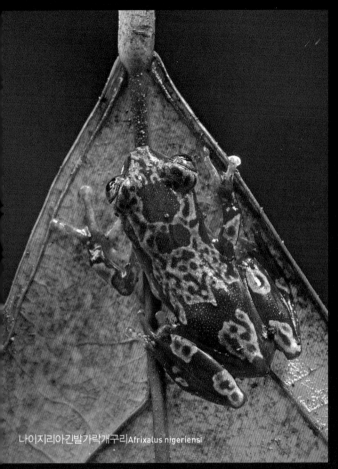
나이지리아긴발가락개구리Afrixalus nigeriensi

노란긴발가락개구리Afrixalus vibekensis

시내개구리Conraua derooi

다습하고 서늘하며 늪이 많은 아트와 고원은
개구리를 위한 천국이자 피난처다. 3주가
조금 안 되는 조사 기간 동안 우리는
이 양서류를 32종 발견하여 기록했다.
아트와숲에 서식하는 개구리는 40~50종에
이를 것으로 추정된다. 이는 아트와 고원보다
400배가 넘는 면적의 미국에서 발견된
개구리 종 전체의 절반에 해당되는 숫자다.

아트와숲에 서식하는 개구리종의 일부는
심각한 위기 종인 시내개구리Conraua derooi처럼
세계 다른 곳에서는 멸종되었을지도 모른다.
우리가 기록한 종의 3분의 1은 이미
국제자연보호연맹에서 지정한 위기근접종 목록에
올라 있었다. 이 개구리들은 대부분 숲생활에
특화된 종으로 서식지 교란에 특히 민감하여
아트와숲의 나무가 조금만 사라져도
멸종의 길을 걸을 수도 있다.

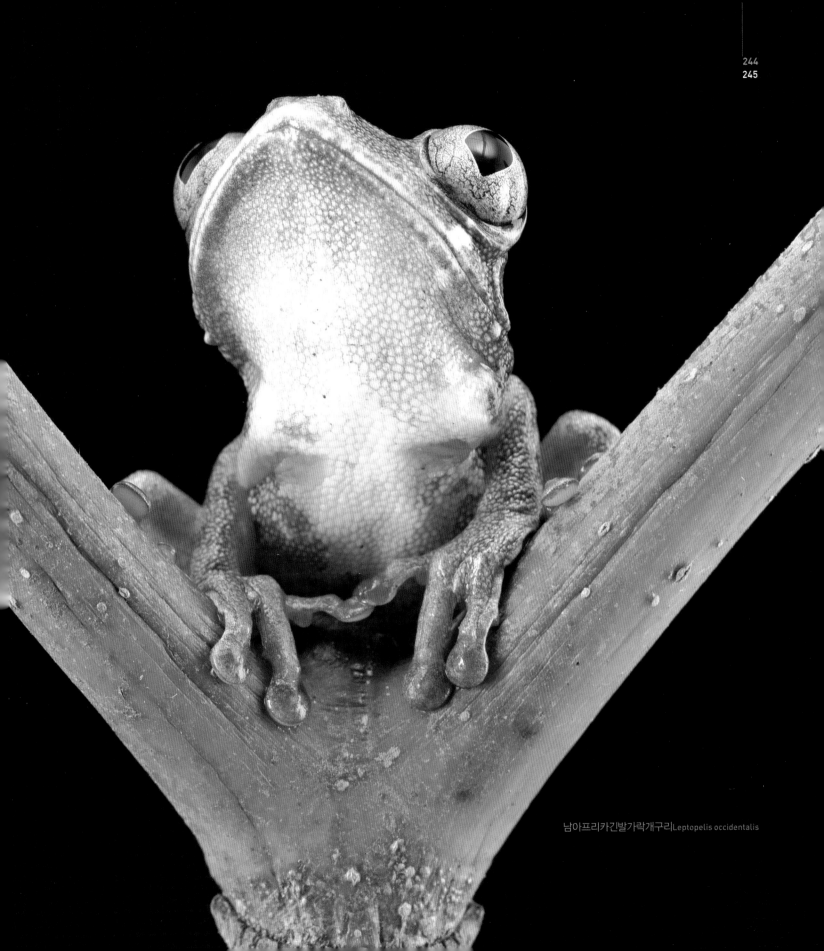

남아프리카긴발가락개구리Leptopelis occidentalis

나무사마귀Theopompella heterochroa가 메뚜기를 집어 삼키고 있다.

레오파드개구리Kassina arboricola는
국제자연보호연맹에서 멸종 위기에
처한 동물을 선정하는 레드리스트에서
취약종으로 구분되는 동물이다.

아프리카 포식동물이라고 하면 우리는 흔히 커다란 고양잇과
동물이나 하이에나를 떠올리기 마련이다. 하지만 포식동물도
그 형태와 크기가 아주 다양하게 존재한다.
이를테면 개구리는 예외 없이 모든 종이 육식동물이다.
개구리 얼굴이 활짝 웃는 듯 귀여운 까닭은 그 커다란 입으로
그 자신만큼이나 큰 먹잇감을 삼켜야 하기 때문이다.
씹지 못하는 개구리는 먹잇감을 통째로 삼키지 않고서는
먹이를 먹을 수 없다. 개구리는 주로 무척추동물을
잡아먹지만 몸집이 작은 척추동물도 마다하지 않으며
아직 살아 있는 먹잇감을 앞발로 잡아 목구멍으로 밀어넣어
삼킨다. 뱀 또한 독이나 압박으로 먹잇감을 죽이지 않는 경우
산 채로 집어삼킨다. 이런 관점에서 보면 먹잇감의
중추신경계부터 씹어먹기 시작하여 먹잇감을 재빨리 죽이는
사마귀의 사냥법은 훨씬 인도적으로 보인다.

가죽거미|Scytodidae는 거미류 중에서도 그 독특한 사냥 기술을 자랑한다. 거미집에 앉아 참을성 있게 먹잇감을 기다리는 대신 가죽거미는 두 가닥의 길고 끈적한 거미줄을 뱉어 먹잇감을 꼼짝 못하게 만든다. 가죽거미의 실샘이 독샘과 연결되어 있기 때문에 가죽거미가 뱉는 거미줄은 먹잇감을 죽이거나 마비시킬 수 있다. 이 거미줄에 닿는 다른 거미들이 죽거나 마비되는 경우도 많다.

땃쥐Crocidura spp는 동물세계에서 가장 효율적인 포식동물에 속한다. 땃쥐는 다른 동물에 비해 이례적으로 높은 신진대사율 때문에 하루에 적어도 자신의 몸무게만큼 먹이를 먹어야 하며 그러므로 쉴 틈 없이 사냥을 해야만 한다. 포유동물로는 드물게 땃쥐의 침에는 독성이 있어 먹잇감에게 뱀에 물린 것과 비슷한 효과를 낸다.

늑대뱀Lycophidion nigromaculatum은 몸집이 작고 독이 없는 뱀으로 주로 도마뱀을 먹고 산다.

대부분의 열대우림과 마찬가지로 아트와숲에도 독사가 많이 서식한다.
그리고 대부분의 열대우림에서와 마찬가지로 아트와숲에서도 독사와 마주치려면
엄청나게 운이 좋아야 한다. 나는 여치가 활동하는 시간인 야간에 주로 일을 했기
때문에 조사진의 다른 일원들보다 이 야행성 동물과 마주칠 기회가 더 많았다.
하지만 한 달이 채 넘지 않는 조사 기간 동안 눈에 띈 뱀은 손에 꼽을 정도였다.
서아프리카수풀살무사Atheris chlorechis는 내가 아트와숲에서 본 가장 우아한
동물이다. 나무 위에서 살아가는 생활에 완벽하게 적응한 이 뱀은 주위의
초목 속으로 완전히 녹아들기 때문에 움직이고 있을 때조차도 알아채기 쉽지 않다.
나는 여치를 찾으려고 족히 15분 동안 낮은 관목을 찔러보고 가지를 구부리고
잎을 들추던 중 내 코앞에서 30센티미터 떨어진 가지에 똬리를 틀고 있는 이 뱀을
발견했다. 뱀은 자신의 위장을 믿고 전혀 동요하지 않은 채 꼼짝 않고 있었다.

서아프리카수풀살무사와 가까운 사촌인 서아프리카뿔살무사Bitis nasicornis는
의심의 여지 없이 세계에서 가장 아름다운 뱀 중 하나다. 이 뱀의 파랗고
빨갛고 노란 무늬는 가까이에서 볼 때는 상당히 눈에 띄는 듯싶지만 실제로 색색의
낙엽 위로 햇살이 어른거리는 숲바닥에서 뱀이 가만히 엎드려 먹잇감을 기다릴
때에는 완벽한 위장이 된다. 서아프리카뿔살무사는 주로 쥐 같은 작은 포유동물을
먹는다. 비티스속Bitis에 속한 다른 친족들과 마찬가지로 뿔살무사도 사람을 죽일
수 있을 만큼의 독을 품고 있다. 하지만 뿔살무사에 물려 사망한 사람은 거의 없다.
뿔살무사는 공격적인 종이 아니며 공격하기 전에 정당하게 경고 소리를 낸다.
뿔살무사의 쉬익 하는 경고 소리는 아프리카에 서식하는 뱀 중에서 가장 크다고
여겨지며 이따금 귀를 찌르는 비명 소리처럼 들린다고도 한다.

덤불이 우거진 아트와숲의 건조한 지역을
조사하던 어느 날 나는 작은 나무 가지 위에 작은
빨간 열매 송이처럼 매달린 무언가를 발견했다.
좀더 가까이 다가가 자세히 살펴보니 그 열매처럼
보이는 것은 살아 숨 쉬는 동물로 깍지벌레라고
알려진 신기한 정주성곤충이었다. 다리나 더듬이처럼
곤충다운 기관들은 전부 이 벌레 몸 대부분을
차지하는 크고 빨간 깍지 아래에 완벽하게 숨겨져
있었다. 깍지벌레는 평생 동안 식물에 붙어 식물의
체관부에 흐르는 당이 풍부한 즙을 빨아먹고
살아간다. 깍지벌레가 과도하게 섭취하는 당과
수분은 영양가 많은 단물 형태로 배출된다.
개미는 이 단물의 열정적인 팬이다.
전 세계에 퍼져 있는 꼬리치레개미속Crematogaster의
일원인 개미는 깍지벌레 무리를 적극적으로
보호한다. 이 개미의 침 끝에 매달린 물방울처럼
보이는 것은 순수한 독이다. 꼬리치레개미는
여느 개미와는 다르게 침으로 쏘는 대신 이 납작한
침을 작은 주걱처럼 사용하여 피부를 아리게 만드는
독을 공격자의 피부에 문지른다.

나는 나중에 이 개미들이 아프리카 개미에게서
한 번도 관찰된 적이 없는 행동을 하는 것을 발견했다.
이 개미들은 나뭇잎을 자른다. 지금까지 잎을 자르는
행동은 오직 중앙아메리카와 남아메리카에 서식하며
꼬리치레개미와는 전혀 관계없는
잎꾼개미Attini에게서만 관찰되었다. 잎꾼개미는
갓 잘라낸 신선한 잎으로 지하 곰팡이 농장에서
곰팡이를 재배하여 이것을 먹고 산다.
한편 아프리카의 꼬리치레개미가 왜 나뭇잎을
자르는지는 아직까지 수수께끼로 남아 있다.
꼬리치레개미속 중에는 부드럽게 씹은 나무와 마른
낙엽으로 아주 정교한 개미집을 짓는 개미도 있다.
이 종 또한 개미집을 짓기 위해 신선한 잎을
모으는지도 모르는 일이다. 꼬리치레개미가 아메리카
개미와는 상관없이 독자적으로 곰팡이 재배 능력을
진화시켰을 가능성도 있다. 만약 정말 그렇다면 이는
수렴진화를 보여주는 정말 놀라운 사례가 될 것이다.
하지만 이 꼬리치레개미가 신선한 잎을 어디에
사용하는지에 관계없이 우리는 이런 행동에서
신세계의 개미들이 곰팡이와의 공생관계를 발달시키는
동안 거쳐왔을지도 모를 진화 경로를 유추해볼 수
있다. 또한 이 개미의 행동은 열대지방에서 서식하는

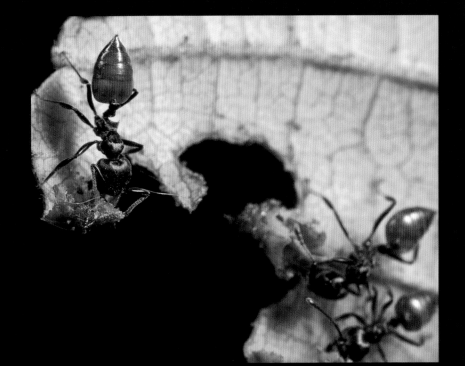

서아프리카숲에는 놀라운 작은 건축가들이 살고 있다. 쿠비테르메스속Cubitermes의
흰개미들은 버섯처럼 생긴 아름다운 둥지를 짓는다. 흰개미는 밤이 되면 이 둥지를
떠나 숲바닥에서 낙엽과 잔가지 등의 먹이를 찾는다. 침팬지는 흰개미를 먹는 것을
즐기며 흰개미 둥지에서 맛있어 보이는 곤충을 꺼내기 위해 임시변통으로 도구를
만들어 사용할 수 있는 능력으로 잘 알려져 있다. 어느 날 나는 왜들 이리
호들갑인지 궁금해져 살아 있는 흰개미 한 줌을 입으로 털어넣어보았다.
자세한 설명은 하고 싶지 않다. 그저 현대 음식의 발명에 좀더 감사하게 되었다는
것만 언급하고 넘어가도록 하자.

침팬지만큼이나 흰개미를 즐겨 먹는 동물은 많다.
줄루 전사에서도 가장 사나운 부족의 이름이 붙여진
덩치가 크고 사나운 마타벨레개미Pachycondyla는
정기적으로 흰개미 둥지로 대규모 습격을 감행한다.
정찰개미가 남겨둔 냄새 표지를 따라 나선 수백 마리의
일개미는 흰개미 둥지로 침투하여 흰개미 수천 마리를
학살한다. 흰개미의 허약한 외골격으로는 마타벨레개미의
강력한 턱과 치명적인 침의 공격을 당해낼 수 없다.
마타벨레 일개미는 가능한 한 많은 흰개미를 붙잡아
둥지로 돌아가서는 먹이를 기다리는 다른 개미들과
자라나는 유충에게 먹인다.

서아프리카에서 그야말로 번성하는
생물집단에는 거미류가 있다. 나는 세계
어느 곳에서도 여기서처럼 몸을
숨기고 싶어하는 거미와 자신의 존재를
부각시키고 싶어하는 거미가 동시에
존재하는 사례를 본 적이 없다.
오른쪽 사진의 아직 명명되지 않은 거미는
그야말로 흠잡을 데 하나 없이 이끼를
흉내낸 의태를 하고 있다. 이 거미에서
몸의 다른 부분을 식별해내기란
거의 불가능하다.
하지만 아트와숲에서 나를 가장
감탄시킨 거미는 어느 날 밤 내가 작은
수풀에 사는 여치를 찾아 헤매고
있을 때 내 앞에 나타났다. 처음에 나는
이 25센트 동전만 한 곤충이 누군가가
나뭇가지 위에 걸어놓은 장난감이거나
보석인 줄 알았다. 이 보석이 앉아 있는
거미집은 유난히 끈적이는 거미줄이 U자
형태로 길게 늘어져 커튼처럼 겹쳐진
모양을 하고 있었다. 날아가는 나방을
잡기에 아주 효과적일 듯싶은
거미집이었다. 이 거미는 아라노이트라
캄프리드게이Aranoethra cambridgei라고
알려진, 아프리카에서도 가장 진귀하고
연구되지 않은 거미 중 하나인 것으로
밝혀졌다. 그날 밤 나는
단추왕거미Aetrocantha falkensteini와
보라거미Cladomelea ornata 같은 또다른
진귀한 보석들과 마주쳤다. 내가 아는 한
이 거미들은 전에 한 번도 카메라에
잡힌 적이 없다.

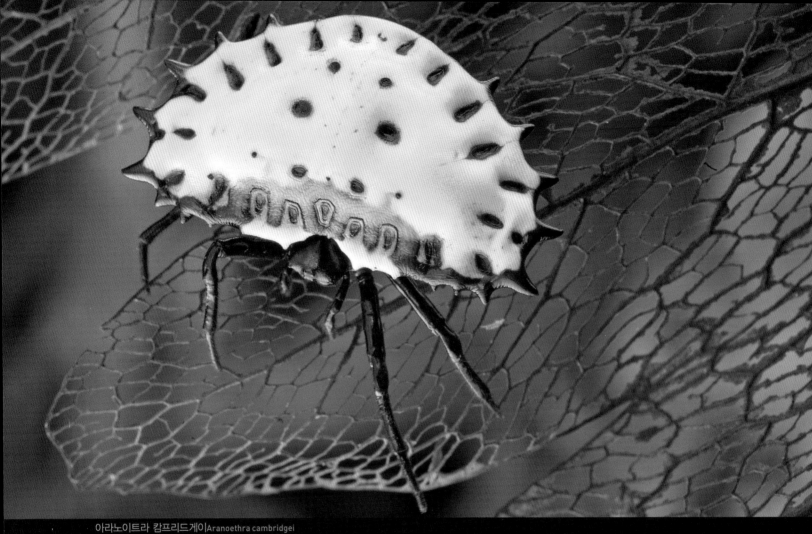

아라노이트라 캄프리드게이|Aranoethra cambridgei

아이트로칸타 팔켄스테이니|Aetrocantha falkensteini

클라도멜레아 오르나타|Cladomelea ornata

아트와숲에서 지내는 동안 매 순간 순간은
경이에 찬 감탄과 발견의 연속이었다.
이 나무껍질여치Cymatomera chopardi는
이끼에 덮인 수직의 나무줄기에 사는
생활에 완벽하게 적응한 인상적인 동물이다.
이 여치는 어느 따뜻하고 습한 밤 야영지의
불빛에 이끌려 모습을 드러냈다.
나는 그다음 날 아침 여치를 나무줄기 위에
올려두고 자신의 몸을 나무껍질의
얼룩으로 둔갑시키는 나무껍질여치의
능력을 사진으로 남겼다.

나는 아프리카 여치에 대해서 상당히 잘 알고
있다고 자부했지만 아트와숲에서는 허를 찔린
적이 한두 번이 아니었다. 처음에는 아주 작은
녹색 거미라고 생각했던 것이 실은
여치의 약충이었다.
나는 지금까지도 이 여치가 어떤 종류인지
알아내지 못하고 있다. 거미를 흉내 내는 이런
의태 행동은 내가 여치에게서 보아왔던
어떤 행동과도 닮지 않았다.

아트와숲에서 가장 뿌듯한 수확물 중 하나는
커다란 덩치에 복잡한 무늬로 나뭇잎을
흉내내는 괴테여치Goetia galbana다.
이 종은 전에 가나에서 발견된 적이 한 번도
없었다. 이 숲지붕 생활에 특화한 여치가
서식한다는 것은 아트와숲이 원시 상태를
거의 그대로 유지하고 있다는 사실을 증명하는
또다른 예다.

나무 위에 사는 여치 중에는 평생 땅에 발 한번 딛지 않고 숲지붕 높은 곳에서만 살아가는 여치가 많다. 여기 아프젤리우스여치Mustius afzelii의 암컷이 단도처럼 생긴 단단한 산란관으로 덩굴식물 조직을 갈라 그 안에 알을 낳으려 하고 있다. 이곳에서 알은 사냥감을 찾아다니는 거미 같은 포식자에게서 안전하게 보호받을 것이다. 각 알에는 덩굴줄기 바깥으로 튀어나온 깃 같은 것이 붙어 있어 알 안에서 자라나는 배아가 숨을 쉴 수 있게 해준다.

해가 떠오르기 전에 이 여치 암컷은 숲지붕으로 돌아가 커다란 잎사귀 뒷면에 몸을 납작하게 붙여 숨을 것이다. 여치의 아름다운 그물 무늬의 날개가 잎의 잎맥과 완전히 섞여들면서 햇살이 잎사귀를 비출 무렵 여치는 완전히 모습을 감출 것이다.

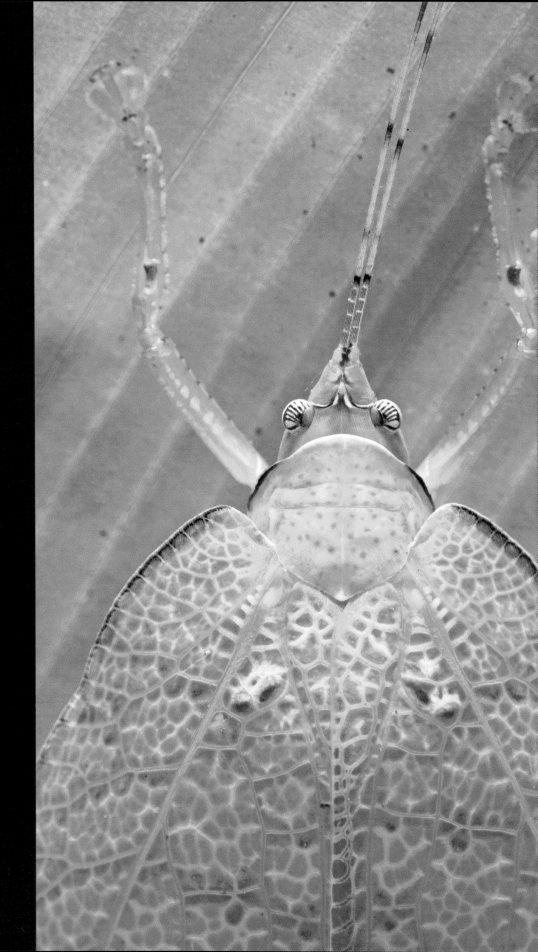

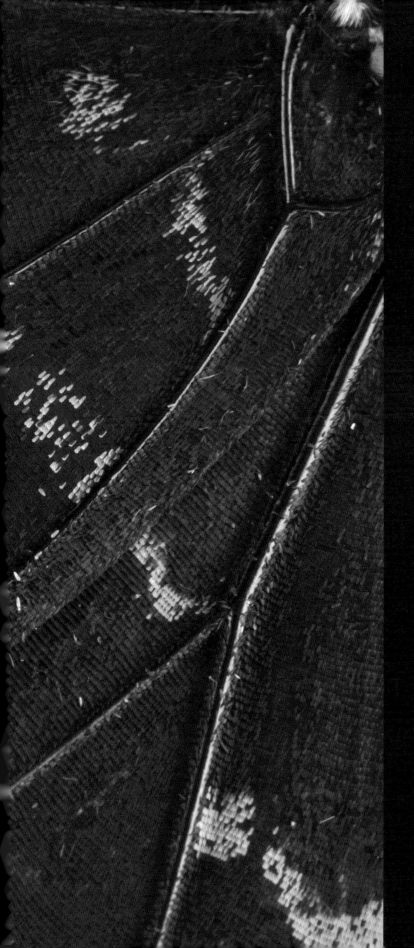

제7장

기아나
순상지

공작여치Pterochroza ocellata는 기아나 순상지의 저지대 열대우림에서 흔한
곤충이지만 숲바닥 낙엽 사이에 완벽하게 몸을 숨기는 능력 덕분에 좀처럼
찾아보기 어렵다. 공작여치종에서는 어떤 개체도 완전히 똑같은 무늬를
지니는 법이 없으며 저마다 너덜해지고 곰팡이에 감염된 가짜 낙엽 무늬가
다르게 나타난다. 여치들이 이렇게 다양한 형태로 변장하고 있는 덕분에
이 여치를 먹는 원숭이나 새 같은 똑똑한 포식동물도 여치를 먹을 수 있는
곤충으로 알아보는 요령을 쉽게 익힐 수가 없다. 그리고 위장이 들통날 경우를
대비해 공작여치에게는 비장의 무기가 하나 남아 있다.
위장이 들통나는 순간 공작여치는 날개를 활짝 펼쳐 크고
무서워 보이는 가짜 눈을 드러내면서 먹잇감인 무해한 곤충에서
반격할 수 있을지도 모르는 동물의 머리처럼 보이는 것으로 둔갑한다.

죽은잎사마귀 Acanthops soukana 암컷

죽은잎사마귀의 손에 먹잇감으로 떨어지는
운명을 피하기 위해 메뚜기나 다른 작은
곤충이 할 수 있는 일은 그리 많지 않다.
죽은잎사마귀는 얼마나 완벽하게 자신을
위장하는지, 짝짓기 시기에는 수컷이 이끼로
뒤덮인 나뭇가지 위에 매달려 있는 짝짓기
할 암컷을 찾아내지 못해 문제가 될 정도다.
죽은잎사마귀는 이 문제를 성페로몬을 통해
해결한다. 암컷은 이른 아침 복부에 있는
특별한 샘에서 휘발성의 화학물질인
성페로몬을 만들어 발산한다. 수컷 사마귀는
아주 먼 곳에서도 예민한 더듬이로 이 냄새를
감지해낼 수 있다. 날지 못하는 암컷 사마귀는
평생 동안 나뭇가지에 거꾸로 매달린 채
무엇이든 먹잇감이 지나가기만을 기다리며
살아간다. 한편 커다란 잎사귀처럼 생긴
날개가 있는 수컷은 이 날개를 이용해
암컷의 냄새를 따라간다.

죽은잎사마귀Acanthops fuscifolia 수컷

금속광택이 나는 푸른 날개를 지닌 모르포나비 Morpho가 느릿느릿하면서도 한결같은 박자에 맞춰 우아한 동작으로 아래위로 오르내렸다. 비상근을 한 번만 강하게 수축하기만 하면 아무런 해를 입지 않고 위험에서 탈출할 자신감이 있는 최고의 비행사만이 보여줄 수 있는 움직임이었다. 나비는 야영지에 피워놓은 불가를 느릿느릿 맴돌다 1분 남짓마다 땅에 몇 초 동안 내려앉기를 반복했다. 나비가 내려앉는 곳은 타버린 나무재가 질척한 땅에 흩어지면서 귀중한 무기물이 흘러나온 지점이었다. 대부분 나트륨인 이런 무기물은 열대우림에서 살아가는 생물에게 꼭 필요한 영양분으로 생물들은 기회가 되면 이런 무기물을 찾아다닌다. 그 나비는 정말 볼만한 생물이었다. 폭이 거의 작은 새만큼 넓은 날개는 희미하게 일렁이는 짙은 푸른 빛, 어떤 생물과도 비교할 수 없는 신비로운 빛을 발하고 있었다. 모르포나비는 나비 수집광이라면 누구나 열망하는 꿈의 나비로 남아메리카에서 수집되어 유럽으로 팔려간 것만 수천 마리에 이른다. 하지만 불 옆에 둘러앉아 정체를 알 수 없는 고기를 씹으면서 이야기를 나누고 있던 와이와이인디언들은 이 곤충 진화의 경이 자체가 둥글게 선회하는 모습에 아무런 감흥도 느끼지 못하는 듯했다. 그중에서 오직 한 사람, 야영지에서는 기독교식 이름인 루벤으로 통하는 야이노치만이 눈만 움직여 쉬지 않고 나비 뒤를 쫓고 있었다. 그리고 다 타버린 나무 막대를 천천히 들어올리더니 빠르게 팔을 크게 한 번 휘둘러 나무 막대를 나비에게 던졌다. 수년 동안 조잡한 활과 화살만으로

사냥을 하던 경험에서 다져진 정확한 솜씨로 나무 막대는 나비에 정통으로 명중했다. 젖은 흙바닥으로 떨어진 나비는 다시 날아오르기 위한 헛된 몸짓을 하며 날개를 퍼덕거렸다. 그러나 그 아름다운 날개는 찢겨 있었고 날개를 지탱하는 가슴 근육도 이미 으스러져 있었다. 루벤은 만족스러워하며 고개를 돌리고는 다시 무료함에 빠져들었다. 무언가 행동을 하기에는 무척 느린 나는 눈앞에서 일어난 일을 그저 멍하니 바라보고 있을 수밖에 없었다. 나는 불가 근처로 걸어가 그 죽은 곤충을 집어들었다. 나를 보고 활짝 웃던 루벤의 표정이 내 실망한 모습을 보더니 부끄러운 듯 살짝 굳어졌다. 이토록 우아하고 순수한 생명을 어째서 죽었는지 루벤에게 물어봤자 소용없는 짓일 터였다. 루벤 스스로도 그 답을 몰랐을 것이다. 루벤은 그저 몸에 익은 기술을 시험해보았던 것이며 나비는 우연히 그 대상이 되었을 뿐이다. 루벤이 무슨 악의를 품고 그런 것은 아니었다. 루벤은 자신이 살아가고 있는 숲을 사랑했다. 게다가 모르포나비는 루벤에게는 아주 흔하게 보는 그런 나비, 루벤이 가이아나 남부에 위치한 마사커나리Masakenari의 작고 후미진 마을에서 자라는 동안 매일같이 보아온 수천 마리의 나비 중 한 마리였을 뿐이었다. 이 지역의 열대우림은 생물학적으로 풍부하고 인간 활동의 교란으로부터 가장 자유로운 세계적인 생태계로 손꼽히는 곳이다. 나 또한 이토록 풍부하고 윤택한 생명들에 둘러싸여 자랐다면 지금 루벤처럼 나비 한 마리에 이토록 감탄하지 않았을지도 모른다. 혹은 더 감탄했을지도 모르겠다.

가이아나의 모르포 메넬라우스
Morpho menelaus

와이와이족이 가이아나와 이웃한 브라질에서 가이아나의 찌는 듯이 무더운 열대우림으로 들어온 것은 19세기 후반의 일이다. 그리고 1950년대 무렵 와이와이족은 복음을 전하는 선교사에게 이끌려 가이아나의 가장 남쪽에 위치한 에세퀴보 강 상류에 전 부족이 모여 살고 있었다. 선교사는 와이와이족에게 읽고 쓰는 법을 가르치고 새로운 마을을 건설할 수 있도록 도와주었다. 그러나 그 이후 새로 독립한 가이아나 정부가 미국 선교사의 존재를 못마땅하게 여기자 와이와이족 대다수는 다시 국경을 넘어 브라질로 돌아갔고 그 뒤 가이아나에 남은 와이와이족은 한 후미진 마을에 모여 살고 있는 150명뿐이었다.

와이와이족의 마지막 마을은 남아메리카에서 세 번째로 큰 강인 장대한 에세퀴보 강 굽이에 위치해 있다. 와이와이족 마을 주변에는 매우 원시적이고 또 엄청나게 광활하여 오늘날까지도 인간이 탐험하지 못한 생태계가 펼쳐져 있다. 이 생태계의 대부분을 차지하는 원시 열대우림은 지구상에서 가장 오래된 지질층 중 하나의 표면에서 자라고 있다. 바로 선캄브리아 시대에 형성된 기아나 순상지다. 남아메리카 북부 지역을 떠받치고 있는 기아나 순상지의 암석층은 그 역사가 생명의 역사 그 자체보다 오래되었으며, 어떤 지층의 나이는 현재 대륙들의 생성보다 훨씬 앞서는 40억 년 전까지 거슬러 올라가기도 한다. 기아나 순상지는 초대륙 곤드와나의 일부였던 곳으로 약 1억3500만 년 전 백악기에 나타난 거대한 균열로 곤드와나 대륙이 갈라지기 전에는 서아프리카

여기 프랑스령기아나에서 발견된 다람쥐원숭이[Saimiri sciureus]는 똑똑하고 사회적인 동물로 여러 계급으로 구성된 대규모의 복잡한
순위제 사회[동물 사회 구성원이 서로 우열관계를 인식하며 투쟁을 피하면서 살아가는 사회]에서 살아간다. 다람쥐원숭이는 그 작은 몸에 비해
두뇌의 비율이 엄청나게 높다. 그러나 유감스럽게도 영장류의 정신 능력은 두뇌 자체의 용적과 절대적으로 비례하는 것으로 나타난다.
이 말은 곧 덩치가 큰 종, 이를테면 유인원이나 인간 같은 종만이 정말로 높은 수준의 지적 능력을 지닐 수 있다는 뜻이다.

와 하나로 붙어 있었다. 지구 위에 존재하는 대륙의 많은 부분이 선캄브리아대에 형성된 암석층 위에 자리 잡고 있지만, 대개 그 암석층은 훨씬 더 나중에 형성된 젊은 지질층 아래 깊숙이 묻혀 있으며 그 지표면에서 일어나는 일에 거의 혹은 전혀 영향을 미치지 않는다. 하지만 이곳 기아나 순상지에서는 선캄브리아대의 암석층이 지표면에 완전히 드러나 있으며 예전부터 쭉 그래왔다. 수억 년의 풍화 작용과 침출 작용을 거친 결과 기아나

순상지의 지표면에서는 바람에 날리거나 물에 녹을 수 있는 물질이 모두 사라져버리고 말았기 때문에 대부분의 지역에서 순상지를 덮고 있는 토양은 영양분과 수분을 저장하는 기능을 하지 못한다. 그러나 생명은 이 없는 것이나 다름없는 불모의 토양에서도 살아나갈 방법을 찾아냈으며 세계 어느 곳에서도 감히 어깨를 겨루지 못할 정도로 번성해왔다.

　　기아나 순상지에는 여러 나라의 국경이 통과하고

여기 가이아나의 클라도노타 리디쿨라Cladonota ridicula처럼 뿔매미는 그저 작은 쓰레기 조각처럼 보일 수도 있다. 하지만 뿔매미는 복잡한 양육 행동을 보이며 정교한 소리 생성 구조를 지닌 곤충이다. 뿔매미 부모는 새끼들을 포식자의 손에서 보호하며 수컷 뿔매미는 몸의 진동을 이용하여 매미가 먹는 나뭇가지를 통해 전달되는 아주 정교한 저주파의 구애 소리를 낸다. 그러므로 수컷의 구애 소리는 근처에서 엿듣고 있을지도 모를 어떤 포식자에게도 들키지 않고 오직 암컷에게만 전달될 수 있다. 대기 중으로 퍼져나가는 소리로 구애하는 곤충들은 모두 구애 소리 탓에 포식자에게 포착당할지도 모르는 위험을 감수해야 한다.

있다. 수리남, 가이아나, 프랑스령기아나가 기아나 순상지를 삼등분하고 있으며 베네수엘라와 브라질 또한 순상지의 일부를 자신의 영토로 갖고 있다. 그러나 식민지 정복의 오랜 격동의 역사에도(또한 오늘날까지 국경을 둘러싼 나라 사이의 분쟁이 이따금씩 발생하는 상황에서도) 기아나 순상지의 숲은 실제로 전혀 손상되지 않고 존속해올 수 있었으며, 현재 엄청난 생물학적 가치를 지탱하는 곳인 한편 지구에서 가장 인구가 적은 곳으로 남아 있다. 인구가 적다는 점에서 기아나 순상지와 어깨를 나란히 할 수 있는 곳은 인간이 살기 어려운 몹시 추운 곳, 캐나다 북부의 누나부트Nunavut나 시베리아가 있을 뿐이다. 기아나 순상지는 실제로 콜럼버스가 발을 딛기 전 신세계의 모습을 그대로 간직하고 있는, 인간이 손을 대지 못한 성역이다. 그리고 나는 이곳이 계속 그렇게 남아 있기를 바란다.

남아메리카에서도 가이아나의 남부인 코나스헨 지역만큼 인구 밀도가 낮은 곳은 찾아보기 어렵다. 와이와이족의 마지막 마을인 마사케나리는 델라웨어 주만 한 넓이인 6250제곱킬로미터가 넘는 지역을 통틀어 현재 인간이 정착해 살고 있는 유일한 마을이다. 2006년 마을 주민의 초대를 받아 이 지역의 동물상을 조사하기 위해 우리 조사진이 도착했을 무렵 이 지역의 인구수는 198명에 불과했다. 이 마을 주민은 최근 가이아나 정부로부터 이 거대한 땅에 대한 공식적인 소유권을 보장받은 참이었다. 그리고 자신들의 고립된 공동체를 꾸려나가기 위해 필요한 의약품이나 물자를 구입할 생각으로 이 지역

큰잎개구리Phyllomedusa bicolor 암컷이 수컷이 다가오는 모습을 지켜보고 있다. 이 개구리 한 쌍은 한 무리의 수정란을 만들어낼 것이다.
부모 개구리는 수정란을 숲의 개울 위로 뻗은 나뭇가지의 나뭇잎에 붙여놓는다. 여드레에서 열흘 정도가 지나면 알에서 깨어난 작은 올챙이들은
가지 아래 흐르는 개울로 떨어져 물속에서 성장을 마칠 것이다.

에서 소규모 생태관광 산업을 개발할 수 있을지의 여부를 저울질하고 있었다. 또한 가까운 미래에 영구보호지구로 선정되어야 하며 그럴 가능성이 높은 이 어마어마한 생물학적 보고의 법적 후견인으로서 마을 주민들은 이 거대한 숲에 서식하는 동식물에 대해 잘 알아야 할 필요도 있었다. 한편 우리가 해야 할 일에는 마을 주민들이 좋아하는 돌악어나 원숭이, 맥 사냥의 한도를 정하는 데 조언하는 임무도 있었다.

우리는 아침 일찍 에세퀴보 강의 지류인 시푸 강에 커다란 나무 카누를 띄워 길을 나섰다. 카누에는 작은 엔진이 달려 있었기 때문에 우리는 강물을 가로막고 있는 거대한 나무들을 노를 저을 때보다 수월하게 피하면

악어목의 다른 악어보다 육지에서 살아가는 습성이 강한 난쟁이카이만Paleosuchus trigonatus은 이따금 깊은 숲속에서 작은 육지 동물들을 사냥하며 살아가기도 한다. 이런 행동은 특히 어린 개체에서 많이 발견된다. 여기 가이아나 열대림의 숲바닥에서 발견한 난쟁이카이만도 아직 어린 개체다.

서 앞으로 나아갈 수 있었다. 나는 강을 따라 가는 여행의 처음 이틀에 대해서는 거의 기억하지 못한다. 가이아나로 오게 되었다는 사실에 잔뜩 흥분한 데다 마사케나리로 오기 위해서 불안하게 흔들리는 작은 비행기를 타야 했기 때문에 나는 그만 나흘 동안이나 콘택트렌즈 빼는 것을 잊어버리고 말았다. 그리고 눈알이 빠질 듯이 아파오는 바람에 겨우 콘택트렌즈를 빼야 한다는 사실을 기억해내고 렌즈를 뺐을 때는 이미 눈에 아무것도 보이지 않게 된 뒤였다. 다행히 눈이 안 보이는 증상과 고통은 하루 만에 진정되었고 며칠 후 시력이 완전히 회복되었을 때 나는 진정한 처녀지에 와 있다는 사실을 알게 되었다. 내가 지금까지 가본 곳 중에서도 가장 사람의 발길이 닿지 않은 곳이었다. 사실 우리는 스미스소니언협회에서 파견된 식물학자들이 한번 답사하고 온 지역에 야영지를 세울 계획이었다. 하지만 위치를 잘못 계산한 덕분에 우리는 와이와이족과 우리가 아는 한 현대 인간이 한 번도 발을 들인 적이 없는 곳에 이르렀다.

평생에 걸쳐 동물의 뒤를 쫓고 쓸모 있는 식물을 채집하며 살아온 와이와이족은 박식하고 뛰어난 현장 안내인이자 조수로 활약했다. 와이와이족은 원숭이가 자주 찾아오는 나무가 무엇인지, 재규어의 사냥 자취는 어떻게 찾아야 하는지, 강의 어느 지점을 피해 몸을 씻어야 하는지 잘 알고 있었다. 강의 아무 곳에서나 목욕을 하다가는 전기뱀장어에게 쏘여 절대 잊을 수 없는, 이따금 치명적인 결과를 낳기도 하는 경험을 할 수 있다 (전기충격 자체로는 사람이 죽지 않지만 충격으로 물에 빠져 익사할 수 있다). 하지만 슬프게도 내게 숲에 대한 방대한 지식을 기꺼이 나누어주려는 와이와이족은 아무도 없었다. 내가 관심을 갖는 동물들, 여치와 그 친구들은 대부분 밤에 활동하는 곤충이기 때문이었다. 와이와이족에게 밤은 영혼이 나와 활보하는 시간이었다. 나는 와이와이족 한 명을 아주 힘겹게 설득하여 간신히 밤의 여치사냥에 나설 수 있었다. 겨우 되었는가 싶더니 이틀 밤이 지난 후 *그* 와이와이족의 헤드램프가 아무런 이유 없이 고장나버렸고 그 사람은 더 이상 내 밤사냥을 도와줄 수 없게 되었다. 하지만 와이와이족은 곤충을 찾기 위해 굳이 밤에 바깥에 나갈 필요가 없었다. 와이와이족은 숲에서 서식하는 생명에 대한 깊은 이해로 나무 위에 감쪽같이 몸을 숨기고 있는 생물, 실베짱이앗과 곤충이나 대벌레, 이끼를 의태한 사마귀 같은 동물을 낮 동안에도

귀신같이 찾아냈다. 굳이 밤사냥을 나서는 내 노력이 부*끄*러울 지경이었다. 언뜻 납득이 가지 않지만 실제로 눈에 띄지 않는 색과 모양으로 숨어 있는 곤충은 이 곤충이 먹잇감을 찾느라 움직이는 밤에 찾아내기가 더 쉽다. 또한 주위 환경의 초목 색깔과 미묘하게 다른 곤충의 몸 색깔은 플래시의 빛을 비출 때 좀더 확연하게 눈에 들어온다. 그런 이점을 이용할 수 없는 낮 동안에 이런 곤충을 찾아내기 위해서는 완전히 초록빛으로 넘실거리는 열대우림의 융단 위에서 아주 미묘하게 나타나는 차이를 포착하는 뛰어난 능력이 필요하다. 그리고 지금 나는 와이와이족이 해가 진 뒤에 숲으로 나가길 꺼리는 심리가 질 나쁜 곤충에 노출되는 것을 최소화하기 위한 적응 양식이었다는 것을 납득할 수 있다. 기아나 순상지 숲속에는 질병을 전염시키는 곤충과 기생 곤충이 수도 없이 활개를 치며 살고 있기 때문이다. 물론 낮이라고 해서 이런 곤충에게서 자유롭다는 말은 아니다. 숲속에는 거대한 흡혈파리에게 피를 남김없이 빨아먹히지 않기 위해서 있는 힘껏 뛰어야만 하는 곳도 있다. 하지만 밤에는 정말 질 나쁜 곤충들이 돌아다닌다. 말라리아모기는 말할 것도 없고 리슈만편모충증이라 알려진 무서운 병을 전염시키는 모래파리도 흔하다. 리슈만편모충은 희생자의 피부와 장기를 먹어치우는 무서운 기생충이다.

야영지가 아주 멀리 떨어져 있었기 때문에 우리는 조사 기간 동안 과학자와 현지 안내인들을 모두 먹여 살릴 만큼 식량을 충분히 가져가지 못했다. 그렇지만 와이와이족은 기꺼이 자신들의 몫인 쌀과 타피오카를 내주

었다. 이 지역에 살고 있는 동물들은 한 번도 인간과 마주친 적이 없었기 때문에 이 일류 사냥꾼의 손에는 아주 손쉬운 사냥감이었다. 곧 하이마라라든가 카이만이라든가 보관조나 파카 등, 내가 한 번도 먹을 수 있는 것이라고는 생각지 못했던 열대숲의 동물들이 와이와이족의 주요 끼닛거리가 되었다. 이 동물 중에는 남아메리카의 다른 지역에서는 찾아보기 어려울 만큼 개체수가 줄어든 동물도 있었다. 하지만 여기 가이아나 남부에서는 실제로 모든 토착 동물의 개체군이 줄어들지 않고 건강하게 남아 있다. 와이와이족의 사냥이 환경에 크게 영향을 주지 않는 지속가능한 양식으로 이루어지기 때문이다. 그럼에도 멸종 위기에 처한 거북이 고기가 접시에 오르는 광경을 보는 것이 마음 편하지 않았기 때문에 우리는 와이와이족 음식에 손을 대지 않았다. 물론 크고 굉장히 맛있는 민물고기인 하이마라만은 예외였다. 또한 우리는 맥에는 분명히 선을 긋고는 와이와이족에게 맥을 사냥하지 말아달라고 부탁했다. 이 거대한 포유동물은 우리 인간에게 털끝만큼도 신경 쓰지 않은 채 해가 지고 난 뒤 야영지의 텐트 사이를 유유히 걸어다녔다. 우리의 부탁을 듣고 마음대로 돌아다니는 맥을 쳐다보면서도 잡으려 하지 않는 와이와이족의 자제심은 감탄을 금치 못할 정도였다. 이 지역의 동물들이 인간을 두려워하지 않는다는 것은 이 생태계가 원시 상태 그대로 남아 있다는 사실, 와이와이족이 그 환경에 거의 발자취를 남기지 않았다는 사실을 보여주는 훌륭한 징표였다. 한편 분명한 것이 또 하나 있었다. 1993년에 기아나 순상지의 지

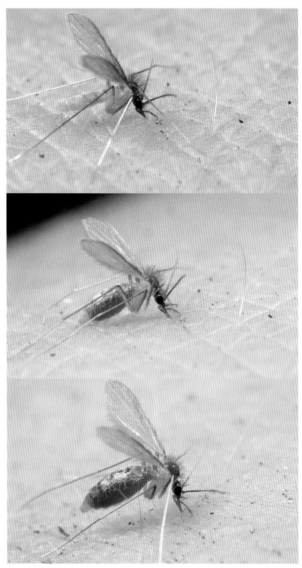

가이아나의 열대우림에서 며칠 밤을 보낸 뒤 나는 어디에서나 나타나는 모래파리Lutzomyia에게 물리지 않을 방도가 없다는 사실을 인정했다. 모래파리는 리슈만편모충증을 일으키는 기생 원생동물을 전염시키는 곤충이다. 그래서 나는 어차피 물릴 것, 모래파리 사진이나 몇 장 찍어야겠다고 생각했다. 그리고 당연한 결과로 이 사진을 찍고 난 몇 달 뒤에 리슈만편모충증 증상이 나타났다. 몇 주 동안 고통스러운 화학요법 치료를 받은 다음에야 나는 건강을 회복할 수 있었다.

질에 대한 기념비적인 논문을 발표한 유명한 영국의 지질학자들이 이곳에 한 번도 와보지 않았다는 사실이다. 이 지질학자들은 이 기념비적인 논문의 서문에서 이렇게 말한다. "야생소, 즉 맥은 대개 흉포하지 않으며 돼지고기처럼 요리해서 먹으면 맛있다." 그리고 맥고기가 기호에 맞지 않을 경우를 대비해 이렇게 덧붙였다. "보아뱀은…… 배고플 때 건드리는 경우를 빼고는 거의 공격하지 않는다. 실은 우리가 보아뱀을 잡아먹을 수도 있다."

하지만 와이와이족이 어떤 동물은 사냥해도 되고 어떤 동물은 사냥하면 안 되는지 결정하는 데 있어 동물의 지속가능성이나 희소성 같은 객관적이고 과학적인 기준보다는 그 사냥감이 얼마나 귀여운지에 따라 결정되는 때가 많다는 사실을 고백해야겠다. 어느 늦은 저녁 조류학자들과 함께 카누를 타고 천천히 강을 따라 내려오고 있을 무렵 한 와이와이족이 낮은 나뭇가지에 매달려 있는 세발가락나무늘보를 발견했다. 나무늘보는 말하자면 무방비에 움직이지도 못하고 맛도 좋다는 점에서 포유동물계의 과일이라 할 만하다. 와이와이족은 재빨리 이 4.5킬로그램짜리 간식을 가지에서 떼어내 배 안으로 던져넣었다. 남아메리카에서 나무늘보는 흔하게 볼 수 있는 동물로 멸종 위기에 처했다고는 할 수 없다. 유감스럽게도 와이와이족 인디언들은 이 영혼이 있는 듯한 큰 눈을 지닌 털이 북슬북슬한 포유동물에 대해 서구인들이 지닌 편향된 감수성을 한 번도 접해본 적이 없었다. 카누에 탄 과학자들은 이 동물을 맛있는 요리로 해먹는 일에 격하게 반대하기 시작했다(나는 마침 그 자리에

없었지만 나중에 이야기를 들려준 사람은 우리 야영지 보급 담당자의 반응을 "고함을 질렀다"고 표현했다). 카누가 다시 야영지에 도착했을 무렵에는 나무늘보를 먹지 않는 방향으로 논쟁이 마무리지어졌고 우리는 이 녀석으로 뭘 해야 할지 갈피를 잡지 못한 채 난데없이 커다란 나무늘보 한 마리를 얻게 되었다. 다행히 우리 조사진의 곤충학자인 크리스 마셜은 나무늘보의 털에 기생하는 독특한 곤충이 있다는 사실을 기억해냈다. 한바탕 나무늘보의 털 손질을 하고 난 다음 우리는 이 동물의 등에 몰래 숨어 살고 있는 흥미로운 동물상을 채집할 수 있었다. 그다음 우리는 나무늘보를 야영지 가장자리에 있는 큰 나무에 놓아주었다. 나무늘보를 놓아주어야 한다고 가장 강경한 목소리를 냈던 히더는 구명운동의 결과에 만족해 자신의 텐트로 철수했다. 곧 야영지 전체가 그 뒤를 따랐다. 어둠이 내린 지 두어 시간이 지난 아홉 시 무렵에는 이미 야영지 전체가 깊은 잠에 빠져 있었다. 하지만 내게 밤은 이제 막 시작되었을 뿐이었다. 나는 몇 시간 동안 숲속에서 사랑하는 여치의 노랫소리를 추적했다(그리고 끔찍하게 흉한 리슈만편모충증에 걸리지만 그 사실을 알게 되는 것은 몇 달 후의 일이다). 내가 야영지로 돌아온 것은 자정도 훨씬 지났을 무렵이었다. 모두 잠든 야영지의 고요한 어둠 속에 앉아 잠자리에 들기 전 마지막 물 한 모금을 즐기고 있을 때 머리 위에서 뭔가 추락하는 듯한 소리가 들렸다. 그리고 쿵 하는 소리에 이어 강물에 무언가가 첨벙 하고 떨어지는 소리가 났다. 나무늘보가 숲지붕에서 살아온 것은 수백만 년이 넘으며 나뭇가지에 매달

기아나 순상지의 많은 지역은 동이 트는 시간마다 붉은짖는원숭이(Alouatta seniculus)의 시끄러운 포효와 울부짖음으로 떠나갈 듯하다.
이 경탄스러운 청각적 표현의 주목적은 이 나뭇잎과 과일을 먹고 사는 영장류 무리끼리 각자의 영역 경계를 설정하기 위한 것이다. 원숭이는
소리를 지름으로써 신체적 대립을 피할 수 있다. 붉은짖는원숭이는 신체를 직접적으로 접촉하는 폭력을 가능한 한 피하는 것으로
나타난다. 재미있게도 붉은짖는원숭이가 노구를 사용했다고 보고된 유일한 사례에서는 이 원숭이들이 나무늘보를 막대기로 가볍게 쿡쿡
찔러댔다고 한다. 자기 무리와 같은 나무에 있는 나무늘보를 다른 나무로 옮겨가게 하려고 애를 쓰는 것이 분명했다. 나무늘보는 끝내
움직이지 않았고 원숭이들이 그 나무를 떠났다(베네수엘라).

려 있는 데는 다른 어느 동물보다 능숙하다고 할 수 있다. 나무늘보에게 도저히 생각할 수 없는 한 가지는 나무늘보가 나뭇가지에 매달리는 법을 잊어버리는 일이다. 하지만 우리의 나무늘보는 무슨 이유에서인지 나뭇가지를 놓치고 나무에서 떨어져버렸다. 강으로 떨어진 나무늘보는 운 나쁘게도 매어둔 카누에 몸을 부딪쳤다. 나는 그 변치 않는 애처로운 미소를 아직도 입가에 머금은 채

얕은 물가에 앉아 정신을 잃고 있는 나무늘보를 발견했다. 내가 나무늘보를 들어올리자 나무늘보는 마치 달래주길 바라는 어린애처럼 그 길고 인간 같은 팔로 나한테 매달리며 안겼다. 나는 피가 흐르고 있는 등의 상처를 알코올로 소독해주었다. 나무늘보가 괜찮아졌다는 생각이 들었을 때 나는 그를 안고 야영지의 평소 다니던 길에서 1.5킬로미터 떨어진 곳까지 데리고 가서 그곳의 나

무줄기 위에 놓아주었다. 나무늘보는 느릿느릿하게 나무 줄기를 타고 위로 기어 올라갔다. 나는 이 밤의 사고에 대해서 히더에게 아무 말도 하지 않았다.

그로부터 6개월 뒤 나는 기아나 순상지로 돌아와 있었다. 생태관광객 손님들을 이끌고 이 지역의 여러 나라를 안내해보지 않겠느냐는 요청을 받았기 때문이다. 각종 시설이 갖추어진 호화스러운 배를 타고 강을 유람하면서 이따금 엽서에 나올 법한 호화로운 리조트에서 느긋하게 점심을 먹기 위해서만 육지에 내려서는 여행을 하는 동안 나는 자연사와 자연보호 및 생물의 생존에 대한 온갖 이야기로 손님들을 대접했다. 나는 평소의 여행 방식과는 딴판인 이 호화스러운 여행을 마음껏 즐겼다. 게다가 이 여행으로 나는 전에 가보지 못했던 지역 몇 군데를 가볼 수 있었다. 리슈만편모충증으로 팔다리에 생긴 끔찍한 상처가 아물어가고 있었지만 그 치료를 위해 몇 주 동안 고통스러운 화학요법 치료를 견뎌야 했던 탓에 나는 당장 힘든 현장 연구를 시작할 마음의 준비가 되어 있지 않았다. 자연에 한층 더 다가서기 위해 우리는 매일같이 강에 설치된 부교를 따라 작은 강이나 개울을 거슬러 올랐다 내려오는 소풍을 나섰다. 내가 두 번째로 물에 빠진 나무늘보를 발견한 것은 바로 이런 짧은 소풍에서였다. 우리는 브라질 북부에서 아마존 강의 작은 지류를 따라 느긋한 걸음을 옮기고 있었다. 그

가엾은 동물은 낚시용 발판을 지탱하는 나무 말뚝에 묶여 있었다. 한눈에 봐도 누군가의 저녁식사가 될 운명임이 분명해 보였다. 뒷다리가 묶여 있던 나무늘보는 아주 느릿한 몸짓으로 도망치려고 애를 쓰고 있었지만 그때마다 발판에서 미끄러져 물속으로 떨어질 뿐이었다. 마음이 무너지는 듯 아팠지만 내가 나무늘보를 돕기 위해 할 수 있는 일은 아무것도 없었다. 그 동물을 풀어주는 일은 누군가의 사유재산을 훔치는 일이 될 터였다. 그렇다고 나무늘보를 잡은 사람에게 나무늘보를 놓아주라고 요구하면 이 관광을 계획한 여행사가 지역 주민과 애써 쌓아온 관계를 틀어지게 만들 것이 분명했다. 우리는 이미 지역 주민의 일에 간섭하지 말라는 엄중한 경고를 받은 터였다. 나는 큰일났다고 생각했다. 내가 이끌고 있는 이 감수성 풍부하고 자연을 사랑하는 사람들은 이성적이고 냉담한 과학자들보다 귀여운 포유동물의 안녕에 대해 한층 더 법석을 떨 것이 분명하다고 생각했기 때문이다. 나는 걱정스러운 마음으로 환경의식이 강한 손님들을 살펴보았다. 하품을 하는 사람이 있었고 사진을 찍고는 쌍안경을 들어올려 머리 위의 새를 관찰하는 사람이 있었다. 챙이 넓은 모자를 쓴 중년의 여성은 걱정스러운 표정으로 나를 쳐다보고는 말했다. "점심 먹을 때까지 얼마나 남았나요?"

열대우림의 숲지붕에서 자라는 잎에는 영양분이 얼마 들어 있지 않아
나무늘보만 한 크기의 동물이 가까스로 살아갈 수 있을 정도다.
이 포유동물이 극도로 느릿하게 움직이는 것은 신진대사율이 터무니없이
낮기 때문이다. 나무늘보의 신진대사율은 나무늘보와 비슷한 몸집을 한
동물과 비교해 절반에도 미치지 않는다. 나무늘보에게는 배변 같은
아주 단순한 일조차 시간이 오래 걸리는 복잡한 과정을 거쳐 이루어진다.
나무늘보가 배변하기 위해서는 숲지붕에서 땅으로 내려와야 하고 차곡차곡
대변을 눈 다음에는 다시 느릿한 속도로 나무를 올라가야 한다. 힘을 아끼기
위해 나무늘보는 이 복잡한 의식을 일주일에 단 한 번만 치른다.
나무늘보의 두껍고 텁수룩한 털은 다양한 생물이 서식하기에
완벽한 환경이다. 나무늘보의 털에 사는 생물은 털에서 직접 자라는
녹조류에서 진드기, 딱정벌레, 나방에 이르기까지 다양하다.
명나방과Pyralidae의 나방은 이 느릿느릿한 포유동물과의 유대관계로
특히 잘 알려져 있다. 명나방과의 성충은 나무늘보를 편리한 짝짓기 장소로
사용하여 여기서 구애하고 짝짓기를 한다. 그리고 나무늘보가 매주 한 번
소화 다음 단계를 수행하기 위해 나무에서 내려갈 때 나무늘보를 타고 함께
나무에서 내려간다. 나무늘보가 대변 더미를 차곡차곡 준비해두면 나방은
그 대변 더미에 알을 낳는다. 나무늘보의 대변은 딱히 입맛을 돋우는 음식은
아니라 해도 알에서 태어날 나방의 애벌레에게 영양분이 풍부한 먹이가 된다.

가이아나 야영지에서 곤충학자인 크리스 마셜이 신이 나서
세발가락나무늘보Bradypus tridactylus의 털에 공생하는
나방을 채집하고 있다. 나무늘보 또한 털 손질받는 것을
한껏 즐기는 표정이다.

가위개미Acromyrmex sp.의 한 종

곰팡이 농장에 있는 키포미르멕스 파우눌루스Cyphomyrmex faunulus

아크로미르멕스 코로나투스
Acromyrmex coronatus

기아나 순상지의 숲에 서식하는 가장 지배적인 곤충 집단 중 하나인 잎꾼개미Attini는
동물세계에서 관찰되는 가장 복잡한 사회를 구성하는 곤충 중 하나다. 잎꾼개미는
땅속 개미집의 깊은 곳에 위치한 곰팡이 농장에서 식량의 주요 원천인 곰팡이를 재배하고
수확한다. 잎꾼개미는 나뭇잎이나 유기물 쓰레기를 모아 농장에서 균사가 자랄 수
있도록 공급한다. 운이 나쁘면 개미의 곰팡이 농장은 때때로 기생성 극미균인
에스코봅시스Escovopsis에 감염되기도 하며 이로 인해 개미 군집 전체가 통째로 무너질
수도 있다. 잎꾼개미는 이 기생균에서 자신을 보호하기 위해 에스코봅시스의 성장을
억제하는 항생물질을 생산하는 프세우도노카르디아속Pseudonocardia의 세균과 상호
공생 관계를 진화시켰다. 개미 군집에는 이런 항생물질을 생산하는 세균을 몸에 붙이고
다니는 개미들이 있으며 이들은 흰 가루를 뒤집어쓴 듯 하얀색을 띤다.
다른 개미들은 항생균을 붙이고 다니는 개미를 주의 깊게 보호하며
개미집이 이사라도 갈 때면 항생균 개미를 들어 운반해주기도 한다(왼쪽 위).
잎꾼개미 군집에서는 각 개미의 역할이 세밀하게 분업화되어 있으며
각기 하는 일에 따라 몸의 크기가 극단적으로 달라지기도 한다.

잎꾼개미Atta cephalotes의 몸집이 작은 일개미가 몸집이 큰 일개미가 나르는 잎 조각 위에 올라타 있다. 이 작은 일개미는 나뭇잎을 나르는 개미의 몸에 알을 낳으려고 하는 벼룩파릿과Phoridae의 기생파리에서 이 개미를 보호하는 임무를 맡고 있다. 벼룩파릿과의 파리 몇몇 종은 개미의 머리에 알을 낳고 유충은 개미 머리 안에서 부화하여 자라다가 마침내 개미의 머리를 잘라내고 나온다. 당연한 결과로 이런 파리들은 주로 머리가 큰 개체들에게만 관심을 보인다. 그러므로 개미군집에서는 개미가 나뭇잎을 모으러 나올 때마다 몸집이 작은 일개미가 호위대로 붙어 나오는 한편 파리가 한창 활동하는 낮 동안에는 대개 머리가 작은 개체만이 나뭇잎을 모으러 나온다. 파리가 활동하지 않는 밤이 오면 머리가 큰 개체 또한 개미집을 나서 곰팡이 농장에 공급할 나뭇잎을 모으기 시작한다.

기아나 순상지에는 파충류가 풍부하게
서식하고 있다. 기아나 순상지에 서식한다고
기록된 파충류 종은 300여 종에 이른다.
그중 기아나 순상지에서만 발견되는 고유종은
12퍼센트에 이르며 나머지는 중앙아메리카나
남아메리카 지역에서도 발견되는 종이다.
기아나 순상지의 열대우림에는 나무에서
살아가는 온갖 아름다운 도마뱀이 있다.
이런 도마뱀 대부분은 자신의 의태색에
의존하여 나뭇가지에 앉아 먹잇감이 지나가기만을
기다린다. 때로는 며칠 동안 한곳에서 근육 하나
움직이지 않고 앉아 있기도 한다. 하지만 움직일
때가 되면 이 파충류 동물들은 수직으로 솟은
나무줄기 위를 엄청난 속도로 내달릴 수 있다.
그 속도는 수평의 땅 위를 달리는 도마뱀의 속도와
비슷하다. 갈색나무타기도마뱀Uranoscodon superciliosum
같은 몇몇 종은 숲의 개울가에 앉아 있기를 좋아하며
도망쳐야 할 때가 되면 개울로 뛰어든 뒤
뒷다리를 이용하여 물 위를 뛰어간다.
이 도마뱀이 이토록 놀라운 재주를 부릴 수 있는 것은
기다란 발가락에 커다란 비늘이 달려 있어 발이 물에
닿는 면적을 넓혀주기 때문이다.

지렁이도마뱀Amphisbaena의 한 종

기아나 순상지 열대우림 바닥의 썩은 통나무와
아트막한 흙 속에는 지렁이도마뱀amphisbaenian이라고
알려진 다리 없는 이상한 도마뱀이 살고 있다.
이 도마뱀은 낮의 햇살을 거의 보지 않고 살아가는
동물로 피부의 색소가 사라져버린 종이 많다.
이 도마뱀은 실제로 눈이 보이지 않으며 오직 후각만을
이용해서 개미, 흰개미, 딱정벌레의 유충 같은 먹잇감을
찾는다.

에메랄드와 검은색 무늬가 얼룩덜룩한 나무달리기도마뱀Plica plica은 오직 개미만을 먹고 사는 몸집이 크고 민첩한 도마뱀이다. 이 도마뱀은 알에서 깨어나는 순간부터 자신의 민첩함을 자랑한다. 대개 높은 낙엽 더미 위에 위치한 알둥지에서 이 도마뱀의 알이 부화할 준비를 거의 마쳤을 무렵 포식자가 알둥지를 습격하면 알은 몇 초 만에 부화를 끝내고 알에서 갓 깨어난 어린 도마뱀들은 눈 깜짝할 사이에 사방팔방으로 흩어져 도망쳐버린다. 도마뱀의 민첩한 반응에 포식자는 무슨 일이 일어났는지 영문도 모르는 채 빈 알 껍질만 입에 물고 남겨진다.

지렁이도마뱀과 비슷한 겉모습에 비슷한 서식지에 살고 있는 이 지렁이처럼 생긴 동물은 기아나 순상지의 흙과 썩은 나무줄기에서 흰개미와 개미를 잡아먹으며 살아간다. 하지만 이 동물은 도마뱀도, 심지어 파충류도 아닌 무족영원과 동물로, 개구리와 도롱뇽의 눈멀고 발 없는 사촌이다.

기아나 순상지의 열대우림에는 270종이 넘는 양서류,
즉 개구리와 두꺼비, 무족영원류가 살고 있다. 그리고
이중 50퍼센트는 세계 다른 어느 곳에서도 찾아볼 수
없는 종이다. 이 가운데 많은 종이 멸종 위기에 처해
있고 어릿광대두꺼비Atelopus를 비롯한 몇몇 종은
이미 멸종해버렸다. 양서류의 서식지가 손실되는 한편
이 양서류의 피부를 공격하는 기생 항아리곰팡이
chytrid fungi가 기승을 부린 결과였다.
수리남의 브라운스버그자연공원에는 아직도
몽당발어릿광대두꺼비Atelopus spumarius가 비교적 많이
남아 있지만 남아메리카의 다른 지역에서는
그 개체수가 심각하게 줄어들거나 완전히 사라져버렸다.

수리남 열대우림의 낙엽 무더기에는 또 게걸스럽기로
유명한 수리남뿔개구리Ceratophrys cornuta가 숨어 있다.
이 개구리는 가만히 앉아 먹잇감을 기다리는
포식동물로 다른 개구리나 쥐를 비롯해 자신의
몸만큼 커다란 먹잇감도 쉽사리 삼켜버린다.

기아나 순상지에서 느리게 흐르는 야트막한 개울과
늪지대에서는 나뭇잎과 잘 구별이 되지 않는
피파두꺼비Pipa pipa가 살고 있다. 피파두꺼비는 완전히
수중에서만 생활하는 양서류로 동물세계에서도
가장 신기한 양육 행동을 보여주는 동물로 손꼽는다.
번식기가 되면 수컷 두꺼비는 목구멍의 설골을
이용하여 물속에서 날카로운 꽥꽥 소리를 내어 암컷을
부른다. 암컷이 수컷을 어느 정도 마음에 들어 하면
두꺼비 한 쌍은 수중에서 신기한 춤을 추는 의식을
벌이기 시작한다. 춤을 추는 도중 암컷이 알을 낳으면
수컷은 알을 수정시킨 다음 발을 이용하여 알을 암컷의
등 위로 밀어올린다. 알을 둘러싼 끈끈한 물질 덕분에
알은 어미 두꺼비의 등 위에 붙어 있을 수 있으며
며칠이 지나면 그곳에 단단히 자리를 잡고 종내에는
어미의 피부 표면 아래로 사라져버린다.
그리고 그곳에서 알은 부화할 때까지
성장한다. 어미의 피부 아래 숨겨진 알은 그 안에
빠른 속도로 성장하는 올챙이를 품은 작디작은
수족관으로 자라난다. 이내 성장을 마치면 완전히
모습을 갖춘 작은 두꺼비들이 홀로 살아갈 준비를
마친 채 어미의 피부를 찢고 바깥으로 나온다.

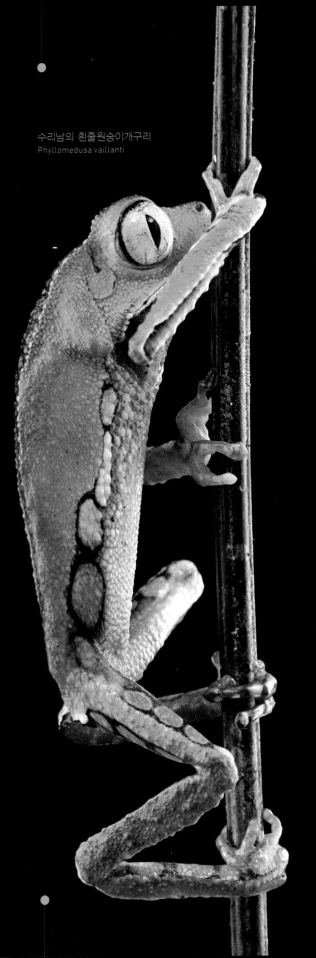

수리남의 흰줄원숭이개구리
Phyllomedusa vaillanti

가이아나의 푸른독화살개구리Dendrobates tinctorum

독화살개구리Dendrobatidae는 그 화려한 경고색으로 자신의 피부에 독이 있다는 사실을
드러낸다. 독화살개구리의 피부에는 이 양서류가 주로 즐기는 먹이인 개미에게서 분리해낸
알칼로이드가 함유되어 있다.

수리남의 세줄독개구리Ameerega trivittata는 암컷이 젖은 낙엽 더미에 알을 낳고
알이 부화하고 나면 수컷이 올챙이들을 등에 업고 물까지 옮겨다준다.

투케이트언덕개구리Allophryne ruthveni는
그 불분명한 친족 관계로 오랫동안 동물학의
수수께끼로 여겨졌다. 최근 분자 연구에 이르러서야
투케이트언덕개구리가 유리개구릿과Centrolenidae와
가까운 친족이라는 사실이 밝혀졌다.

수리남의 가로줄원숭이개구리Phyllomedusa tomopterna.
원숭이개구리Phyllomedusa라는 이름은
이 개구리가 열대우림의 나뭇가지와 나뭇잎을 타고
다니는 방식 때문에 붙여졌다. 원숭이개구리는
보통 개구리처럼 뛰는 대신 길고 움켜쥐는 데 적합한
발가락을 써서 차근차근 한 발씩 번갈아
내딛으며 걸어서 이동한다.

기아나 순상지는 세계에서 가장 큰 거미가 살고 있는 곳이다. 골리앗타란툴라Theraphosa blondi는 소문에 따르면 몸무게가 무려 150그램이 넘는다고 한다. 처음으로 골리앗타란툴라가 숲바닥을 총총 걸어가는 모습을 보았을 때 나는 이 거미를 작은 포유동물로 착각했다. 타란툴라는 몸집은 크지만 인간에게는 보통 해를 입히지 않는다. 타란툴라의 주요 방어 수단은 그 무서운 침이라기보다는 몸을 빽빽이 덮고 있는 털이다. 타란툴라 거미의 털 한 올 한 올에는 아주 미세한 가시가 돋쳐 있으며 이 털은 타란툴라를 만지거나 공격하는 동물의 피부와 점막에 쉽게 달라붙어 고통스러운 염증을 일으킨다. 골리앗타란툴라 암컷은 알주머니 주위의 거미줄에 자신의 털을 함께 짜넣는데, 이는 알주머니에서 자라나는 배아를 한층 더 보호하기 위한 행동이다.

영어 이름으로 버드이터bird eater, 즉 새도 잡아먹는 거미라고 불리지만 실제로 야간에 숲바닥 낙엽 더미에서 활동하는 타란툴라가 새를 잡을 기회는 거의 없다. 타란툴라거미의 주 먹이는 무척추동물이며 덩치에 어울리지 않게 지렁이를 자주 먹는다.

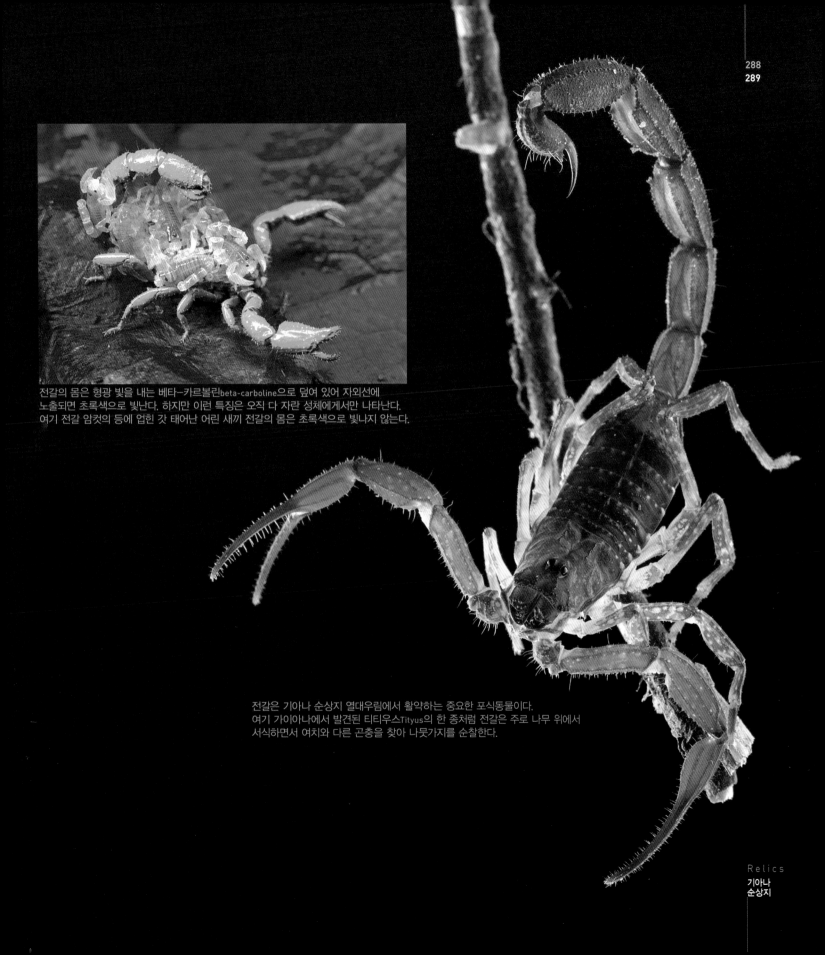

전갈의 몸은 형광 빛을 내는 베타-카르볼린beta-carboline으로 덮여 있어 자외선에
노출되면 초록색으로 빛난다. 하지만 이런 특징은 오직 다 자란 성체에게서만 나타난다.
여기 전갈 암컷의 등에 업힌 갓 태어난 어린 새끼 전갈의 몸은 초록색으로 빛나지 않는다.

전갈은 기아나 순상지 열대우림에서 활약하는 중요한 포식동물이다.
여기 가이아나에서 발견된 티티우스Tityus의 한 종처럼 전갈은 주로 나무 위에서
서식하면서 여치와 다른 곤충을 찾아 나뭇가지를 순찰한다.

가이아나 열대우림에 있는 커다란 무화과나무는
이 롱기마누스앞장다리하늘소Acrocinus longimanus를 손님으로
맞이한다. 하늘소는 유충 시절을 무화과나무숲에서 보낸다.

재미있게도 이 하늘소의 몸 또한 좀더 작은 생물 여러 종을
손님으로 맞고 있다. 실제로 하늘소의 몸은 여러 종의
생물이 살아가는 활기찬 생태계다.

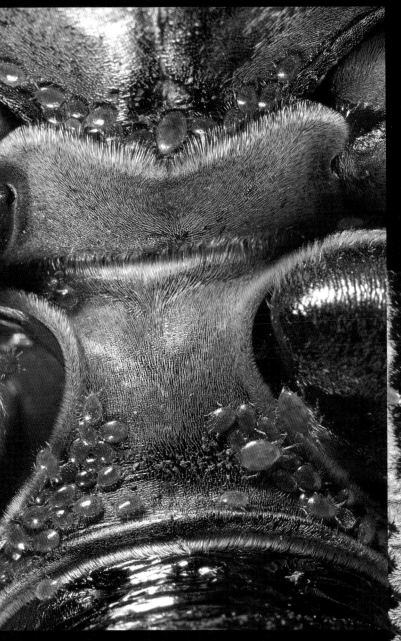

그러므로 하늘소 등을 빌려 타는 의갈류는 자신들이 향하는
곳이 또다른 무화과나무라는 사실을 알고 있다.
이 말은 곧 하늘소의 등이 새로운 무화과나무로 옮겨가기 위해
올라타는 짝짓기 상대를 만날 수 있는 훌륭한 장소라는 뜻이기도
하다. 그리고 실제로도 하늘소의 날개 덮개 아래에서 의갈류의
구애와 짝짓기가 수도 없이 이루어진다. 어떤 의갈류 수컷은 아예
하늘소의 등에 눌러앉아 떠나지 않는다. 새로운 무화과나무에
도착할 때마다 새로운 암컷이 하늘소의 등에 올라타므로
하늘소의 등 위에 머물러 있는 편이 자신의 유전자를 후손에게
더 많이 전해주는 데 유리하다는 사실을 알기 때문이다.

하늘소의 몸에는 진드기 수백 마리가 날개 아래며
몸 틈새에 숨어 살면서 하늘소를 여기저기로 이동하는
편리한 교통 수단으로 사용한다(위). 한 동물이 다른
동물을 오로지 이동 수단으로만 삼는 이런 행동은
운반공생이라고 알려져 있다. 진드기는 또다른 승객동물인
의갈류Cordylochernes scorpioides(오른쪽)의 먹이가 되기도 한다.
의갈류는 단지 맛있는 진드기를 먹으러 하늘소의 등에 탑승하는
것은 아니다. 의갈류 또한 하늘소가 유충 시절을 보내고 짝짓기
상대를 찾는 무화과나무에서 평생을 살아가는 동물이다.

제8장

귀뚜라미
붙이의
음양

캐나다의 얼음귀뚜라미붙이 Grylloblatta campodeiformis

"그래서 '정확하게' 뭘 하신다고요?" 공항의 캐나다 출입국 관리소 직원이 북부 출신임을 분명하게 보여주는 차가운 목소리로 물었다. "물론 얼음귀뚜라미붙이를 찾아보려고요"라고 나는 정직하게 대답하고 싶었지만 대신 온순한 말투로 사업차 회의를 하고 친구를 방문할 예정이라는 등의 이야기를 웅얼거렸다. 동유럽 여권을 가진 데다 의심스러운 사진장비로 가득한 가방을 들고 있을 때는 "정상"처럼 보이는 편이 좋다. 하지만 실은 나는 세계에서 가장 매혹적인 중생대 유물생물을 보러 캐나다의 앨버타 주로 향하던 중이었다. 바로 얼음귀뚜라미붙이다. 그 얼마 전 당시 캘거리대에서 곤충학 교수로 있던 내 친구 데릭 사이크스Derek Sikes는 눈을 번쩍 뜨이게 하는 사진 한 장을 보내주었다. 밴프국립공원 근처의 현장 조사지에서 얼음귀뚜라미붙이 한 마리를 찍은 사진이었다. 전문지식이 없는 사람에게 이 동물은 특별할 것 하나 없이 평범해 보인다. 2.5센티미터의 엷은 갈색을 띤 얼음귀뚜라미붙이의 몸에는 날개는 물론이고 어떤 흥미로운 부속물도 붙어 있지 않다. 하지만 개가 절름발이 다람쥐에게 정신을 빼앗기듯이 곤충학자라면 누구나 이 곤충에게 매혹되기 마련이다.

얼음귀뚜라미붙이가 처음으로 발견된 것은 1914년 설퍼 산에서였다. 이 생물을 처음 발견한 캐나다의 곤충학자 에드먼드 M. 워커는 이 벌레의 고유한 가치를 한눈에 알아차렸다. 이 곤충은 전혀 별개인 여러 곤충 집단의 특징을 하나로 합쳐놓은 듯했다. 얼음귀뚜라미붙이의 겉모습은 곤충의 원시적인 사촌인 좀붙이류Diplura

를 닮았지만 동시에 바퀴벌레와 귀뚜라미를 연상시키는 특징을 지니고 있었다. 워커는 얼음귀뚜라미붙이를 위해 곤충강에 새로운 과를 만들었고 이 과는 곧 새로운 목, 그 이름도 감미로운 그릴로블라토다이Grylloblattodea로 승급되었다. 목은 코끼리목이나 거북목, 파리목처럼 생물을 분류하는 주요 집합 단위로 새로 목을 만들어내는 것은 흔한 일이 아니다. 사실상 그릴로블라토다이목은 곤충강에서 새로운 목이 탄생한 마지막 사례였다. 혹은 모두 그렇게 생각했다.

다음 날 나는 데릭의 안내를 받아 그가 얼음귀뚜라미붙이를 발견했던 장소로 향했다. 우연히도 이곳은 거의 한 세기 전 얼음귀뚜라미붙이가 처음으로 발견된 장소에서 몇 킬로미터밖에 떨어지지 않은 곳이었다. 때는 늦은 10월이었다. 캐나다 사람에게는 가을이었겠지만 다른 지역 사람에게는 자살 충동을 불러일으킬 만큼 추운 날씨였다. 나는 곧 무릎까지 푹푹 빠지는 눈 속을 헤치고 나아가면서 이런 환경에서 곤충이 살아갈 수 있으리라 생각한 나 자신의 순진함을 탓하고 있었다. 우리는 차갑기는 하지만 아직 얼어붙지 않은 낙엽과 쓰레기가 나올 때까지 눈을 파냈다. 그리고 바로 거기, 느릿느릿 움직이는 진드기와 딱정벌레 유충 사이에서 나는 얼음귀뚜라미붙이를 발견할 수 있었다. 곤충학자들은 새 관찰자와는 달라서 앞으로 봐야 할 곤충 목록을 가지고 있거나 하지는 않는다(무려 100만 종에 가까운 곤충 목록을 만드는 일부터가 쉽지는 않을 것이다). 하지만 내가 처음 얼음귀뚜라미붙이를 본 순간의 감동은 새 관찰자가 처음

캐나다의 얼음귀뚜라미붙이
Grylloblatta campodeiformis

나미비아의 뒷굽귀뚜라미붙이
Sclerophasma kudubergense

으로 키위새를 보고 키위새 항목에 표시를 하는 기분과 비슷했다. 얼음귀뚜라미붙이는 곤충 중에서도 신기한 곤충이었다. 전 세계에 단 28종만이 알려져 있으며 오직 북아메리카와 극동 아시아의 추운 지역에서만 발견된다. 미국에 서식하는 종은 대부분 미국과 캐나다의 북부 해안지역의 캐스케이드 산맥과 시에라네바다 산맥에서만 발견되며, 해발 3000미터가 넘는 산의 북쪽 사면이나 얼음 동굴 안에서만 찾아볼 수 있다. 이 곤충이 추운 기후를 좋아하는 것은 분명하다. 얼음귀뚜라미붙이의 최적 활동 온도는 빙점에 가까우며 우리는 손을 대 체온을 올리는 것만으로 이 벌레를 죽일 수도 있다. 그렇다고 얼음귀뚜라미붙이가 아주 극한의 추위에서도 잘 견디는가 하면 그렇지도 않다. 얼음귀뚜라미붙이는 영하 9도 이하로 기온이 떨어지면 살아남지 못한다. 추위에 적응한 여느 곤충과는 다르게 얼음귀뚜라미붙이는 혈액이 어는 것을 방지하는 글리세롤 같은 항동결물질을 충분히 진화시키지 못했다. 그리하여 몸집이 작고 다리가 여섯 달린 골디락스처럼 얼음귀뚜라미붙이는 일시적으로 나타나는 한정된 환경 조건의 범위 안에 갇혀 살아가면서 끊임없이 자신에게 딱 맞는 온도와 습도를 찾아다녀야 하는 듯 보인다. 하지만 이런 방식의 삶에도 유리한 점이 있다. 얼음귀뚜라미붙이는 느리고 기온에 따라 변화하는 신진대사 덕분에 (곤충의 기준에서 볼 때) 놀라울 정도로 장수하며 10년까지도 살 수 있다. 얼음귀뚜라미붙이에게 먹이는 별 문제가 되지 않는다. 얼음귀뚜라미붙이는 얼음 표면으로 날아온 죽은 곤충부터 눈 아래에서

발견되는 식물에 이르기까지 눈에 띄는 것은 무엇이든 다 먹을 수 있기 때문이다. 게다가 빙점 아래로 기온이 떨어지는 흙 속에는 경쟁할 상대도 없으며 얼음귀뚜라미붙이는 이런 환경에서 활동하는 곤충 가운데 몸집이 가장 크다. 또한 땃쥐라든가 두꺼비 같은 대부분의 포식자는 이렇게 추운 지역에는 얼씬도 하지 않는다. 한편 아시아 얼음귀뚜라미붙이들은 미국 얼음귀뚜라미붙이들보다 견딜 수 있는 온도가 조금 높아 최적의 활동 기온 범위가 9도에서 15도 사이다. 이 온도에서 활동하는 동물이 많은 까닭에 아시아의 얼음귀뚜라미붙이는 경쟁자와 포식자를 피해 동굴 바닥에나 흙 속 깊이 숨어 지낸다.

하지만 얼음귀뚜라미붙이가 처음부터 추운 날씨를 좋아했던 것은 아니다. 약 2억5000만 년 전 페름기만 해도 현대 얼음귀뚜라미붙이의 조상은 얼음 위에 살지도 않았고 기어다니지도 않았다[얼음귀뚜라미붙이의 영어 이름은 '얼음 위를 기어다니는 벌레ice crawler'다]. 우선 원시 얼음귀뚜라미붙이는 모두 두 쌍의 커다란 날개를 지니고 있었다. 놀라울 정도로 잘 보존된 얼음귀뚜라미붙이 화석의 장기에 들어 있는 성분을 분석한 결과에 기반을 두고 우리는 원시 얼음귀뚜라미붙이가 주로 원시 침엽수와 오늘날에는 멸종한 침엽수 사촌들의 꽃가루를 먹고 살았다는 사실을 알고 있다. 수백만 년 동안 원시 얼음귀뚜라미붙이는 지구에서도 무더운 열대지방에서 여러 식물을 전전하는 삶을 살았다. 마치 오늘날 수분 충과 비슷한 생활을 한 셈이다. 일부 곤충학자의 주장

에 따르면 오늘날 얼음귀뚜라미붙이가 단 하나의 과만 존재하는 것에 비해 과거에는 "얼음귀뚜라미붙이" 같은 곤충의 과가 44개나 있었다. 이들의 화석은 페름기에서 백악기로 거슬러 올라가는 암석층에서 자주 발견된다. 하지만 그 이후 얼음귀뚜라미붙이는 화석 기록에서 점차 자취를 감추었다. 이상하게도 백악기 중반 이후에 흔적을 남긴 얼음귀뚜라미붙이는 단 한 마리도 없다. 얼음귀뚜라미붙이가 자취를 감춘 시기는 피자식물이라고도 하는 속씨식물의 등장과 맞물려 딱정벌레와 다른 수분충이 다양해진 시기와 비슷하게 맞아떨어진다. 원시 얼음귀뚜라미붙이는 식물과의 관계를 한층 진화시킨 새로운 곤충과의 경쟁에서 패배할 바에야 차라리 완전히 새로운 생활 방식을 취하면서 생존할 수 있는 길을 발견한 듯 보인다. 원시 얼음귀뚜라미붙이는 날개를 떨구어 버리고는 다른 생물이 살기 어려운 추운 생태적 지위를 택해 빙하의 언저리를 따라 동굴 안으로, 땅속 깊은 곳으로 들어갔다. 그랬다면 화석 기록이 남아 있지 않은 사실도 설명할 수 있다. 생물이 화석화되기 위해서는 생물의 사체가 호수나 바다 밑바닥에 퇴적된 토사층으로 가라앉아야만 하는데, 얼음귀뚜라미붙이 조상이 새로 택한 환경은 이렇게 화석이 만들어지기 어려운 것이었기 때문이다.

오늘날 얼음귀뚜라미붙이는 예전 날개를 달고 식물을 이리저리 돌아다니던 조상들보다는 아직까지 운이 좋은 편이지만 그 운 또한 얼마 지나지 않아 금세 바닥나버릴지도 모른다. 얼음귀뚜라미붙이는 낮은 기온에서도 아주 좁은 기온 범위에서만 살 수 있으며 날개가 없기 때문에 새로운 서식지를 재빨리 개척할 수도 없다. 이 두 가지 특징이 결합된 결과 고대로부터 살아남아온 곤충의 혈통은 오늘날 온난화 현상이 급속하게 진행되는 지구에서 이제 곧 종말의 길을 걷게 될지도 모른다. 진화에서 이따금 일어나는 일이지만 얼음귀뚜라미붙이는 스스로를 빠져나올 수 없는 막다른 길로 몰아넣은 것이다. 북아메리카 대륙이 두꺼운 얼음층으로 덮여 있던 홍적세 무렵 얼음귀뚜라미붙이는 아마도 빙하의 가장자리나 지하에서 연결된 동굴에서만 살아남았을 것이다. 그 뒤 빙하가 후퇴하는 동안 얼음귀뚜라미붙이는 점점 물러나는 얼음을 따라 이동하면서 높은 산의 비탈면이나 추운 동굴처럼 적절하게 추운(하지만 아주 춥지는 않은) 장소에 정착했다. 고산지대의 추운 서식지는 으레 섬처럼 드문드문 떨어져 있기 때문에 얼음귀뚜라미붙이의 개체군은 현재 규모가 작은 한편 유전적으로 고립되는 경향을 보인다. 이 말은 얼음귀뚜라미붙이의 서식지가 살기 어려울 정도로 더워지는 시기가 오면—그리고 북아메리카의 빙하가 감소하고 있다는 사실을 증명하는 근거는 충분히 나와 있다—얼음귀뚜라미붙이에게는 달리 갈 곳이 없다는 뜻이다. 얼음귀뚜라미붙이가 살 만한 서식지가 있다 해도 얼음귀뚜라미붙이에게는 그 서식지로 이동할 수 있는 방도가 없다. 이 곤충에게는 날개가 없기 때문이다. 어쩌면 캘리포니아의 시에라네바다 산맥에 서식하는 얼음귀뚜라미붙이 개체군은 그 일부가 혹은 전체가 이미 멸종했을지도 모른다. 지난 40년 동안 이곳에서 얼음귀뚜라미붙이를 찾아보려는 노력이 모두 수포로 돌아갔다. 한 곤충 집단을 구성하는 종이 28종밖에 없다고 할 때 그 종 하나의 가치는 값을 따질 수 없을 정도로 높다.

　　1915년 얼음귀뚜라미붙이가 곤충강의 새로운 목으로 인정받고 난 다음 곤충학자들은 이게 마지막일 것이라고 생각했고 이렇게 중대한 발견이 다시 나타날 것이라고는 기대하지 않았다. 그런 까닭에 2002년 독일 과학자와 덴마크 과학자들로 구성된 연구진이 곤충의 또다른 새로운 목을 세상에 발표했을 때 커다란 회의론에 부딪힌 것은 당연한 일이었다. 이 새로운 동물은 그 길게 늘어지고 날개 없는 몸이 얼음귀뚜라미붙이와 상당히 비슷해 보였다. 하지만 그 생리와 행동에 있어 새로 발견된 곤충은 얼음귀뚜라미붙이와 완전히 달랐다. 만토파스마토다이Mantophasmatodea라는 기억하기 쉬운 이름의 새로운 곤충은 지구 반대편, 타는 듯이 뜨거운 남아프리카 사막에서 자라는 키 작은 초목 사이에서 발견되었다. 몸놀림이 재빠르고 민첩했으며 얼음귀뚜라미붙이와는 달리 포식성 곤충으로 엄청난 식욕을 자랑했다. 또한 이 곤충들은 발끝을 공중으로 들어올린 채 우스운 방식으로 걸어다녔기 때문에 '뒷굽귀뚜라미붙이'라는 일반명을 얻었다. 그 형태와 해부 구조를 상세히 연구한 결과 이 곤충이 아마도 원시 대벌레나 얼음귀뚜라미붙이와 친족관계일지도 모른다는 결론이 도출되었다. 열심히 노력하고 운도 따라준 결과 나는 마침내 나미비아에서 살아 있는 뒷굽귀뚜라미붙이를 채집하는 첫 탐험에 나설 수 있었다. 그리고 브랜드버그 매시프Brandberg Massif

의 뜨겁게 달아오른 바위 사이에서 뒷굽귀뚜라미붙이를 내 눈으로 발견한 때는 내 인생에서 기억될 만한 순간이다.(또한 나는 이 탐험에서 귀중한 교훈을 얻었다. 마른 강바닥 한가운데에 서 있을 때 이상한 소리가 점점 크게 들려온다면 죽기 살기로 뛰어 도망쳐야 한다. 돌발홍수가 밀려오는 것이기 때문이다.)

　　이후 수년 동안 여러 과학자가 만토파스마토다이의 몸과 유전자를 세밀하게 연구했고 분자 분석과 형태 분석 결과에서 모두 만토파스마토다이가 얼음귀뚜라미붙이와 가까운 친족관계라는 사실이 확인되었다. 그 관계가 아주 밀접했기 때문에 이 두 곤충 집단은 "자매 집단"으로 여겨진다. 자매 집단은 하나의 공통 조상에서 갈라져 나온 별개의 생물 집단을 가리키는 용어다. 두 집단이 매우 가까운 데다 각 목에 종이 얼마 되지 않는다는 점을 고려하여 수많은 곤충학자는 현재 그릴로블라토다이Grylloblattodea(얼음귀뚜라미붙이)와 만토파스마토다이Mantophasmatodea(뒷굽귀뚜라미붙이)를 하나의 목으로 묶는 것을 선호한다. 이런 방안이 처음 제안되었을 때 나는 한 학회 모임에서 두 집단을 합친 목의 이름으로 그릴로블라토만토파스마토다이목Grylloblattomantophas-matodea이라는 이름이 고려되고 있는 것을 들었다. 나는 이 어이없을 정도로 긴 데다 그 의미도 전혀 틀린 이름이 선택되기를 바랄 뻔했다. 이 이름을 라틴어에서 번역하면 "귀뚜라미-바퀴벌레-사마귀-대벌레 같은 곤충"이라는 의미다. 실제로 이 네 곤충 집단은 모두 얼음귀뚜라미붙이나 뒷굽귀뚜라미붙이와 관계가 있지도 않

나미비아의 뒷굽귀뚜라미붙이
Sclerophasma kudubergense

다! 결국 두 목을 합치는 목의 이름으로는 노토프테라 *Notoptera*(귀뚜라미붙이목)가 선택되었다.

하지만 얼음귀뚜라미붙이와 뒷굽귀뚜라미붙이가 별개의 목이든 같은 목의 아목이든 그런 것은 아무 의미 없는 용어상의 문제에 불과하다. 우리는 이 두 집단이 공통된 조상에서 각기 고유하게 진화해왔다는 사실을 알고 있다. 분류 체계의 상위 범주—강, 목, 과 등—는 우리가 생물 사이의 대략적인 관계(혹은 논리를 무시하기로 선택한 이에게는 창조의 양식)를 파악하기 위한 인공적인 체계에 불과하며 생물학적으로는 아무런 의미도 없다. 여기서 우리의 관심을 끄는 점은 매우 비슷한 유전적 유산을 공유하면서도 지금은 지구 반대편에서 정반대의 생활 양식으로 살아가고 있는 이 두 곤충 집단이 보여주는 음양陰陽의 속성이다.

2002년 뒷굽귀뚜라미붙이가 처음으로 발견된 이래 12종이 넘게 추가적으로 발견되었다. 이 종들은 대부분 남아프리카공화국에 서식했는데, 나중에 밝혀진 바에 따르면 남아프리카공화국의 일부 지역에서 뒷굽귀뚜라미붙이는 그야말로 돌덩이만큼이나 흔하게 볼 수 있는 곤충이었다. 그렇다면 곤충학자들은 어떻게 그리고 왜 이 곤충을 그토록 오랫동안 발견하지 못했던 것일까? 이 복잡한 문제에 대한 해답은 의외로 평범한 것으로 나타난다. 바로 얼마 전에 나는 남아프리카공화국의 핀보스 지대에서 여치를 조사하고 있었다. 나는 친구 코리와 함께 해안을 따라 차를 몰고 가다가 이따금 차를 멈추고 고속도로 한켠에서 여치와 메뚜기를 찾아보았다. 마침 남반구의 겨울이 끝나갈 무렵이라 밤 날씨는 건조했고 추울 때도 많았다. 이 계절에 활동하는 곤충은 거의 없으며 돌아다니는 곤충은 대개 다 자라지 못한 유충이다. 그러나 우리는 곧 금광과 마주쳤다. 처음에 한 마리, 그리고 또 한 마리…… 결국에 우리는 몸집이 작고 날지 못하는 여치 중에서 학계에 알려지지 않은 새로운 여치를 여섯 종이나 수풀 속에서 찾아낼 수 있었다. 여치에게 전혀 기대되지 않은 방산 양식이었다. 곤충학자들은 오랫동안 남아프리카공화국에서 여치를 채집해왔다. 그런데 이 곤충들이 어떻게 여태 발견되지 않고 남아 있을 수 있었을까? 나는 이 질문에 대해 곰곰이 생각하면서 곤충을 찾기 위해 초목을 찬찬히 살펴보고 있었다. 느닷없이 나는 녹색의 통통한 뒷굽귀뚜라미붙이 암컷과 눈이 마주쳤다. 뒷굽귀뚜라미붙이 암컷은 내 눈높이의 나뭇가지에 꼼짝 않고 가만히 앉아 주위 환경에 섞여들려 하고 있었다. 그 암컷이 다 자란 성충이라는 사실을 알고 있었지만 암컷은 어딘가 유충처럼 보이는 데가 있었다. 날개가 없고 뭉뚝한 겉모습에 한겨울에 밖에 나와 돌아다닌다는 사실까지 겹쳐 내 머리는 이 곤충이 아직 다 자라지 못한 유충이라고 짐작해버리려 한 것이다. 그리고 이것이 그 해답이었다. 뒷굽귀뚜라미붙이가 그렇게 오랫동안 발견되지 못하고 곤충학자의 눈을 피할 수 있었던 이유는 바로 이것이었다. 우리가 발견한 날개 없는 여치와 마찬가지로 봄여름에 활동적인 곤충종의 유충을 닮은 뒷굽귀뚜라미붙이는 이따금씩 곤충학자에게 채집되었지만 무언가 다른 곤충의 유충으로 치부되어 곤충 수집품에서도 가장 어두운 구석에 팽개쳐져 있었던 것이다. 아니나 다를까 뒷굽귀뚜라미붙이의 존재가 공식적으로 발표된 뒤 남아프리카공화국 박물관에서는 뒷굽귀뚜라미붙이의 수많은 표본이 발견되었다. 이중 어떤 표본은 1세기도 더 전에 채집된 것이었다. 나는 코리와 함께 현장 조사에서 돌아온 다음 케이프타운의 아름다운 남아프리카 아이지코박물관을 찾아가보았다. 박물관에는 아직 확인되지 않은 유충 사이에서 이번에 내가 새로 발견한 여치가 열두어 마리 놓여 있었다. 어떤 여치는 그 정체가 밝혀지지 않은 채 이곳에 보관된 지 이미 70년이 넘어가고 있었다.

물론 앞으로 뒷굽귀뚜라미붙이의 새로운 종이 밝혀지고 뒷굽귀뚜라미붙이의 생태와 행동에 대해서 새로운 자료를 담은 논문들이 출간되어 나올 것은 분명하다. 하지만 우리는 서둘러야 할지도 모른다. 얼음귀뚜라미붙이의 서식지가 녹아내려 사라지는 것과 마찬가지로 뒷굽귀뚜라미붙이의 서식지가 위험에 처해 있다는 조짐들이 보인다. 원시적이며 독특하고 믿을 수 없을 만큼 풍부한 남아프리카공화국의 카루와 핀보스의 식물군락, 케이프 식물구계계라는 지위를 얻을 만큼 엄청나게 많은 식물종이 서식하고 있는 이 식물군락들이 점차 줄어들고 있기 때문이다. 개발과 사막화와 채굴사업은 끊임없이 이 귀중한 생태계를 좀먹어가면서 말 그대로 대양으로 밀어내려고 하고 있다. 15종이 알려진 뒷굽귀뚜라미붙이의 종들은 각기 고유하게 특화된 케이프 초목이 자라는 아주 작은 지역에서만 한정적으로 발견되며, 그렇기 때문에 얼마 지나지 않아 막다른 길로 내몰릴지도 모른다. 얼음귀뚜라미붙이를 탄생시켰던, 그리고 얼음귀뚜라미붙이를 한정된 생태 환경에 특화시켰던 중생대 조상은 그 생태적 지위는 판이하게 다르지만 마찬가지로 위험하게 특화된 생물을 탄생시켰다. 그리고 지나치게 한정된 환경에서 특화하는 것은 멸종으로 가는 지름길이다. 이는 특화한 생물 집단들이 남긴 풍부한 화석 기록에 의해 분명하게 입증되었다.

도쿄에서 그리 멀지 않은 곳에는
숨이 막힐 정도로 아름다운
지치부타마카이국립공원이 있다.
고산지대와 아고산지대로 이루어진
이 국립공원의 서늘하고 그늘지고
습기 찬 환경은 얼음귀뚜라미붙이의
전형적인 서식지다. 일본
얼음귀뚜라미붙이는 습도가
지속적으로 높은 환경을 필요로 하기
때문에 대부분 시내나 개울이 흐르는
옆의 바위나 흙 속 깊은 곳에서
발견된다. 이 서식지의 토양에서는
사시사철, 가장 추운 한겨울에도
낮은 온도가 일정하게 유지된다.
이런 환경은 얼음귀뚜라미붙이가
자라기에 이상적인 조건이다.

일본얼음귀뚜라미붙이, 즉 가로아무시garoamushi는
미국종보다 확연하게 몸집이 더 크다. 또한 신진대사율이
높아 더 빠르게 움직이기 때문에 잡기도 어렵다. 일본에서
가장 흔하게 발견되는 종은 갈로이시아나 니포넨시스
Galloisiana nipponensis로 20세기 초 도쿄의 프랑스
대사관에서 담당관으로 근무했던 에듬 갈루아Edme Gallois의
이름을 딴 것이다. 이 사람의 이름을 딴 학명의 곤충종이
많다는 점으로 미루어 짐작할 때 에듬 갈루아는 열렬한
곤충학자였던 것이 분명하다. 가로아무시는 주로 연평균
기온이 12도인 지역에서 발견되며 이 추운 지역에서도
1년 내내 땅속 깊숙이 숨어 지낸다. 이 곤충을 연구하는
과학자인 이시이 가쓰히코Ishii Katsuhiko는 가루아무시를
찾기 위해서는 어디를 어떻게 파야 하는지 가르쳐주었다.
하지만 정말 미친 듯이 땅을 팠는데도 나는 결국
얼음귀뚜라미붙이를 한 마리도 찾아내지 못했다.
(물론 가쓰히코는 그동안 수십 마리를 찾아냈다.)

북아메리카의 눈밭에서 서식하는 얼음귀뚜라미붙이 Grylloblatta campodeiformis는 눈이 아주 잘 발달되어 있다. 얼음귀뚜라미붙이는 낮밤을 가리지 않고 활동하며 눈 표면을 돌아다니면서 시각과 후각을 이용하여 먹이를 찾는다. 얼음귀뚜라미붙이는 정확하게 포식성이라고는 할 수 없지만 어떤 곤충도 눈에 띄기만 하면 야금야금 뜯어먹으려 할 것이다. 먹이 하나를 두고 얼음귀뚜라미붙이끼리 싸우는 일도 자주 일어나며 이런 싸움은 종종 둘 중 하나가 다치거나 죽으면서 끝이 난다. 반면 여기 일본의 갈로이시아나 니포넨시스Galloisiana nipponensis처럼 굴을 파고 사는 아시아종은 눈이 아예 없으며 평생을 땅속 깊은 곳에 숨어 살아가면서 땅 위로 나와 먹이를 찾는 일도 없다.

갈로이시아나 니포넨시스의 어린 약충에게는 아직 눈의
흔적이 남아 있다. 여기 사진에서 작은 검은 점처럼
보이는 것이 눈의 흔적이다. 이 흔적은 좀더 자란
약충과 성충에서는 완전히 사라지고 없다.

· 아프리카 남부의 서쪽 해안을 따라 주로 발견되는
뒷굽귀뚜라미붙이는 지구 북반구에 살면서 추위를
사랑하는 자신의 사촌과는 정반대의 서식지를 좋아한다.
티라노파스마 글라디아토르Tyrannophasma gladiator라는
거창한 이름의 뒷굽귀뚜라미붙이는 나미비아에 있는
브랜드버그 매시프Brandberg Massif의 거대한 바위 사이나 바위
틈새에서 자라는 초목 수풀에서 발견된다. 이 곤충은 가만히 앉아
먹잇감이 지나가기를 기다리는 포식자로, 이 벌레들과 곧잘
비교되는 사마귀보다는 자객벌레라고도 불리는
침노린재Reduviidae와 비슷한 전략을 구사한다. 뒷굽귀뚜라미붙이는
시력이 좋은 것으로 여겨지며 더듬이 끝에는 그 기능이 아직
밝혀지지·않은 감각기관이 있다. 뒷굽귀뚜라미붙이는
말벌이 더듬이를 진동시키는 것과 비슷한 방식으로 이 감각기관을
계속해서 진동시킨다. 작은 무척추동물이라면 무엇이든 가리지 않는
뒷굽귀뚜라미붙이는 사냥감이 포착되면 바로 덤벼들어 앞다리와
가운데다리로 먹잇감을 움켜잡는다.

여기 남아프리카공화국의 다 자란 뒷굽귀뚜라미붙이 암컷은
새끼를 배어 무거운 몸을 하고 있다. 이 뒷굽귀뚜라미붙이는
분명히 다 자란 성충이지만 다른 곤충의 약충과
비슷한 특징을 보인다. 날개와 단안(홑눈)이 없으며 몸도 부드럽다.
얼음귀뚜라미붙이와 뒷굽귀뚜라미붙이가 유형성숙의 사례일지
모른다고 추정하는 곤충학자들도 있다.
유형성숙이란 성체에서 유생의 특징이 나타나는 현상이다.

눈톡토기|Hypogastrura harveyi

눈각다귀|Chionea valga

모든 살아 있는 생물의 세포 안에는 물이 높은 비율로 함유되어 있다.
기온이 0도 아래로 떨어지면 세포 안의 물이 얼음결정으로 변하면서 세포 구조가
파괴되며 그 결과 생물이 죽을 수도 있다. 그러나 놀랍게도 한겨울 눈 위에서
살아갈 수 있는 생물은 비단 얼음귀뚜라미붙이 하나만이 아니다. 몇몇 절지동물은
빙점하의 기온에서도 살아남아 활동할 수 있는 생리적 적응을 진화시켰다.
자신의 체온을 조절하지 못하는 변온동물로서 곤충과 거미가 겨울 빙점하의
환경에서 활동하기 위해서는 체액을 과냉각할 수 있어야 한다.
곤충이 자신의 체온을 물이 어는 빙점 훨씬 아래로 떨어뜨려도 체액이 얼지 않고
액체 상태를 유지하도록 하기 위해서는, 즉 체액을 과냉각하기 위해서는
곤충의 혈림프와 세포에 부동화단백질과 다가알코올이 들어 있어야 한다.
또한 체액의 과냉각 상태는 체액 속에서 얼음결정 형성을 촉진하는 작은 입자인
얼음 응집 입자가 없을 때만 유지될 수 있다. 음식 조각이나 장 세균이
얼음 응집 입자가 될 수 있으므로 겨울에 활동하는 절지동물은 거의 먹이를
먹지 않는다. 그리고 태양 에너지를 가능한 한 많이 흡수하여 몸을 따뜻하게
할 수 있도록 한결같이 어두운 체색을 띠고 있다.
먹지도 못하는데 굳이 겨울에 활동해야 할 필요가 있느냐고 생각할지도 모른다.
하지만 추위에 적응한 동물들은 한 가지 중대한 사실을 최대한 활용한다.
자신들이 먹지 못하면 자신들의 적 또한 먹지 못한다는 사실이다. 이 말은 곧 여기
동작이 굼뜨고 날개가 없는 톡토기목Collembola이라든가 애기각다귀Limoniidae
같은 동물이 눈 위를 돌아다니는 동안 때때로 거미와 마주치더라도 두려워하지
않고 마음껏 애정 행각을 벌일 수 있다는 뜻이다. 얼음귀뚜라미붙이는 눈 위에서도
먹이를 먹을 수 있는 곤충이다. 여기 앨버타 주의 키오네아 발가Chionea valga
같은 눈각다귀는 얼음귀뚜라미붙이의 식단에서 중요한 위치를 차지하고 있다.

눈밑들이Boreus brumalis의 암컷

눈밑들이Boreidae는 지구 북반구의 온대숲에서 흔히 발견되는
아주 흥미로운 동물이다. 눈밑들이는 예전에는 민첩한 포식성
곤충인 밑들이목Mecoptera에 속한다고 여겨져왔다.
하지만 최근 분자 연구와 형태학 연구 결과 눈밑들이가
기생벼룩에 좀더 가까울지도 모른다는 결과가 밝혀졌다.
유전적으로 누구와 더 가까운지와는 상관없이 이 평화를
사랑하고 이끼를 먹고 사는 곤충은 참밑들이와도, 벼룩과도
닮지 않았다. 눈밑들이는 겨울에 활동하는 다른 동물과
마찬가지로 추운 계절에는 포식자들이 나와 돌아다니지
않는다는 점을 이용하여 겨울 동안 짝짓기를 하러
몰려나온다. 몸집이 더 크고 통통한 암컷에는 아예 날개가
흔적도 남아 있지 않은 반면 수컷에게는 가위처럼 생긴
변형된 날개가 달려 있다. 수컷은 이 날개를 이용하여
짝짓기를 하는 동안 암컷의 구기를 꽉 움켜쥐어 암컷이 자기
등에서 떨어지지 못하도록 잡아둔다. 짝짓기가 끝나면 암컷은
외부로 노출된 기다란 산란관을 이용하여 이끼 더미에 알을
낳는다. 이곳에서 알들은 동면하며 봄이 오기를 기다린다.

제9장

대양
대탈출

투구게는 4억4000만 년 전부터 지구 위에
존재해왔다. 현생 종의 나이는 아마도 몇백만 년밖에
되지 않았겠지만(그리고 화석 기록이 남아 있지
않지만) 지금 지구에 살고 있는 투구게는 오래전에
멸종한 조상의 형태학적 특징을 수도 없이 간직하고
있다. 또한 행동학적 특징도 간직하고 있을 가능성이
높다. 현대 투구게는 쥐라기에 살았던 투구게와
실제로 그 겉모습을 구별할 수 없을 정도다.
이 투구게의 모습에서 우리는 쥐라기 시대에 살았던
생명의 모습을 슬쩍 들여다볼 수 있다.

북아메리카의 동부 해안에서 벌어지는
아메리카투구게의 대규모 산란 광경은
자연이 연출하는, 세계에서 가장 극적인 장관이다.
운이 좋은 밤에는 투구게 10만여 마리가 바다에서
올라오는 광경을 볼 수도 있다.

보 스턴에서 뉴저지까지 차를 몰고 오는 여덟 시간
은 그야말로 지옥 같았다. 맨해튼 러시아워 한복판에서 길을 잃고 헤맨 다음 뉴저지 유료 고속도로에서 분노를 부채질하는 정체를 겪고 나니 두뇌 혈관이 터지기 일보 직전이었다. 화도 나고 피곤하고 게다가 배가 몹시 고팠다. 몇 주 전부터 자동차 바닥을 굴러다니던 감자칩 조각이 맛있어 보일 지경이었다. 그러나 늦은 오후의 길고 나른한 햇살 속에서 반짝이는 하이즈비치의 따스한 모래에 발을 내딛는 순간 델라웨어 만을 찾는 연례적인 순례길에 생긴 모든 고난과 시련은 한꺼번에 잊었다. 나는 우리 우주를 창조한 힘에 대한 내 믿음을 다시 한 번 확인할 수 있는 장소, 가장 좋아하는 예배당에 도착한 것이다. 물리적으로 명백하고 검증할 수 있으며 부인할 여지가 없는 힘에 대한 믿음이다. 나는 우리 지구에서 가장 오래된 것일지도 모르는 장관을 보러 이곳을 찾았다. 이미 1억 차례 이상이나 앙코르를 받은 장관이다.

매년 5월과 6월, 초승달이나 보름달이 뜨는 밤이 오면 투구게는 자신이 살던 대서양의 모래 바닥을 떠나 건조하고 낯선 우리의 세계로 들어온다. 우리에게 바다 속 깊고 어두운 투구게의 세계가 낯선 것처럼 투구게에게도 우리의 건조한 세계는 이상하고 낯설게 느껴진다. 발을 잡아당기는 썰물의 파도를 거슬러 이 신기한 동물은 느릿한 몸짓으로 해안가로 기어 올라온다. 파도는 요동치며 투구게를 덮치고 등이 아래로 뒤집힌 투구게를 다시 깊은 물속으로 끌어당긴다. 대양은 분명히 자신의 지배하에 있는 국민의 일부가 자기 손아귀에서 빠져나가

는 것을 반기지 않는 듯 보인다. 하지만 투구게는 끈질기게 버텨낸다. 느리지만 확실하게 투구게가 모습을 드러내기 시작한다. 목숨을 잃을 위험을 기꺼이 감수하면서 투구게는 낯설고 두려운 영역으로 발을 내딛는다. 물이 사라지면서 갑자기 중력은 한층 더 강하게 느껴진다. 물속에서 투구게는 놀라울 정도로 우아하게 움직이며 모래 바닥 위를 빠른 속도로 질주할 수도 있으며, 때로 조금 서툴지언정 헤엄도 칠 수 있다. 하지만 여기 델라웨어만의 해안가에서 투구게는 무거운 몸을 이끌고 모래를 헤치며 힘겹게 기어가야 한다. 특히 수컷보다 몸집이 크고 무거운 암컷은 더 불리하다. 3킬로그램에 가까운 몸을 끌고 가야 하는 한편 해안가에 도착할 무렵에는 암컷에게 구애하는 수컷이 암컷의 꽁무니에 적어도 한 마리 이상 달라붙기 때문이다. 암컷 투구게 뒤로 암컷이 낳으려는 알을 수정시키기 위해 안간힘을 쓰며 달라붙는 수컷이 한 마리가 아닌 두세 마리 매달려 나타나는 경우도 흔히 볼 수 있다.

수백 마리의 쇠파리가 우리의 피를 모조리 빨아먹기 위해 최선을 다하는 동안 내 친구이자 동료 사진작가인 조지프 워펠^{Josef Warfel}과 나는 해안가에 서서 이 장관이 시작되기만을 기다리고 있었다. 햇살이 점차 어둑해지면서 만조가 절정에 다다르고 있었다. 처음 도착했을 때는 해안가에 사람이 드문드문 있었지만 이 순간엔 텅 비어 있었다. 막 펼쳐질 자연의 신비를 목격하게 될 사람은 우리 둘뿐이었다. 나는 이 장관을 보기 위해 온 사람이 우리밖에 없다는 게 얼마나 이상한지 이야기하

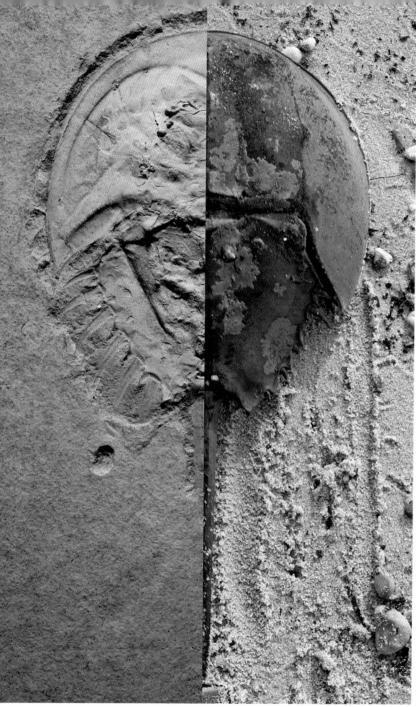

태어났을 때 헤어진 쌍둥이처럼 1억5000만 년 전의
메솔리물루스 발키Mesolimulus walchi와 현대의
리물루스 폴리페무스Limulus polyphemus는 놀라울 정도로
비슷한 점이 많다. 그러나 두 종은 또한 자신만의 고유한 특징도
여럿 지니고 있다. 이는 지구의 다른 생물과 마찬가지로 투구게
또한 진화해왔다는 확고한 증거다.

기 위해 입을 열다가 파리 한 마리를 삼키고는 오늘 저녁에는 입을 다물고 고요를 즐겨야겠다고 결심했다. 파리들은 마침내 피를 빨아먹을 만큼 빨아먹고는 떠나버렸다. 이제 이 경이로운 장관을 감상하는 데 방해될 것은 아무것도 남지 않았다.

처음에는 몸집이 큰 암컷들이 나타났다. 대부분 그 꽁무니에 수컷들을 매달고 있었다. 희미해지는 햇살 속에서 수백 마리가 넘는 투구게의 뾰족한 꼬리가 보였다. 투구게는 요동치는 파도 속에서 비틀거리면서도 마른 땅으로 올라오려고 애쓰고 있었다. 해가 완전히 저물고 나자 해안가는 반짝이는 등딱지를 지닌 거대한 투구게 수백 마리로 뒤덮였다. 암컷은 알을 낳기 위해 구덩이를 파고 있었다. 둥지 하나마다 4000여 개의 알이 채워질 것이었다. 한편 수컷들은 알의 아비가 될 권리를 차지하기 위해 싸움을 벌이고 있었다. 투구게는 체외수정을 하므로 한 둥지에 낳은 알의 아비가 서로 다른 여러 마리의 수컷인 경우도 많다. 자외선을 볼 수 있는 한 쌍의 겹눈(에다 작은 눈 여덟 개)을 지닌 투구게 수컷은 파도와 모래와 수백 마리의 다른 수컷이 뒤엉켜 있는 아수라장 속에서도 암컷을 쉽게 식별해낸다. 투구게의 행동을 연구하는 과학자들은 처음에는 투구게 수컷이 암컷이 발산하는 페로몬에 이끌리는 것이라고 생각했지만, 나중에 밝혀진 바에 따르면 수컷은 오직 그 뛰어난 시각에만 의존하여 암컷을 찾아낸다. 하지만 수컷도 실수를 하기 마련이라 암컷으로 착각한 수컷의 뒤를 따라 다른 수컷들이 일렬로 걸어오다가 진짜 암컷이 나타나는 순간 대열을 무너뜨리며 흩어지는 일도 드물지 않다.

대규모로 이루어지는 투구게 산란의 드라마를 지켜보는 일은 나에게 종교 체험이나 마찬가지다. 이 광경을 보고 있노라면 심장박동마저 느려지는 듯하다. 이 자연의 경이가 불러일으키는 평온함 덕분에 나는 잠시나마 이 세상의 불행을 잊을 수 있다. 투구게가 비록 신기하고 인간과 전혀 상관없어 보일지 모르지만 나는 이 장엄한 생물을 보며 우리가 같은 진화적 유산을 공유하고 있다는 사실을 다시 한번 떠올린다. 현재 우리에게 이르는 길은 비록 오래전에 갈라져 나왔지만 인간과 투구게는 한때 같은 조상을 공유한 적이 있다. 아주 오래전의 일이다. 투구게는 현재 우리 주위에서 살아가는 대부분의 생물보다 이 지구 위에 더 오랜 시간 존재해왔다. 매니토바 주에서는 최근 루나타스피스 아우로라Lunataspis aurora 라 불리는 흥미로운 작은 생물의 화석이 발견되었다. 이 화석의 발견으로 현대의 투구게와 매우 비슷한 투구게가 4억4500만 년 전인 오르도비스기에도 존재했다는 사실이 증명되었다.

약 2억4500만 년 전인 삼첩기, 최초의 공룡이 육지를 공포에 떨게 할 무렵 투구게는 이미 오래전에 사라진 시대의 유물생물이었다. 그리고 투구게는 계속 살아남았다. 공룡이 왔다가 사라지고 지구의 극성과 기후가 수도 없이 변화하는 동안에도 투구게는 그 느린 속도로 계속 앞으로 나아갔다. 그리고 이런 시기를 견디는 동안에도 그 모습이 거의 변하지 않았다. 쥐라기 시대에 살았던 투구게종은 현대의 투구게와 완전히 똑같아서 나는

쥐라기 시대의 투구게가 델라웨어 만 해변에서 내 앞을 기어 지나간다 해도 알아차릴 수 있을지 자신이 없다. 투구게가 취한 생활양식과 형태는 진화적 관점에서 매우 성공적이었기 때문에 투구게는 수천 가지의 좀더 인상적인 생물 집단(가장 먼저 떠오르는 동물로는 공룡과 삼엽충이 있다)들이 견뎌내지 못하고 퇴장해버린 지구 기후의 변화도 무사히 헤쳐나올 수 있었다. 하지만 창조주의자를 비롯한 몇몇 사람의 주장과는 다르게 투구게는 계속해서 진화해왔다. 현대의 투구게, 즉 동남아시아의 세 종과 북아메리카 동부의 한 종으로 한정된 현대의 투구게는 화석으로 남은 친족과는 세부적인 부분에서 수도 없이 다르다. 이를테면 우리는 전부라고는 할 수 없지만 많은 화석 투구게가 민물에서, 대개는 초목이 제멋대로 우거진 야트막한 늪지대에서 살았다는 사실을 알고 있다. 한편 거의 육지에서 생활한 투구게도 있었다. 현재에는 말레이 반도에서 살고 있는 맹그로브투구게Carcinoscorpius rotundicauda만이 일상적으로 민물에 드나들며 민물이나 바닷물에 알을 낳는 유일한 종으로 남아 있다.

투구게의 형태 또한 아주 느린 속도이기는 하지만 변화해왔다. 이렇게 극단적으로 느린 형태학상의 진화는 느린 진화bradytely라고 하며, 생물학적 관점에서 팔방미인인 생물에게서 흔히 나타난다. 어느 환경에 고도로 특화된 생물, 이를테면 풀이 풍부한 지역에서 풀만 먹고 사는 생물은 풀을 그리 좋아하지 않지만 그럭저럭 먹으면서 버티는 생물에 비해 크게 유리한 고지를 점할 수 있지만, 기후가 변하면서 풀이 선인장으로 대체되는 시

기가 오면 풀만 먹고 사는 특화종은 모두 사라져버릴 수밖에 없다. 반면 생태적 지위가 넓은 일반종은 계속해서 살아남는다. 투구게도 이처럼 여러 생태학적 변이에 잘 견뎌내는 생물이다. 우리의 아메리카투구게인 리물루스 폴리페무스Limulus polyphemus는 노바스코샤의 차디찬 바닷물에서부터 멕시코 만의 열대 바다까지 폭넓은 범위에 서식한다. 염분 농도가 극단적으로 다른 바닷물에서도 잘 견뎌내며 생물이라면 무엇이든 거의 먹을 수 있다(그렇지만 좋아하는 먹이는 어린 홍합과 조개다). 또 필요하다면 물 밖에서도 몇 날 며칠을 견뎌낼 수 있다. 모두 어떤 생존 경쟁에서도 살아남을 수 있는 생존가의 전형적인 특징이다. 투구게의 몸을 감싸고 있는 그 튼튼한 갑옷 덕분에 투구게에게는 천적이 없는 것이나 마찬가지다(오직 상어나 큰 바다거북만이 다 자란 투구게를 이따금 공격한다). 하지만 투구게는 연인이지 싸움꾼이 아니다. 몸통 끝자락에 달린 길고 무서워 보이는 뾰족한 꼬리는 파도에 떠밀려 뒤집어졌을 때 스스로 몸을 바로잡기 위한 목발 대용일 뿐 무기가 아니다. 꼬리마디라 불리는 투구게의 꼬리에는 신기하게도 일종의 원시적인 눈이라 할 수 있는 감광성 세포가 한 줄로 붙어 있다. 산란기에 투구게는 아마도 이 원시적인 눈의 도움을 받아 해변으로 향하는 길을 찾는 것으로 추정된다.

그 두꺼운 외골격에 더해 아시아에서 서식하는 투구게종은 번식기 동안 알을 비롯한 몸의 부드러운 부분을 강력한 독으로 보호한다. 투구게에게서 발견되는 신경독인 색시톡신saxitoxin은 우리가 알고 있는 가장 강력

한 유기 독성 화합물 중 하나다. 이 독을 섭취하면 몇 분 지나지 않아 근육마비가 일어나고 열여섯 시간 안에 전신마비가 일어나 질식으로 목숨을 잃게 된다. 이 독에는 해독제도 없으며 유일한 치료 방법은 희생자에게 뇌 손상을 남길 수도 있는 대증 치료뿐이다. 그런데 참으로 이상하게도 타이를 비롯한 여러 아시아 나라에서는 아직도 식당 메뉴에 투구게가 올라 있다. 물론 투구게가 독을 품는 시기인 번식기에 이것을 먹어서는 안 된다는 상식이 널리 알려져 있기는 하다. 하지만 타이 단 한 병원에서만 투구게 식중독 환자가 280명 줄줄이 입원했다는 사실에서 나는 아마도 이런 상식이 촌부리Chon Buri의 선량한 사람들에게는 잊힌 것이 아닐까 염려하지 않을 수 없다.

미국에 서식하는 투구게에는 독이 없지만 아메리카대륙에 사는 사람들은 아시아의 해산물 미식가들보다 좀더 세련된 미각을 지니고 있는 것이(혹은 해산물 맛을 모르는 것이) 분명하다. 미국에서는 투구게를 먹는 관습이 없다. 1588년 유럽에서 출간된 최초의 버지니아 탐험에 대한 보고서에서는 투구게의 존재에 대한 소개와 함께 원주민이 투구게를 먹기는 하지만 식량이 없을 때만 먹는다는 점이 언급되어 있다. 중국에서 최초로 투구게의 존재를 언급한 기록은 기원후 250년으로 거슬러 올라간다. 하지만 이 기록의 저자를 비롯하여 그 뒤를 잇는 숱한 기록의 저자들은 이 동물을 말로만 듣고 실제로는 보지 못한 것이 분명하다. 중국의 기록에서 "허우-피시hou-fish"라고 부르는 이 동물은 언제나 다리 여섯

쌍에 커다란 등지느러미가 달린 잉어라고 묘사되었다. 투구게의 모습에 대한 설명을 정확하게 바로잡는 데는 1400년 가까운 세월이 걸렸다. 1666년 나카무라 데키사이라는 일본인 저자는 놀라울 정도로 정확한 투구게 그림을 발표하고 투구게에 가부토-가니(갑옷게)라는 이름을 붙였다. 딱 들어맞는다고는 할 수 없지만 충분히 비슷한 이름이다.

우연히도 영어 이름인 "말발굽게horsehoe crab" 또한 일본 이름인 가부토-가니와 마찬가지로[그리고 한국명인 "투구게"도] 이 동물의 제대로 된 분류관계를 모호하게 만드는 데 일조한다. 검미류Xiphosura라는 독립된 목에 속한 투구게는 실은 게나 다른 갑각류보다는 거미나 전갈류에 가깝다. 진짜 게와는 다르게 투구게의 외골격은 칼슘으로 구성되어 있지 않으며 대부분 다당류 키틴으로 이루어져 있다. 키틴은 유연한 데다 강하고 알레르기를 일으키지 않을 뿐 아니라 자연 분해되어 환경에 해가 되지 않기 때문에 투구게에서 추출한 키틴은 수술용 봉합실이나 수술용 주입물, 오래 사용할 수 있는 콘택트렌즈를 만드는 데 적합한 물질로 널리 활용되고 있다. 누가 알겠는가? 지금 책을 읽는 당신이 투구게의 몸 조각을 이용하여 세상을 보고 있는지도 모르는 일이다.

그다음 날 아침 조와 나는 해변이 온통 투구게 알로 뒤덮여 있는 것을 목격했다. 전날 푹 잘 쉬고 새롭게 밝은 하루를 시작할 준비를 마친 이놈의 살을 파고드는 파리 떼는 열의를 되찾아 우리를 공격했다. 팔을 마구 휘두르며 한 번에 파리를 열두어 마리씩 때려잡으면서

우리는 모래에 거꾸로 뒤집혀 박힌 투구게를 뒤집어주는 한편 특히 큰 알 무더기를 찾기 시작했다. 투구게 암컷은 알을 모래 속에 파묻어놓지만 끊임없이 밀려오는 파도는 알을 덮은 모래 대부분을 씻어가버린다. 갓 낳은 투구게 알은 매우 작아 쌀 한 톨의 절반 크기밖에 되지 않는다. 그리고 이 알은 놀랍게도 배아가 발달하면서 점점 자라나며 결국은 처음의 두 배가 넘게 커진다. 물론 알이 자란다는 것은 불가능한 일이다. 알의 "성장"은 알 안에서 발달하는 배아가 외부에 얇은 세포막을 형성하여 자라면서 알 자체가 자라는 듯 보이는 것일 뿐이다. 모래 속에서 2주일을 보내고 완전히 발육을 마친 배아의 알은 작은 유리 수족관 같다. 수족관 안에서는 이 작디작은 감옥의 벽을 찢고 나가고 싶어 안달이 난 아주 작은 투구게가 빙글빙글 돌며 헤엄치고 있다. 알에서 부화한 투구게 유충은 (운이 좋다면) 대양으로 돌아가는 파도를 잡아타고 일주일여 동안 이리저리 바다를 떠다니다가 해안에서 가까운 야트막한 바다의 바닥에 정착하여 부모와 같은 삶을 살아가기 시작한다.

왜 이 수중생물은 자신이 사는 자연서식지를 떠나 꼼짝 못하고 갇혀버릴 위험이 있는 육지에 알을 낳는 것일까? 투구게 새끼들이 발달하기 위해서 물이 필요하다는 사실은 분명하다. 투구게의 행동을 바다거북의 행동과 비교해보는 것은 분명 구미가 당기는 일이다. 바다거북도 투구게와 마찬가지로 평생 대양을 헤엄치며 살다가 단 하룻밤 모래 속에 알을 낳기 위해 육지에 오른다. 그러나 이 비슷한 행동 뒤에 숨은 이유는 완전히 다르다.

바다에 사는 생물 중에서 말하자면 신참 격인 바다거북은, 육생 파충류의 후손으로서 바다에서 살면서도 생명을 이어가기 위해서는 수면 위로 떠올라 공기를 호흡해야 한다. 바다거북은 두 시간 이상 물 아래에 머물러 있을 수 없다(이는 휴식할 때의 기준이며 활동할 때 그 시간은 더 짧아진다). 마찬가지로 바다거북의 알 또한 배아가 질식하지 않기 위해서는 대기의 산소에 노출되어 있어야만 한다. 반면 투구게는 물속에서 호흡하는 동물로 그 알 또한 발달하기 위해서는 물에 잠겨 있거나 적어도 파도에 자주 씻겨야만 한다. 새끼들을 육지에 버리고 온다는 처절한 방법을 택할 수밖에 없도록 투구게를 몰아붙인 것은 넓은 대양에서 투구게 알이라는 맛있는 간식을 기다리고 있는 엄청난 숫자의 입들이다. 투구게가 현재의 형태로 모습을 드러낸 2억4500만 년 전 무렵에 대부분의 동물은, 그리고 실제로 모든 포식동물은 우리 지구의 바다와 호수에 살고 있었다. 투구게는 자신의 수중 왕국에서 용감하게 한발 나옴으로써 다른 생물과의 경쟁에서 우위를 차지하고 자기 자손에게 다른 수중생물보다 우위에 설 기회를 줄 수 있었던 것이다. 투구게는 번식에 있어 수출전략export strategy이라 알려진 방법을 개발한 최초는 아닐지언정 아주 초기의 동물 중 하나였다. 현재 육지에서 살아가는 생물 중 투구게의 직계 후손은 존재하지 않지만 가장 최초로 육지에 정착한 생물 가운데 일부는 아마도 물속에서 그 알을 기다리는 수많은 포식자라는 선택압에 밀려 투구게와 비슷한 길을 택했을 가능성이 높다.

그러나 불행히도 투구게가 미처 예상치 못한 일이 일어났다. 1억7000만 년 동안 쿵쿵거리며 육지를 휘젓고 다니던 공룡이라는 엄청난 덩치의 사지동물이 백악기가 끝날 무렵 사라지는가 싶더니 실제로는 완전히 멸종하지 않고 그 일부가 지구에서 진화적으로 가장 성공적인 동물 집단이 된 것이다. 바로 새다. 새는 머리가 영리할 뿐만 아니라 시력도 뛰어나다. 신진대사율이 높은 새는 주위 기온에 상관없이 일정한 체온을 유지할 수 있는 한편 그러기 위해서 열량이 높은 먹이를 끊임없이 섭취해야 한다. 그런 새에게 투구게의 알은 마침 찾고 있던 안성맞춤인 먹이였다.

지방과 단백질이 꽉 들어차 있는 대서양투구게의 알은 수많은 바다새에게 이상적인 연료 공급원이다. 투구게는 스위스 시계만큼이나 정확하게 때를 맞춰 늦봄 초승달과 보름달이 뜬 다음 날 아침이면 항상 델레웨어 만 해변가에 신선한 알 뷔페를 차려놓는다. 새 중에서도 특히 붉은가슴도요*Calidris canutus rufa*라는 이름의 다소 칙칙하고 평범한 생김새의 새는 투구게에게 자신의 생존 자체를 맡기고 있다. 철새인 붉은가슴도요는 남아메리카에서부터 쉬지 않고 날아온 다음 완전히 기진맥진한 상태로 델라웨어 만에서 잠시 휴식을 취한다. 이런 현상에 관심을 기울이기 시작한 이래 인간은 매년 봄 붉은가슴도요새의 구름 떼가 델라웨어 만 해안에 내려앉는 모습에 감탄을 금치 못해왔다. 하지만 몇 년 전부터 투구게의 개체수가 과거 영광의 발끝에도 미치지 못할 정도로 꾸준히 감소하면서 붉은가슴도요새 또한 줄어들기 시작

했다.

오래지 않아 미국의 조류학계에서는 대소동이 일어났다. 서명운동이 일어났고 연구가 진행되었으며 마침내 이 조류를 보호하는 법률이 제정되었다. 그 와중에 누군가가 투구게가 사라지면 이 소중한 새도 사라지게 된다는 연결고리를 밝혀냈다. 그러니까 이 소중한 새를 보호하기 위해서는 이 하찮은 무척추동물부터 지켜내야 했다. 단 1년 전만 해도 뉴저지 주에서는 해안으로 트럭을 몰고 가서 투구게 수백 마리를 실어내 미끼를 만들거나 다른 용도로 써도 괜찮았다. 그러나 지금은 투구게를 한 마리만 잡아도 법에 저촉된다. 나는 뉴저지 해안가에서 투구게 한 마리를 집어들었다는 이유로 미국 어류 및 야생동물 관리국 직원에게 벌금 1만 달러를 물린다는 협박을 받았다(나는 정말로 사진 몇 장만 찍고 바로 놓아줄 생각이었다). 그 직원은 엄중하게 경고한 다음 고맙게도 나를 그냥 보내주었다. 돌아가는 길에 그 직원은 등이 뒤집힌 채 모래밭에 박혀 꼼짝 못하는 몇십 마리의 투구게 중 한 마리에 발이 걸려 넘어졌다. 다시 일어난 직원은 걸음을 재촉했다.

100여 년 전만 해도 우리는 투구게를 밟지 않고는 해안가를 걸을 수 없었을 것이다. 번식기가 오면 투구게가 무척 많아졌기 때문에 인간은 이 풍부한 자원을 어떻게라도 이용할 방도를 찾아내야만 했다. 인간은 곧 방법을 찾아냈다. 1880년대에서 1920년대까지 사람들은 수백만 마리의 투구게를 수확하여 이것을 갈아 비료나 돼지 먹이로 만들었다. 이런 관습은 마지막 가공처리 공장

이 문을 닫은 1970년까지 이어졌다. 공장이 문을 닫은 것은 그 냄새 때문에 불만의 목소리가 높았던 탓이지만 투구게 수확량이 1년에 10만 마리로 줄어든 탓도 있었다. 하지만 그 자리에 또다른 산업이 들어섰다. 이번에는 투구게를 장어나 일종의 먹을 수 있는 달팽이인 물레고둥을 잡는 미끼로 사용하는 것이었다. 이런 일을 겪으면서 투구게의 개체수는 회복 불가능할 정도로 현저하게 줄어들었다. 그리고 그 다음에는 물론 투구게 피를 둘러싼 문제가 있다.

1950년대 초반 무렵 프레더릭 뱅 Frederick Bang이라는 연구원은 투구게의 피가 그람음성균gram-negative bacte-ria이 생산하는 내독소에 아주 민감하게 반응한다는 사실을 발견했다. 투구게의 면역계는 이런 세균에 아주 조금 노출되기만 해도 그 즉시 광범위한 응고를 일으키면서 이 미생물을 효과적으로 고립시켰다. 미생물이 투구게의 장기에 어떤 해도 입히지 못하게 하기 위한 방책이었다. 뱅과 그 공동 연구자인 잭 레빈Jack Levin은 이 발견이 의학계에 미칠 잠재적 영향력을 바로 알아차렸다. 두 사람은 투구게 혈액에서 유효한 성분인 변형세포amoebocyte를 분리해내고 리물루스변형세포용해물 limulus amoebocyte lysate, LAL이라는 추출물을 개발해냈다. 이 추출물을 적용해 의학 분야에서 소변이나 척수액, 뇌수액을 비롯한 어떤 체액에서도 세균 내독소의 유무를 확인하는 일이 크게 간소화되었다. LAL은 또한 정맥내주사액과 의료용 장비가 내독소로 오염되었는지의 여부를 확인하는 데에도 사용된다. 주사를 맞거나 정맥내주사 치료를 받은 적이 있거나 심장판막교체수술을 받은 적이 있는 사람은 자신도 모르는 새 LAL의 혜택을 입은 셈이다. 이런 시술에 사용되는 장비의 멸균 상태를 확인하는 일에 LAL이 쓰이기 때문이다. 당연한 결과로서 투구게를 수확하여 LAL을 생산하는 일은 순식간에 주요 산업으로 자리 잡았고 현재 연간 수억 달러의 수입을 창출하고 있다. 1년에 수십만 마리의 투구게가 포획되어 그 파란 피(투구게의 피는 철이 주성분인 붉은 헤모글로빈이 아닌 구리가 주성분인 혈색소로 구성되어 있어 파란빛을 띤다)의 20퍼센트가량을 추출당한다. 피가 뽑힌 투구게는 다시 바다로 돌려보내진다. LAL 생산을 위해 포획되는 투구게의 사망률은 그리 높다고 할 수 없지만(강제 헌혈 후 살아 돌아가는 투구게의 비율은 85퍼센트가 넘는다), 수천 마리의 투구게를 포획하여 본래 서식지에서 수백 킬로미터 떨어진 곳에 놓아주는 과정에서 투구게의 개체군 구조가 사정없이 파괴되고 있다.

나에게 정말 충격적으로 다가온 부분은 사람들이 투구게의 감소에 진심으로 관심을 보이기 시작하는 데에 새가 필요했다는 사실이다. 투구게는 1세기가 넘는 동안 내가 보기에는 종족 학살이라고밖에 할 수 없는 방식으로 체계적으로 몰살당해왔다. 종족 학살이라는 표현이 가혹하다고 여겨진다면 한번 생각해보자. 붉은가슴도요새가 멸종되는 일은 물론 돌이킬 수 없는 손실이기는 하지만 조류 전체의 유전자 풀에서 고작 1만 분의 일이 손실된다는 뜻이다. 반면 투구게 한 종이 멸종되는 일은 지구상에서 현존하는 가장 오래된 동물 집단 중 하나인 검미목Xiphosura의 유전적 유산 전체의 4분이 1이 손실된다는 뜻이다. 그럼에도 우리는 인류에게 별 도움이 되지 않는 털이 북슬북슬한 귀여운 동물에게만 관심을 쏟으며 이미 수백만 명의 인간 목숨을 구한 "외계생물같이 생긴" 동물에는 신경 쓰지 않는다. 우리 인간의 생각이란 얼마나 얄팍한가.

일본에서 투구게는 이미 멸종의 마지막 단계를 밟고 있다. 일본의 고유종인 타키플레우스 트리덴타투스Tachypleus tridentatus는 한때 대서양에 사는 사촌만큼이나 그 수가 많았다. 2008년 여름 나는 투구게가 아직 많이 나타난다고 알려진 일본 투구게의 마지막 서식지를 찾았다. 곤충학자이자 뛰어난 사진작가이기도 한 친구 니시다 겐지와 함께 나는 규슈 섬의 이마리 해변에 도착했다. 투구게를 기념하는 연례행사인 가부토가니축제가 시작되기 바로 전날이었다. 우리는 운이 좋은 해에 왔다는 이야기를 들었다. 해안 근처에서 투구게 네 쌍이 발견되었기 때문이다. 네 쌍이라니! 여덟 마리라니! 그게 다였다. 1980년대만 해도 바로 그곳에 투구게 500마리가 나타나는 것은 드문 일도 아니었다. 일본에서 투구게는 숭배받다시피 하는 동물로 일본투구게보호협회에서는 투구게를 구하기 위해 적극적으로 활동을 펼쳐왔다. 그러나 투구게의 숫자는 계속해서 줄어들고 있다. 여기에 우리가 얻는 쓰디쓴 교훈이 있다. 한 종의 운명에는 돌이킬 수 없는 선 같은 것이 있어 이 선을 넘어버리면 어떤 노력으로도 그 종을 구원할 수 없다. 우리가 할 수 있는 일은 아메리카투구게들이 이 돌이킬 수 없는 선을 넘지 않기를, 우리가 막을 수 있기를 기도하는 것뿐이다.

매년 델라웨어 만에서 보스턴으로 차를 몰고 돌아오는 길에 나는 내년에는 어떻게 될지 걱정하지 않을 수 없다. 단지 내 상상일까, 아니면 실제로 매년 해안가에 나타나는 투구게가 점점 줄어드는 것일까? 다행히 그렇지는 않은 듯 보인다. 투구게를 보호하려는 노력들이 점점 힘을 얻고 있다. 이런 노력을 통해 우리가 이 장엄한 동물이 줄어드는 것을 막을 수 있을지도 모른다. 델라웨어 만에는 투구게 포획 금지지역이 지정되었고 이곳은 세계에서 가장 저명한 투구게 연구자이자 투구게 보호 운동가의 이름을 따 칼 N. 슈스터 투구게보호지구라 불린다. 장어나 물레고둥의 미끼를 만들기 위한 투구게 포획을 제한하는 법이 자리를 잡았으며 사람들 또한 투구게가 처한 곤경에 좀더 관심을 갖는 추세다. 산란하는 투구게 개체수를 조사하기 위해 델라웨어 만 해변가를 찾는 자원봉사자 수도 해마다 늘어가고 있다. 나는 장난감 가게의 판다와 범고래 봉제 인형 옆자리에 플러시 천으로 만든 투구게 인형이 자리 잡고 있는 것을 보았다. 이제 어린이들도 투구게를 귀엽다고 생각한다는 뜻일까? 결국 희망은 아직 남아 있을지도 모른다.

미국 동부 해안에 위치한 뉴저지 주와 델라웨어 주
경계에 들어선 델라웨어 만에서는 세계에서
가장 큰 투구게 개체군이 서식한다. 개체군의
크기는 정확하게 알려져 있지 않지만 대략 500만
마리에서 1100만 마리 사이라고 추정된다.
투구게는 대부분 만의 델라웨어 주 쪽 해안에
알을 낳으며 이를 위해 해마다 200만 마리가 넘는
투구게가 해안으로 올라온다. 투구게 개체수는
크게 감소했지만 여러 보호 조치가 도입된
이후 최근에는 안정되는 추세다.

델라웨어 만에서도 투구게는 뉴저지 주 쪽 해변보다
델라웨어 주 쪽 해변으로 더 많이 올라온다.
하지만 해가 지는 아름다운 장면을 배경으로 투구게가
바다에서 모습을 드러내는 장관이 보고 싶다면
가든스테이트[뉴저지 주의 별칭]로 향해야 한다.

아가미로 물이 잘 흐르게 하기 위해서 투구게는 종종 껍질 아래에서
물을 바깥으로 뿜어내 취수 경로를 청소한다. 투구게가 이런
행동을 할 때 침전물 안에 갇혀 있던 공기가 바깥으로 나오면서
투구게의 껍질 아래에서 두 줄의 거품이 뿜어져 나오기도 한다.
이런 행동은 아메리카투구게들보다 한층 잔잔한 물에서 서식하는
일본투구게Tachypleus tridentatus 암컷에게서 자주 관찰된다.
일본투구게, 가부토-가니는 자신의 고향 섬나라에서 거의 자취를
감추었다. 한때 세토 내해에서는 투구게를 흔하게 볼 수 있었지만
이 지역이 개발되면서 이곳에 서식하던 투구게 개체군은
멸종되어버렸다. 현재 일본의 투구게는 몇몇 지역에서만
한정적으로 서식하고 있다. 일본투구게의 서식지에서 가장 넓은
두 고은 후슈 선 내 보세에 있는 기서으기 마이 기선자이 그스 서

후쿠오카현에 있는 하카타 만이다. 하카타 만에는 1만여 마리의
투구게가 남아 있는 것으로 추정된다. 투구게가 이만큼 남아 있을 수
있었던 데에는 지역정부와 자원봉사단체의 노력이 컸다.
후쿠오카현 지역 학교에 다니는 학생들은 적극적으로 나서서
알에서 갓 깨어난 어린 투구게를 포획하여 사육한다.
이러한 게들은 몇 달 뒤 생존할 가능성이 높은 크기로
자란 다음 바다로 돌려보내진다.
나는 이 두 쌍의 투구게를 하카타 만의 야트막한 물에서 찍었다.
투구게 등딱지 위에 편승한 커다란 달팽이처럼 보이는 동물은 맛있는
북아메리카 둘레고둥의 가까운 사촌이다. 둘레고둥 어업은 현재
대서양투구게의 생존을 위협하는 주요 요인 중 하나다.

일본에서 투구게가 사라지는 가장 큰 원인은
투구게가 산란할 적절한 장소, 아트막한 물이
들어오는 모래 해안이 없기 때문이다.
하카타 만의 이마리 해변은 일본에서도
가장 큰 투구게 산란지로 유명하다.
그러나 투구게가 알을 낳을 수 있는 모래사장은
콘크리트 제방과 공장지대로 둘러싸여 있는 데다
야구장보다 크기가 작아 투구게가 이곳을
찾아내기조차 어려운 지경이다.

Relics
대양
대탈출

대규모 산란의 밤이 지나고 난 후 해가 뜬 모래사장의 광경은 마치
밤새 전투를 치른 전장을 연상시킨다. 수천 대의 탱크가 지나간 듯한
흔적은 바로 몇 시간 전 투구게들이 정신없이 움직이던 혼잡한 상황을
전해준다. 대부분의 투구게는 해가 완전히 떠오르기 전에 대양으로
돌아간다. 거꾸로 뒤집혀 모래사장에 꼼짝 못하고 갇힌 투구게들이
집으로 돌아가기 위해서는 다음 만조가 될 때까지 기다려야 할 것이다.
다행히 투구게는 이런 오도 가도 못하는 처지에도 잘 대처할 준비가

묻어둔다. 여러 암컷이 동시에 낳는 수십만 개의 알은 아무리 배고픈
포식자라도 먹다가 지쳐 떨어져나갈 수밖에 없는 양이다.
이런 번식 전략은 '17년매미'나 물고기 같은 다른 생물에서도 찾아볼
수 있다. 처음에는 이렇게 많은 숫자로 시작하지만 투구게가 성체가
될 때까지 살아남을 확률은 아주 보잘것없다. 알 중에서도 오직
일부만이 갈매기와 바닷가에 사는 새들의 날카로운 눈을 피할 수
있을 것이다. 그리고 남은 알들에서 깨어난 유충의 극히 일부만이

갓 낳은 산선한 알은 파란빛이 도는 초록색으로 지름은
1.5밀리미터 정도다. 배아가 발달하면서 알의 색은
바뀔 수도 있다. 알이 점점 크게 자라는 듯 보이는
까닭은 알 안에서 발달하는 배아가 알 바깥쪽에
난낭막을 형성하기 때문이다. 수정란에서
배아가 발생하는 데는 2주에서 4주 정도가 걸린다.
이 기간 동안 배아는 네 번 허물을 벗고 다리와
다른 부속물을 키워낸다.

알에서 갓 부화한 유충은 몸길이가 3밀리미터 정도이며 투구게 특유의 기다란 "꼬리"(꼬리마디)를 갖고 있지 않다. 겉모습만으로는 이미 멸종한 투구게의 먼 친족인 삼엽충과 비슷하다. 이 단계의 유충은 "삼엽충 유충"으로 불리며 5일에서 7일가량을 먼 바다에서 이리저리 부유하며 보낸다. 이 단계에서 어린 투구게 유충은 먹이를 먹지 않으며 알의 난황난에서 남겨 몸 안에 저장해둔 영양분에 의존한다.

일주일 동안 바다를 부유한 다음 어린 투구게 유충은 대양의 바닥으로 내려와 작고 부드러운 무척추동물을 먹으며 살기 시작한다. 몇 차례 허물을 벗고 나면 꼬리마디가 모습을 드러내고 어린 투구게 유충은 차차 투구게 성체의 모습을 갖추기 시작한다. 몇 년 동안 투구게는 1년에 서너 차례 허물을 벗으면서 빠른 속도로 성장한다.

어린 투구게 유충은 처음 몇 년 동안은 해안과 아주 가까운 야트막한 바다에서 살아간다. 이 단계의 투구게 유충은 그 외골격이 성체의 외골격만큼 두껍거나 단단하지 않기 때문에 포식자에게 잡아먹히기 쉽다. 아마도 그런 까닭에 유충의 몸에는 날카로운 가시가 뚜렷하게 나 있는 듯하다. 아메리카투구게의 경우 이런 가시는 성체가 되면서 모습을 감춘다(반면 일본투구게 성체에는 이런 가시들이 남아 있다).

해안 모래사장에 등이 뒤집힌 채 좌초한 투구게는 그 꼬리마디를 이용하여 몸을 제자리로
뒤집으려 애를 쓴다. 힘이 약해지거나 꼬리마디가 지나치게 짧거나 길어 몸을 다시 뒤집지 못한
투구게들은 그대로 햇볕과 포식자에게 노출될 수밖에 없다. 미국너구리, 갈매기를 비롯한 새들은
이렇게 뒤집어진 투구게의 위기를 이용하여 그 연약한 아랫면을 공격할 기회를 놓치지 않는다.
투구게 중에 상처를 입은 투구게를 찾아보기란 그리 어렵지 않다. 대부분 포식자의 공격을 받아
아가미나 몸의 다른 부분이 찢긴 상처들이다. 놀랍게도 투구게들은 이런 끔찍한 상처를 입고도
살아남을 수 있다. 투구게가 살아남는 비결은 그 피에 있다. 투구게의 피는 구리를 주성분으로
하는 혈색소인 헤모시아닌hemocyanin 때문에 파란빛을 띤다. 투구게의 혈액에는 그람음성균을
감지하는 순간 빠르게 거대한 응괴를 형성하는 속효성의 변형세포가 들어 있다. 이런 응괴는
세균이 더 이상 퍼져나가는 것을 막고 투구게가 회복할 수 있도록 돕는 아주 효과적인 장벽
역할을 한다. 투구게의 혈액 추출물로 만든 리물루스변형세포용해물은 의료용 장비와 약품,
인간 체액의 세균 감염 여부를 확인하기 위해 전 세계적으로 사용되고 있다. 또한 입증된 바에
따르면 투구게 혈액에서 발견된 펩티드에는 HIV의 활동을 억제하는 효과가 있다고 한다.

투구게의 먼 친족인 전갈과 마찬가지로 투구게는 자외선에 노출되면 옅은 초록색의 형광빛을 발한다. 투구게의 커다란 겹눈은 자외선을 민감하게 감지할 수 있다. 자외선 영역을 볼 수 있기 때문에 아마도 투구게는 어두컴컴하고 파도가 휘몰아치는 대서양 연안의 바다 속에서 서로를 찾을 수 있는 듯하다. 투구게의 껍질을 덮고 있는 이 형광 물질의 얇은 층은 쉽게 떨어져 나오기 때문에 자외선을 비추면 가시광선 아래에서는 거의 눈에 띄지 않는 껍질 표면의 상처가 드러난다. 이 사진 왼쪽 아래에 있는 투구게의 상처에서 이 투구게가 누군지 알 수 없는 공격자에 의해 여러 번 공격을 받았다는 사실이 분명하게 드러난다. 한편 오른쪽에 있는 투구게의 티끌 하나 보이지 않는 몸 표면에서 우리는 이 투구게가 아주 최근에 허물을 벗었음을 짐작할 수 있다.

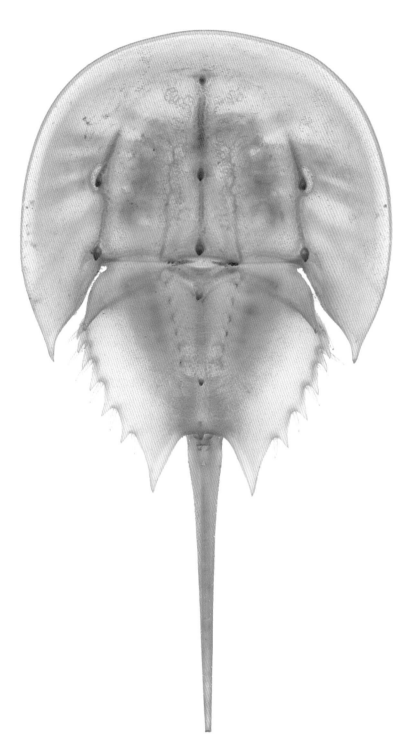

반투명의 부스러지기 쉬운 투구게의 탈피각. 즉 옛 허물은 투구게의 외형적 특징을 고스란히 간직하고 있다. 투구게 허물은 미국 동부 해안지역 사람들에게 잘 알려져 있다. 대서양 연안에서 이 허물이 자주 발견된다는 것은 투구게 개체군이 건강하다는 증거다.

제10장
산쑥 덤불에서

와이오밍 주의 고원지대에 펼쳐진 산쑥Artemisia sp. 초원에는 매혹적인 계통발생적 유물생물인 산쑥메뚜기Cyphoderris strepitans가 살고 있다. 산쑥메뚜기는 중생대에 살았던 프로팔란곱시다잇과Prophalangopsidae 곤충의 직계 후손이다. 프로팔란곱시다잇과는 복잡한 구애 노래를 진화시킨 최초의 육생 무척추동물로 추정되는 곤충이다. 프로팔란곱시다잇과에서 현재까지 살아남은 얼마 되지 않는 후손들은 아직도 소리를 내는 날개에 한해서는 원시적인 형태를 유지하고 있지만 그 밖의 점에서는 고도로 진화한 현대 동물이라 할 수 있으며 자신과 가까운 친족인 여치나 귀뚜라미와의 경쟁에 적응하며 진화했다. 산쑥메뚜기는 세계에서 영하의 기온에도 노래를 부를 수 있는 유일한 곤충으로, 이런 능력 덕분에 노래를 부르는 다른 곤충에 대해 뛰어난 적응 우위를 차지할 수 있었다.

시간여행의 가장 매혹적인 혜택 중 하나는(물론 이루어질 가능성은 희박하지만), 운 좋게도 지구의 역사를 거슬러 이미 오래전에 사라져버린 시대로 갈 수 있다면 원시 생명의 모습을 두 눈으로 볼 수 있을 뿐만 아니라 오늘날 우리가 오직 오래된 퇴적암에 새겨진 자국으로만 만나볼 수 있는 고대 생물의 소리를 들어볼 수 있다는 점일 것이다. 내가 박물학자로서 누릴 수 있는 즐거움의 절정은 열대우림의 밤 교향곡을 홀로 감상하거나 아프리카 대초원의 잔잔한 콘체르토에 귀를 기울이는 일이다. 그렇다면 페름기나 백악기의 숲과 초원에서 울려 퍼지던 소리의 비밀을 들어볼 수 있다면 얼마나 즐거울 것인가! 나는 감히 상상조차 할 수 없다. 그러나 우리는 고대세계의 생물이 어떤 모습을 하고 있었는지에 대해서는 상당할 정도로 추측할 수 있는 한편(물론 우리가 추측할 수 있는 것은 그 형태뿐이다. 우리는 지난 시대에 살았던 생물의 색에 대해서는 영원히 알지 못할 것이다) 슬프게도 그 생물이 내는 소리에 대해서는 알 도리가 없다. 모든 청각적 자취가 영원히 사라져버렸기 때문이다. 아주 드문 사례에서 특히 잘 보존된 멸종동물의 소리 생성 기관을 물리적으로 복원하는 일이 가능할 수도 있으며 이 동물이 내는 소리의 전체 주파수를 그럴싸하게 재현할 수 있을지도 모른다. 그러나 그 소리를 내는 시간 양식의 미묘한 차이라든가 복합적인 화음, 멸종된 동물이 주고받는 이중창의 상호 작용은 영원히 풀리지 않는 수수께끼로 남아 있다.

가장 최초의 노래하는 생물이 어떤 것이었는지는 아무도 알지 못한다. 처음으로 청각을 활용한 동물은 아마도 수중생물일 가능성이 높다. 그렁거리는 플래커덤물고기나 찌륵거리는 삼엽충, 혹은 집게발을 부딪쳐 소리를 내는 광익류eurypterid[절지동물에 속하는 화석생물] 바다전갈까지, 현재에도 이 동물들과 비슷한 방식으로 소리를 내는 수중생물들이 존재한다. 그러나 육지의 고요를 최초로 깨뜨린 생물은 절지동물이었을 가능성이 아주 높다. 딱딱한 골판으로 덮이고 키틴질로 이루어진 관들이 붙어 있는 절지동물의 몸은 타악기가 될 만한 모든 조건을 갖추고 있었다(여기에서 타악기는 드럼류의 타악기라기보다는 워시보드류의 타악기일 것이다). 오늘날에도 현대 곤충과 거미류 사이에서 흔히 나타나는 소리 생성의 가장 단순한 형태는 몸의 서로 다른 두 부분을 맞대고 문지르면서, 이를테면 머리 뒷부분을 흉판에 대고 문지르면서 소리를 내는 것이다. 이런 방식으로는 주파수가 넓은 단순한 소리를 낼 수 있다. 이런 소리는 흔히 포식자에게 자신이 어떤 종류의 신체적 해를 입힐 수 있는 불쾌한 능력의 소유자라는 사실을 경고하는 용도로 쓰인다. 동물이 소리를 내는 행동을 진화시킨 것은 처음에는 방어를 위한 수단이었을 가능성이 높다. 그러나 동물이 구애 행동 중 효과적으로 암컷을 유인하는 수단으로 소리를 사용하기 시작하는 데는 그리 오랜 시간이 걸리지 않았다. 그리고 그 이후 곤충이 소리를 내는 행동은 엄청나게 복잡한 형태를 띠기 시작했다.

사랑 노래를 부르는 무척추동물 중에서 가장 선두는 두말할 것 없이 오늘날 귀뚜라미, 여치, 메뚜기라고 알려진 메뚜기목Orthopteroid이다. 메뚜기목은 구애 노래에 있어 항상 주도적인 역할을 맡아왔다. 페름기와 삼첩기에 살았던 메뚜기목 곤충의 조상은 당시에 이미 그 날개에 아주 정교한 소리 생성 기관을 지니고 있었다. 메뚜기목의 노랫소리는 아마도 초대륙 판게아에서 가장 높이 울려 퍼지는, 가장 흔하게 들을 수 있는 소리였을 것이다. 이런 메뚜기목 조상들의 화석은 그 날개의 정교한 부분까지 잘 보존되어 있는 경우가 많아 우리는 그 화석을 바탕으로 이 곤충들이 어떤 종류의 소리를 냈으며 현재 그 후손으로 어떤 것이 남아 있는지 추정할 수 있다. 이 고대의 노래하는 절지동물의 직계 후손으로 현재까지 남아 있는 곤충은 얼마 되지 않으며, 모두 중생대에 번성했지만 지금은 대부분 멸종한 프로팔란곱시다잇과Prophalangopsidae의 일원이다. 그중에서도 프로팔란곱시스 옵스쿠라Prophalangopsis obscura라고 알려진 수수께끼투성이 곤충만큼 곤충학자들의 관심을 끄는 것은 없다. 프로팔란곱시스 옵스쿠라는 지금까지 딱 두 개체만이 채집되었을 뿐으로 그중 한 마리는 런던 자연사박물관에 고이 보관되어 있다. 곤충학자들은 이 곤충의 지리학상 기원에 대해 골치를 썩고 있다. 프로팔란곱시스 옵스쿠라는 1869년 최초의 개체가 발견되어 발표된 이후 140년이 지난 뒤에야 티베트의 산기슭에서 두 번째 개체가 발견되었다. 채집된 지 한 세기 반이 흐르는 동안 몸의 일부가 소실된 이 곤충은 크고 누더기처럼 보이는 날개를 달고 있으며 몸집이 크고 뚱뚱한 귀뚜라미와 비슷해 보인다. 대부분의 곤충학자는 프로팔란곱시스 옵스쿠라가 계통발생적 유물생물이며 아마도 지금 현존하는 모든 귀뚜라미와 여치의 공통 조상에 가장 가까운 친족일 가능성이 높다는 데 의견을 모은다. 아직까지 살아 있는 프로팔란곱시스 옵스쿠라 개체가 연구된 적은 없다. 그러나 프로팔란곱시스 옵스쿠라가 속한 원시 곤충과에 속한 또다른 일원들이 지구 북반구의 추운 지역, 이따금 살기 어려울 정도로 추운 지역에 아직 살고 있다. 시베리아 동부에 한 종이 서식하고 있으며 최근 중국 내륙 중심부에서도 수수께끼에 싸인 네 종이 발견되었다. 그리고 미국과 캐나다에 걸친 로키 산맥에도 세 종이 서식하고 있다. 아시아에 서식하는 종에 대해서는 실제로 아무것도 알려져 있지 않지만 산쑥메뚜기 혹은 혹날개귀뚜라미라 불리는 북아메리카 서식종에 대해서는 몇 년 동안 연구가 이루어졌으며, 우리는 현재 지구에 살고 있는 어떤 다른 곤충보다 이 곤충의 구애 행동에 대해 더 많은 것을 알고 있다. 그리고 이 구애 행동이라는 것이 얼마나 흥미로운지! 작고 순진한 인상의 이 곤충은 추운 기후를 좋아하는 습성에 구애 노래를 부르는 행동, 동족을 잡아먹는 동족포식, 짝짓기 경험이 없는 동정 수컷에 대한 욕망을 한꺼번에 보여준다. 그런 이유로 산쑥메뚜기를 그 자연서식지에서 보고 그 노래를 들을 기회가 왔을 때 나는 더 생각할 것도 없이 그 기회를 잡았다.

나는 6월 초 와이오밍 주의 작은 마을인 잭슨에 도착했다. 그랜드티턴국립공원의 대부분 지역은 눈이 녹아 있었지만 밤에는 여전히 살을 에는 듯이 추운 시기였다.

낮 동안에도 눈에 띄는 곤충이 거의 없었다. 사람들은 대개 월마트와 셀주유소가 점령하기 이전 북아메리카 대륙의 모습을 간직한 장소를 보기 위해 이곳을 찾는다. 하지만 이 장엄한 그랜드티턴국립공원의 풍경에 북아메리카 대륙에 살았던 과거 생명의 모습을 한층 더 자세히 보여주는 산쑥메뚜기Cyphoderris strepitans가 숨어 살고 있다는 사실을 아는 사람은 거의 없다. 와이오밍 주에 오기 전 나는 이 곤충의 생리와 행동을 다룬 글과 논문을 거의 다 찾아 읽어보았고 무엇을 기대해야 하는지도 잘 알고 있었다. 하지만 밤의 기온이 영하 가까이로 떨어진 날씨에 곤충의 노랫소리를 찾아 나서는 기분은 여전히 낯설었다(나는 찌는 듯한 열대의 밤에 곤충 노랫소리를 추적하는 일에 익숙해 있었다). 두꺼운 털장갑을 가져왔으면 싶었다. 산쑥메뚜기는 무슨 이유에서인지 추운 날씨를 좋아한다. 영하 8도의 기온에서도 노래하는 산쑥메뚜기가 발견된 적이 있을 정도다. 영하 8도라면 추위에 강한 무

척추동물이 활발히 활동하는 기온 범위보다 훨씬 낮은 온도다. 제3기[신생대의 전반기에 해당되는 시기로 약 6500만 년~200만 년 전이다]에 산쑥메뚜기와 그 친족들이 여치와 귀뚜라미로 대체된 이후에도 산쑥메뚜기가 현대의 귀뚜라미나 여치와 여전히 경쟁할 수 있는 것은 아마도 이렇게 춥고 혹독한 환경에서 살아남는 능력 덕분인지도 모른다.

해가 저물기 시작하자 나는 바람 부는 도로를 따라 천천히 차를 몰아 스네이크 강 언덕에 펼쳐진 산쑥 평원으로 향했다. 큰사슴 어미가 새끼와 함께 얕은 연못가에서 풀을 뜯는 광경을 보기 위해 길 한켠에 차가 여러 대 세워져 있었지만 나는 그곳을 그냥 지나쳐버렸다. 산쑥메뚜기를 찾아야 한다는 생각이 머리에 꽉 들어차 흔해 빠진 포유동물을 보러 샛길로 빠질 마음의 여유가 없었기 때문이다. 도로변의 자연을 감상하고 싶다면 산쑥메뚜기가 땅속 굴에서 잠을 자는 낮 동안에도 충분히 시간이 있을 터였다. 나는 밤에 나와 돌아다녀도 좋은지(괜찮다고 했다) 국립공원 관리부로부터 미리 확인을 받아두었지만 그래도 가능한 한 사람들의 눈에 띄지 않으려고 애를 썼다. 경험에서 배운 바에 따르면 외딴 지역에서 밤에 남자 혼자 나와 무언가 영문을 알 수 없는 일을 하는 것만큼 의심을 사는 행동이 없기 때문이다. 나는 마침내 산쑥 평원에서도 산쑥메뚜기의 행동이 수차례 관찰되었던 장소에 도착했다. 그 무렵에는 이미 어두워져 있었고 해발 2100미터의 고지대는 얼어붙을 듯이 추웠다. 나는 산쑥메뚜기가 노래를 부르는 소리를 알지 못했

으므로 향기로운 냄새가 풍기는 고요한 산쑥 초원 한복판에 앉아 추위에 몸을 부들부들 떨면서 콘서트가 시작되기를 무작정 기다렸다. 만약의 경우를 대비해 초음파감지기도 잊지 않고 챙겨왔다. 초음파감지기는 음파탐지로 자신의 위치를 감지하는 박쥐의 초음파 소리처럼 인간이 맨 귀로는 들을 수 없는 고주파의 소리를 감지할 수 있도록 해주는 장비다. 하지만 결과적으로 보아 초음파감지기를 가져올 필요는 없었다. 근처 산쑥 수풀에서 불현듯 부드럽게 떨리는 울음소리가 들려왔기 때문이다. 또다른 울음소리가 그 뒤를 이었다. 그리고 얼마 지나지 않아 도처에서 산쑥메뚜기의 울음소리가 울려 퍼지기 시작했다. 나는 소리가 들리는 가장 가까운 곳으로 천천히 기어갔다. 그곳에는 그 곤충이 있었다. 내 존재를 전혀 알아채지 못하고 자신의 사랑 노래에 잔뜩 심취해 노래를 부르고 있는 산쑥메뚜기 수컷이었다. 이 지구를 아름다운 구애 노래로 물들였던 최초의 노래하는 곤충과 가장 가까운 존재였다. 나는 가능한 한 소리를 내지 않으려고 애를 쓰면서 산쑥메뚜기 가까이 마이크를 대고 노랫소리를 녹음했다. 산쑥메뚜기는 높은 음조로 다소 유쾌하게 들리는 찌르르 소리를 내며 울었다. 어떻게 들으면 구식 전화기 벨소리를 멀리서 듣는 것과도 비슷했다.

나는 몇 시간 동안 산쑥메뚜기의 소리를 녹음하고 그 모습을 사진기에 담았다. 그러다가 문득 이제껏 봤던 메뚜기들이 전부 수컷이라는 사실을 깨달았다. 물론 암컷의 울음소리를 듣지 못할 것이라는 사실은 잘 알고 있었다. 암컷은 아예 날개가 없으므로 구애 소리를 크게

내지 못하기 때문이다. 하지만 암컷도 여기 어딘가에 있어야 했다. 하지만 아무리 주위를 둘러봐도 모든 식물에는 오직 노래하는 수컷만이 한 마리씩 달려 있을 뿐이었다(산쑥메뚜기는 자신의 영역 텃세가 아주 심하다). 성충이 차지한 산쑥에서 새싹을 먹고 있는, 다 자란 유충의 모습도 보였지만 정작 암컷은 눈에 띄지 않았다. 그 뒤로 한 시간이 지나서야 나는 마침내 최초의 암컷을 발견했다. 산쑥 수풀에서 멀리 떨어진 곳에 있는 땅속 은신처에서 암컷이 모습을 드러낸 것이다. 마침내 암컷이 한꺼번에 나오기 시작했을 때는 이미 밤 11시가 가까워지고 있었다. 날개가 없고 크고 반짝이는 머리를 한 산쑥메뚜기 암컷은 다리가 길고 우아한 여치의 친족이라기보다는 몸집이 거대하고 혼자 살아가는 개미처럼 보였다. 노래하는 수컷들을 숨기고 있는 산쑥 수풀로 성큼성큼 다가오는 암컷의 발걸음에는 확실한 목적이 있었다. 사람과는 다르게 산쑥메뚜기의 귀는 머리가 아닌 앞다리 무릎 바로 아래에 붙어 있다. 귀의 간격이 넓은 데다 귀가 수컷이 내는 노랫소리의 특정 주파수에 정교하게 맞춰져 있기 때문에 산쑥메뚜기 암컷은 자신이 관심 있는 수컷이 어디 있는지 정확하게 찾아낼 수 있다. 하지만 암컷이 수컷에 관심을 보이는 이유는 우리가 생각하는 일반적인 것과는 사뭇 다르다. 동물세계에서 수컷은 대개 암컷의 알을 수정시키는 생식세포를 제공하는 이상의 역할을 하지 않는다. 그러므로 수컷은 자신의 유전자가 우월하다는 것을 암컷에게 설득시키기 위해 수컷다운 힘과 정력을 과시하는 데 주력한다. 자신이 부부관계를 오래 유지하기에 적합하든가 자식에게 함께 투자할 능력이 있다든가 하는 점을 보여주는 데에는 관심이 없다. 수컷의 꼬임에 쉽사리 넘어가는 암컷은 대개 즐겁지만 짤막한 공연을 즐긴 끝에 다시는 그 수컷을 보지 못하리라는 사실을 깨닫게 될 뿐이다. 하지만 산쑥메뚜기는 다르다. 산쑥메뚜기 암컷은 단지 좋은 시간을 보낸 기억보다 더 많은 것을 바란다. 또한 암컷은 알을 만들어내는 데 중요한 역할을 할 영양가 많은 먹이를 요구한다. 그렇지만 산쑥메뚜기는 말 그대로 자신의 먹이에 둘러싸여 살고 있기 때문에 수컷이 암컷에게 산쑥을 주려 한다면 그 산쑥이 얼마나 신선하고 맛있는지에 상관없이 차가운 냉대를 받을 것이 분명하다. 그 밖에 달리 줄 것이 없는 수컷은 어쩔 수 없이 최후의 보루를 희생해야만 한다. 수컷은 자신의 몸 일부를 암컷에게 먹이로 제공한다.

다른 곤충과 마찬가지로 산쑥메뚜기 수컷에게는 날개가 두 쌍 있다. 그중 좀더 단단한 첫째 쌍은 소리를 내는 기관으로 변형되어 구애 노래를 부르는 데 쓰인다. 그다음 다소 불필요해 보이는 둘째 쌍은 수컷의 피(혈림프)로 가득 찬 큼지막하고 살집이 있는 날개로 진화했다. 산쑥메뚜기 암컷이 군침을 흘리는 대상은 바로 이 날개다. 암컷은 일단 자신이 관심 있는 수컷을 찾아내고 나면 그 수컷 등을 타고 오르는 즉시 수컷의 날개를 먹어치운다. 그리고 암컷이 그 동족포식적 전채요리에 정신이 팔려 있는 동안 수컷은 자신의 생식기를 암컷의 생식기에 붙이고 정자를 배출한다. 또한 수컷은 암컷에게 짝짓기선물*spermatophylax*이라 알려진 탄수화물과 단백질이

풍부한 먹이를 남겨준다. 암컷은 짝짓기를 마친 후 이 먹이를 먹는다. 이 결혼선물은 수컷이 배출한 정자가 암컷의 몸 안에서 가야 할 곳에 도달할 시간을 벌어주는 역할을 하는 듯 보인다. 또한 적어도 암컷이 먹이를 다 먹을 동안만큼은 다른 수컷과 짝짓기를 못하게 하는 역할도 한다. 물론 수컷의 날개와 짝짓기선물의 가장 중요한 역할은 암컷이 알을 만들어낼 수 있도록 영양분을 공

급하는 일이다. 이로써 수컷은 부모 역할에 적극적으로 참여하게 되는 셈이다.

수컷과 암컷 모두 다시 짝짓기를 할 준비가 되는 데에는 그리 오랜 시간이 걸리지 않는다. 그런데 수컷에게는 문제가 하나 있다. 번식 사업에서 은퇴할 준비는 되지 않았지만 첫 번째 배우자를 유혹했던 맛있는 날개가 이미 먹혀버리고 없는 것이다. 수컷에게는 다행스럽게도,

암컷은 동정 날개를 잃어버린 수컷과 아직 날개가 남아 있는 수컷의 노랫소리를 구별하는 데 그리 뛰어나지 않다(하지만 암컷이 동정인 수컷과 우선적으로 짝짓기를 한다는 것은 분명하다). 그리고 암컷이 수컷의 등을 타고 오른 다음 수컷의 등에 맛있는 날개가 없다는 사실을 깨달을 때는 이미 늦었다. 산쑥메뚜기 수컷이 자신의 복부에 아주 기발하면서고 교묘한 기관을 진화시켰기 때문이다. 어울리게도 올가미라고 불리는 복부의 기관을 이용하여 수컷은 암컷을 자신의 복부에 고정시키고 자신의 생식세포를 배출할 시간을 벌 수 있다. 암컷이 수컷에게서 벗어나기 위해서는 상당히 열심히 몸을 버둥거려야 하며 그동안 수컷은 충분히 시간을 두고 암컷에게 자신의 유전자를 전해줄 수 있다.

나는 몇 시간 동안 산쑥메뚜기의 극적인 번식 장면을 지켜보았다. 새벽 1시가 훌쩍 넘었을 무렵 나는 돌아갈 시간이라고 생각했다. 좀더 오래 산쑥메뚜기를 지켜보고 싶었지만 머릿속에서 바보처럼 호텔 방에 두고 나온 두꺼운 스웨터 생각이 떠나질 않았다. 그리고 내가 곰이 출몰하는 지역 한복판에 무기 하나 없이 혼자 나와 있다는 사실이 불현듯 떠올랐다. 그때 어딘가에서 나뭇가지가 우지끈 부러지는 소리가 들리자(사슴일 것이라고 생각했다. 아니 사슴이길 바랐다) 나는 지체 없이 산쑥메뚜기에게 작별을 고하고 차를 향해 뛰어갔다.

산쑥메뚜기 수컷은 해가 지고 나면 곧 활동을 시작한다.
해가 저문 후의 와이오밍 주 그랜드티턴국립공원의 산쑥 초원은
산쑥메뚜기 수천 마리가 찌르르 우는 소리로 가득 찬다. 산쑥메뚜기
암컷은 수컷이 노래를 시작한 뒤에도 주위가 완전히 어두워질 때까지
몇 시간 더 기다리고는 자신의 땅굴에서 모습을 드러낸다.
산쑥메뚜기는 놀라울 정도로 추운 기후에 잘 견뎌내므로 다른

노래하는 곤충들이 활동을 시작하기 훨씬 전인 늦봄에 활동한다.
그런 까닭에 산쑥메뚜기들은 산쑥 초원에서 노래할 때 다른 노래하는
곤충들과 소리를 다툴 필요가 없다. 늦은 여름이 오면 여치며
귀뚜라미며 다른 메뚜기들이 나와 소리 높여 노래를 불러댈 것이지만
그 무렵에 산쑥메뚜기는 모두 자취를 감추고 없을 것이다.

산쑥메뚜기와 비슷하게 생긴
몰몬귀뚜라미Anabrus simplex는
7월 하순부터 산쑥 초원에 나타나 노래를
부르기 시작한다. 산쑥메뚜기와 마찬가지로
이 여칫과 동물은(몰몬귀뚜라미라는 이름이
붙어 있지만 실은 귀뚜라미가 아니다)
날지 못하며 오직 구애 소리를 내기
위해서만 날개를 사용한다.

산쑥메뚜기 수컷의 날개 한 쌍은 서로
맞춘 듯이 똑같다. 그러므로 산쑥메뚜기는
어느 쪽 날개로도 소리를 낼 수 있다.
반면 산쑥메뚜기의 사촌인 여치나
귀뚜라미는 단 한 쪽 날개만이 소리를 내기
위해 특화되기 때문에 각기 오른쪽이나
왼쪽의 날개 하나로만 소리를 낼 수 있다.

여기 날개가 없고 유충처럼 생긴 산쑥메뚜기 암컷이 노래하는 수컷에게 조심스럽게 다가서고 있다. 암컷이 찾는 것은 단지 자식들의 아버지가 되어줄 수컷이 아니라 자신이 알을 생산할 수 있도록 영양가 많은 식사를 시켜줄 수컷이다. 연구에서는 암컷이 동정인 수컷과 우선적으로 짝짓기를 한다는 사실이 증명되었다. 수컷이 한 번도 짝짓기를 하지 않았다면 암컷이 그 온전하게 남아 있는 두 번째 날개쌍을 먹어치울 수 있기 때문이다. 자손을 위한 수컷의 투자는 날개를 희생하는 데서 그치지 않는다. 짝짓기를 하는 동안 수컷은 탄수화물과 단백질이 풍부한 짝짓기선물spermatophylax을 생산한다. 암컷은 교미가 끝난 후 수컷이 생산한 먹이를 먹는다. 최초의 짝짓기에서 물질적으로 아주 많은 것을 희생하기 때문에 수컷이 다음번 짝짓기에서 성공할 확률은 현저하게 낮아진다. 짝짓기 선물을 생산하느라 기운이 빠진 수컷은 노래를 부를 힘이 부족할뿐더러 암컷을 유혹할 수 있는 두 번째 날개도 이미 없어진 뒤다. 다행히도 수컷에게는 한 마리의 암컷이 낳는 알보다 더 많은 알의 아버지가 될 수 있는 비장의 수단이 남아 있다. 산쑥메뚜기 수컷은 복부에 올가미라 알려진 특수한 기관을 진화시켰다. 이 올가미를 이용하여 수컷은 짝짓기를 하는 동안 암컷을 자신의 복부에 단단히 잡아둘 수 있다. 암컷이 맛있는 동정 날개가 없다는 사실을 깨닫고는 바로 자리를 뜨고 싶다고 해도 자신의 생식기를 수컷의 생식기에서 풀어내기 위해서는 열심히 발버둥을 쳐야 한다. 그러는 동안 수컷은 정자를 배출할 충분한 시간을 벌 수 있으며 자손에게 자신의 유전자를 전달할 수 있다.

쭈글쭈글한 토막만 남은 수컷의 뒷날개는 짝짓기가 성공적으로 끝났다는
사실을 보여주는 증거다. 하지만 이제 이 수컷은 또다른 암컷이 품은 알에
자신의 유전자를 전해주기 위해 고군분투해야만 한다.

수컷의 복부 끝부분에는 일련의 정교한 갈고리가 달려 있다. 올가미라 불리는
이 기관으로 수컷은 짝짓기를 하는 동안 암컷을 잡아둘 수 있으며 암컷을
수정시키기에 충분한 시간을 벌 수 있다.

날개가 없고 사실상 무방비라 할 수 있는 산쑥메뚜기 암컷은 고원지대 산쑥 초원의 춥고 혹독한 기후를 잘 견디는 능력 덕분에 다른 노래하는 곤충과 어깨를 겨룰 수 있다. 또한 지금까지 나온 몇몇 근거에 따르면 산쑥메뚜기 암컷은 친족인 귀뚜라미나 여치와는 다르게 땅굴 속에서 새끼들을 보살필지도 모른다.

제11장

이스타브룩 숲에서의 산책

뾰족꼬리덤불여치 암컷Scudderia furcata이 잎사귀 안에 알을 낳고 있다.

헨리 데이비드 소로로 인해 유명해진 월든 호수에서 불과 몇 킬로미터 떨어진 곳, 보스턴에서 그리 멀지 않는 곳에 이스타브룩숲이라 불리는 늪지가 있는 작은 숲이 있다. 그 전체 면적이 5제곱킬로미터에도 못 미치지만 이스타브룩숲은 도시에서 50킬로미터 반경 안에 있는 개발되지 않았으면서 접근성이 높은 숲 중에서 가장 크다. 당연한 결과로 이스타브룩숲에는 도시와 교외지역에서 온 수많은 방문객이 몰린다. 또 이 숲에는 수많은 사람이 마음에 들어 하는 특징이 하나 있다. 내가 이스타브룩숲의 존재를 알게 된 것도 실은 이 때문이다. 이 숲에서는 개가 숲길을 마음껏 뛰어놀 수 있도록 허용한다. 그래서 어느 날에는 뛰어다니는 개과 동물 방문객이 인간 방문객보다 훨씬 많은 것 같기도 하다. 나 또한 우리 집 털북숭이들을 데리고 이스타브룩숲에 다닌 지도 벌써 몇 년이 넘었다. 하지만 이 작은 자연의 조각을 만끽하면서도 나는 이 숲의 생태학적 구성에 대해서는 한 번도 제대로 생각해보지 않았다. 이스타브룩숲의 대부분 지역은 이차림으로, 이끼로 뒤덮이고 나무 사이에 숨겨진 돌담 벽은 이 지역이 그리 오래지 않은 과거에 목초지와 논밭이었다는 사실을 말해준다. 이런 돌담 벽은 얼룩다람쥐가 즐겨 숨는 은신처다. 얼룩다람쥐가 높은 소리로 찍찍대면서 달려가면 우리 집 개들이 미친 듯이 흥분해서 달려나가고 그다음은 내가 입에 거품을 물고 당장 산책길로 돌아오라고 개들에게 고함을 지를 차례다.

이스타브룩숲에서 긴 시간을 보내면서 나는 이 숲이 품은 생명의 형태가 얼마나 놀라울 정도로 다양한지 점점 더 잘 알게 되었다. 땅에 쓰러진 통나무 아래에서는 개미 집단이 영문을 알 수 없는 일을 하느라 쉴 새 없이 움직이고 있었다. 그 옆에서는 대개 붉은등도롱뇽이 돌아다니고 있었고 매우 다양한 종류의 딱정벌레도 있었다. 수풀과 나무에서 여치의 노랫소리가 들려왔고 숲바닥 낙엽 더미에서는 각양각색의 꽃들이 고개를 내밀고 있었다. 햇볕이 좋은 곳에서는 가터뱀이 일광욕을 하며 우리 집 개들의 용기를 시험했다. 역시 (내가 항상 생각해왔던 것처럼) 우리 집 개들은 짖기만 하지 물 줄 모르는 아이들이었다. 또한 나는 이스타브룩숲에 보기 힘든 진귀한 생물들이 놀라울 정도로 다양하게 서식하고 있다는 사실을 알게 되었다. 이스타브룩숲에는 늪유령잠자리Williamsonia lintneri라고 알려진 멸종 위기에 처한 잠자리를 비롯해 점박이거북Clemmys guttata과 신비골짜기새우류Crangonyx aberrans까지 살고 있다. 1998년과 2009년 7월 4일 저명한 지역 동식물연구가이자 작가인 피터 올던Peter Alden은 아마추어와 프로를 합쳐 모두 330명의 생물학자를 규합하여 이스타브룩숲과 근처 지역 몇 군데의 생물상을 조사했다. 이 과업에 참여한 이들이 생물다양성의 날이라고 부른 이날, 이스타브룩숲에서 믿기 힘들 정도로 다양한 생물이 살고 있다는 사실이 밝혀졌다. 10년을 사이에 둔 단 이틀, 48시간 동안 이루어진 행사 기간 동안에만 이끼에서 큰사슴에 이르기까지 2579종의 동식물종이 기록된 것이다. 나는 넋이 나갈 지경이었다.

그러므로 이 책을 쓰기 위한 구상을 정리하기 시작할 무렵 어떤 생각이 내 머릿속을 스치고 지나간 것은 극히 자연스러운 일이었다. 나는 몇 년 동안 인간이 지구에 나타나기 이전 시대의 생물을 찾아 지구에서 사람의 발길이 가장 적게 닿은 지역들을 샅샅이 뒤지고 다녔다. 그런데 혹시 여기 이스타브룩숲에도 그런 지역 못지않게 원시적인 유물생물이 풍부하게 서식하고 있는 것은 아닐까? 아니나 다를까 이스타브룩숲에서는 그 원시 조상, 화석 속의 희미한 자국으로 영원한 생명을 얻은 조상의 형태를 그대로 간직하고 있는 동식물을 수없이 찾아볼 수 있었다. 수억 년 전에 사라져버린 세계의 잔재를 힐끗 훔쳐보기 위해 나는 몇 년 동안을 찾아 헤매왔지만 결코 진정으로 이해하지 못했던 것을 드디어 눈으로 볼 마음의 준비를 하고는 우리 집 개 뒤를 따라 숲의 덤불로 뛰어들기만 하면 되었던 것이다.

이스타브룩숲 중심부에 있는 작은 목초지 한켠에는 목련나무 한 무리가 옹기종기 늘어서 있다. 남쪽 출신의 목련나무들은 험악한 매사추세츠의 겨울을 견뎌낼 수 있는지 자신의 능력을 시험하고 있는 듯 보인다. 목련나무는 아주 오랫동안 찰스 다윈의 "지독한 수수께끼abominable mystery"를 해결하는 열쇠를 쥐고 있는 것으로 여겨져왔다. 다윈의 "지독한 수수께끼"는 이 위대한 사상가가 생을 마치는 순간까지 그 뇌리에 박혀 있던 풀리지 않은 진화론상의 수수께끼로, 속씨식물이 극단적으로 빠르게(지질학적 시간의 관점에서 볼 때) 출현한 현상을 가리킨다. 다윈은 이 현상 뒤에 숨은 원인에 대해서 어

찌나 골머리를 앓았던지 친구이자 지지자인 조지프 후커에게 보낸 편지에서 "아마도 남반구에 오랫동안 고립된 작은 대륙이 있어 고등생물의 발생지 역할을 하지 않았을까라고 생각하고 싶어진다. 하지만 이건 말도 안 되게 빈약한 추측이다"라고 고백했다. 솔직히 말하자면 그것은 정말 빈약한 추측이었다.

식물학자에게는 피자식물angiosperm이라고도 알려진 속씨식물은 약 1억3600만 년 전인 백악기 초기의 화석 기록에 처음으로 모습을 나타냈다. 속씨식물은 완전히 새로운 기관을 지닌다는 점에서 그 당시의 여느 식물과는 판연히 달랐다. 바로 꽃, 수배우자와 암배우자를 간편하게 하나로 묶어놓은 생식기관이다. 그러나 속씨식물에는 그 이전 식물과는 다른 좀더 중요한 차이점이 있었다. 속씨식물의 조상인 겉씨식물이 씨앗으로 자라는 밑씨를 비바람에 완전히 노출시켜놓은 반면 이 새로이 등장한 신참은 자신의 자라나는 씨앗을 조심스럽게 씨방 안에 넣어 보관했고 씨앗을 내배유라고 알려진 영양분이 풍부한 조직으로 감쌌다(겉씨식물gymnosperm의 "gymno"는 '노출된'이라는 뜻이며 속씨식물angiosperm의 "angio"는 '용기'라는 뜻이다). 흔히 씨방의 벽은 두꺼운 과육으로 자라나 오늘날 우리가 '과일'이라 부르는 맛있는 열매가 되었다.

그다음 일어난 일로 세계가 크게 뒤바뀌었다. 꽃이 최초로 등장한 이래 1000만 년 동안 현재 지구 위를 주름 잡고 있는 주요 식물 혈통이 모조리 등장했고 백악기 중반에 들어서면서 속씨식물은 세계 식물상을 지배하

트리페탈라우산목련Magnolia tripetala

는 식물 집단이 되었다. 오늘날에는 인간이 생존하기 위해 필요한 식물 전부를 포함하여 30만 종에 가까운 속씨식물이 전 지구상의 모든 육지와 수생 생태계에서 서식하고 있다. 이에 비해 속씨식물의 조상이며 소나무와 전나무 같은 침엽수가 속한 겉씨식물은 전 세계적으로 870종만이 남아 있을 뿐이다. 다윈이 당혹스러워한 까

닭은 속씨식물이 폭발적이라 할 만큼 짧은 기간 동안 다양하게 출현했기 때문이다. 다윈의 이론에 따르면 진화상의 변화는 생물에서 꾸준히 점진적으로 변이가 선택되고 축적되어 나타나는 것이었다. 물론 오늘날 우리는 진화가 아주 빠른 속도로 진행될 수 있으며(다시 한번 말하지만 지질학적 시간의 관점에서 빠르다는 것이다) 단 하나의

트리페탈라우산목련Magnolia tripetala

지질 시대 안에 전 지구의 식물상이 완전히 뒤바뀌는 것 또한 전혀 뜻밖의 일은 아니라는 사실을 알고 있다. 하지만 속씨식물이 이토록 갑작스럽게 성공하도록 이끈 요인은 무엇이었을까?

다윈은 속씨식물의 폭발적인 증가가 그와 때를 같이한 곤충의 다양화와 관련 있는 것이 틀림없다고 했지만 다윈의 시대에는 이 가설을 뒷받침할 만한 확실한 근거가 부족했다. 그러나 오늘날 생물학자들은 풍부한 화석 기록은 물론 분자계통학과 진화발생생물학("이보디보 evo-devo")의 확실한 근거를 바탕으로 속씨식물과 곤충이 점점 더 특화되고 다양화될 수 있었던 힘이 두 생물 집단이 맺었던 복잡한 상호 이익 관계에서 나왔다는 것을 확신한다. 이 협력관계의 결과는 오늘날 분명하게 나타난다. 곤충은 동물세계에서 압도적인 우위를 차지하고 있으며 속씨식물은 식물세계에서 압도적인 우위를 차지하고 있다. 공생관계를 통해 속씨식물과 곤충은 각각 다

마크로필라우산목련Magnolia macrophylla

른 생물과 경쟁하며 살아남을 확률을 경이적으로 높일 수 있는 무언가를 얻었다. 속씨식물은 자신의 생식세포를 전달하는 매개체로 곤충을 이용하면서 유전자를 퍼뜨리는 범위를 넓히고 효율성을 증대시켰다. 속씨식물은 더 이상 자신의 꽃가루를 널리 퍼뜨리기 위해 예상할 수 없는 바람에 의존할 필요가 없었으며 엄청난 양의 생식세포를 생산하는 데 들었던 에너지를 다른 곳에 쓸 수 있게 되었다. 또한 꽃가루는 곤충의 날개에 묻혀 밖으로 내보내고 밑씨는 씨방에 숨겨두는 방식으로 자가수분의 위험도 줄일 수 있었다. 그 결과 식물의 유전적 다양성이 높아졌고 새로운 형태의 종들이 빠른 속도로 출현할 수 있었다. 한편 곤충 또한 꽃을 방문하면서 다양한 혜택과 풍부한 먹이는 물론(꿀이나 꽃가루, 혹은 두 가지 모두), 짝짓기 하기에 편리한(그리고 낭만적인) 장소, 심지어 무료 난방(그렇다. 어떤 꽃들은 열을 발산하며 곤충은 몸을 덥히기 위해 이런 꽃들을 이용한다)까지 누릴 수 있었다. 속씨식물이 곤충을 자신의 번식을 위한 매개체로 이용한 최초의 식물은 아니다. 초기 겉씨식물 중 몇몇 식물 또한 수분을 위해 곤충을 이용하기도 했다. 하지만 이 관계를 완벽하게 완성해낸 것은 속씨식물이었다. 그 뒤 수백만 년 동안 식물-곤충의 상호관계는 점점 효율적으로 특화되었으며, 오늘날 식물 대다수는 곤충 없이 존재할 수 없고 곤충 또한 식물 없이 존재할 수 없는 상황에까지 이르렀다. 속씨식물 중에는 오직 특정 종의 곤충에 의해서만 수분될 수 있으며 꽃의 형태마저 다른 곤충이 꿀이나 그 외 목적을 위해 접근하지 못하도록 변형된 식물이 수도 없이 많다. 곤충 또한 오직 꽃에 접근하는 용도로만 사용되며 다른 데에는 쓸모없는 기관과 행동을 진화시켰다. 꽃의 길고 꿀로 가득 찬 꽃부리에 딱 들어맞도록 길게 변형된 나방과 나비의 특수한 구기는 이런 상호진화적인 변화, 즉 공진화의 좋은 예다.

이스타브룩숲의 우산목련Magnolia tripetala의 꽃송이를 자세히 살펴보는 동안 나는 이 놀라운 진화 역사의 초기 단계를 살짝 엿볼 수 있었다. 늦봄에 피어나기 시작하는 목련의 풍성하고 거대한 꽃은 곤충이 활동하기에 최적의 장소라 할 수 있다. 하지만 이상하게도 내가 목련꽃 안에서 발견한 곤충은 우리가 일반적으로 식물의 수분충이라고 알고 있는 그런 곤충과는 거리가 멀었다. 나비는 이 휘황찬란한 꽃에 다가오지 않았고 혼자 날아온 벌 한 마리는 꽃의 거대한 구조에 혼란스러운 듯 꽃 한가운데에 있는 거대한 수술 사이에서 목적 없이 비틀거리고 있었다. 목련꽃 안에 있는 곤충은 대부분 딱

정벌레이거나 작은 점처럼 보이는 삽주벌레였다. 1억 년도 훨씬 더 전인 백악기 초기, 목련이 처음으로 지구상에 등장했을 무렵에는 나비와 꿀벌을 비롯해 오늘날 우위를 점하고 있는 수분충 대다수가 아직 존재하지 않았다. 그러므로 목련은 다른 식물, 즉 소철나무나 그 멸종한 사촌처럼 이전에 존재한 식물의 수분충으로 이미 활동한 적이 있는 곤충을 자신의 수분충으로 끌어들이고 새로운 동맹을 맺어야 했다. 그렇게 맺어진 목련과 수분충의 오랜 관계는 오늘날까지도 사라지지 않고 있다. 딱딱한 몸에 씹는 구기를 지닌 딱정벌레는 수분충으로 절대 정교하다고 할 수 없으며 꽃 안에서 구르고 뒹굴면서 몸에 꽃가루를 묻히는 행동으로 "지저분한" 수분충이라는 불명예스러운 이름을 얻었다.

상당히 최근까지 식물학자들은 목련이 최초의 속씨식물 중 하나이며 목련과 딱정벌레의 관계는 공진화에서 결실을 맺은(말장난을 의도하여) 가장 성공적인 사례의 초기 단계를 보여준다고 보았다. 그리고 목련꽃의 형태는 소용돌이꼴로 배치된 생식 구조와 함께 꽃 형태의 원형을 보여준다고 여겨졌다. 그러나 최근 기저 식물("원시" 식물)에 대한 분자 연구 결과, 목련은 실제로 최초의 속씨식물이 아니며 딱정벌레와 목련의 공생관계 또한 가장 최초의 공생관계는 아니라는 사실이 밝혀졌다. 물론 딱정벌레와 목련의 관계가 매우 초기에 형성되어 오랫동안 지속되어왔다는 사실은 변하지 않는다. 어쨌든 최초의 속씨식물은 아마도 태평양의 외딴섬 뉴칼레도니아에 서식하는 키가 작고 눈에 잘 띄지 않는 덤불인 암

보렐라Amborella처럼 생겼을 것이라고 추정된다. 암보렐라의 아주 작고 단순한 꽃은 바람으로도 수분되며 매우 작은 각다귀나 여러 종류의 파리 같은 별로 특화되지 않은 곤충에 의해 수분된다. 이런 유의 수분에 이어 얼마 지나지 않아 한층 발달된 형태의 수분이 등장했다. 이 수분 형태는 다시 한번 이스타브룩숲에서 자라고 있는 또다른 식물에서 찾아볼 수 있다. 백악기에 살았던 자신의 조상과 깜짝 놀랄 정도로 똑같이 생긴 이 식물은 바로 향수련이라고도 하는 오도라타수련Nymphaea odorata이다. 이스타브룩숲에 있는 연못 수면의 대부분을 덮고 있는 이 아름다운 수생식물은 불운한 방문객의 목숨을 앗아가기도 하는 상당히 사악한 수분 전략을 구사한다. 오도라타수련의 크고 하얀 꽃에서는 암술이 먼저 피어나며 이 암술은 곧 달콤한 향기를 풍기지만 영양가라고는 하나도 없는 액체에 잠긴다. 유혹적인 향기에 매혹된 곤충은 꽃 속으로 들어오자마자 이 액체 속으로 빠지며 그 과정에서 곤충이 다른 수련꽃을 방문했을 때 몸에 묻혀왔을지도 모를 꽃가루가 씻겨나간다. 수많은 곤충이 액체에 빠져 목숨을 잃고 살아남은 곤충 또한

워터릴리water lily(물백합)라는 이름이 붙어 있지만 수련Nymphaea은 우리 정원에서 자라는 백합과 전혀 관계가 없다. 수련은 가장 초기의 속씨식물 집단의 후손으로 식물학자들은 이를 ANA라 불리는 비공식적인 집단으로 함께 묶는다.(ANA는 가장 오래된 속씨식물 집단인 암보렐라케아잇과Amborellaceae, 님파이아알레스목 Nymphaeales, 아우스트로바일레얄레스목Austrobaileyales을 가리키는 약자다.) ANA는 그 원시적인 꽃의 형태와 수분 방법이라는 공통점 때문에 하나로 묶인다.

몸이 젖고 어리둥절한 채 남겨진다. 수련이 취하는 이런 종류의 기만적인 수분 전략은 "착취적" 수분이라고 알려져 있다.

　오늘날 대부분의 속씨식물은 자신의 수분충을 좀더 정중하게 대접한다. 그리고 생물학자들은 속씨식물과 곤충의 관계가 양 집단이 진화적 관점에서 성공하게 된 비결이라는 사실에 동의한다. 하지만 이야기는 여기서 끝나지 않을 수도 있다. 최근 일부 생태학자들은 속씨식물이 식물세계에서 우위를 차지하게 된 비결이 혁신적인 번식 전략 덕분이라기보다는 토양에 함유된 영양분을 처리하는 데 있어 겉씨식물 조상에 비해 생리학적으로 유리하기 때문이라고 주장하고 있다. 질소와 인을 비롯한 특정 원소를 좀더 빠르고 효율적으로 처리하는 신진대사 덕분에 속씨식물은 느리게 성장하는 겉씨식물과 양치식물이 비워놓은 지역에(이를테면 공룡이 밟고 지나간 후라든지) 아주 빠른 속도로 정착할 수 있었으며, 속씨식물이 한번 자리를 잡고 나면 토양의 물리적 구성비가 근본적으로 바뀌어버려 겉씨식물이 돌아와 자랄 가능성이 완전히 봉쇄되어버렸다는 주장이다.

　이는 분명 흥미로운 가설이며 앞으로 이에 대한 연구가 진행될 것은 분명하다. 하지만 나는 이 가설이 정말로 옳다고는 생각하지 않는다. 오늘날 현생식물의 대부분은 꽃을 피우는 속씨식물이지만 이스타브룩숲에서 우리 집 개들이 즐겁게 미국너구리 사체를 갖고 장난치고 얼룩다람쥐를 쫓아다닐 때 그 주위를 둘러싸고 있는 것은 하늘로 높이 솟아오른 수천 그루의 거대한 겉씨식물,

소나무와 솔송나무이기 때문이다. 속씨식물이 쿠데타를 시작한 지 1억 년이 넘은 지금에도 이 침엽수들은 여전히 일부 생태계에서 우위의 자리를 놓치지 않고 있다. 지금 이스타브룩숲에서 자라고 있는 스트로브잣나무Pinus strobus와 그 형태가 비슷한 소나무Pinus가 처음 지구상에 모습을 나타낸 것은 약 1억3000만 년 전인 백악기 초기다. 다른 오래된 생존생물과 마찬가지로 소나무 또한 지구가 수없이 겪었던 기후적, 지질학적 변화를 이겨낼 수 있었기 때문에 지금까지 생존 가능했다. 소나무의 각 종은 기온이나 습도, 토양 종류 같은 환경 변이에 폭넓게 적응할 수 있다. 소나무는 또한 낮은 기온을 견뎌내는 데 뛰어난 능력을 자랑한다. 그런 까닭에 고지대와 아한대 지역에서는 침엽수림이 식물상에서 우위를 차지하고 있으면서 한 번도 속씨식물의 도전에 굴하지 않았다. 수많은 속씨식물은 환경에 좀더 특화되기 쉬우며 상대적으로 좁은 범위의 환경 조건에서만 잘 살아남는다. 따뜻하고 일정하게 유지되는 기후에서라면 속씨식물은 얼마 지나지 않아 도저히 뚫고 지나갈 수 없을 만큼 두터운 식물층으로 대지 위를 뒤덮을 테지만 빙하기가 다가오면 그 자리에는 침엽수가 되돌아올 것이다. 겉씨식물이 잘하는 것을 하나 익혔다면 그것은 남들보다 오래 살아남는 것이다. 한편 이스타브룩숲에 펼쳐진 거대한 침엽수 차양 아래서는 또다른 생물이 살아가고 있다. 침엽수보다 더 오래된 과거로 뿌리를 뻗고 있는 식물이다.

　따뜻하고 습한 날씨가 두어 달 지속된 다음 5월이 끝날 무렵이 되면 이스타브룩숲은 전과는 완전히 다

른 장소로 변모한다. 겨우내 떨어진 낙엽과 나뭇가지로 덮여 있던 넓은 땅은 새로 고개를 내민 식물의 초록빛 새싹들로 뒤덮여버린다. 좀더 습한 지역에서는 눈을 조금 가늘게 뜬다면 속씨식물이 일으킨 혁명의 흔적이 모두 사라진 듯 보인다. 눈앞에 한가득 펼쳐진 것은 삼첩기의 조상과 전혀 다를 바 없는 식물들이다. 2억4000만 년 전의 화석에서도 그 모습을 찾아볼 수 있는 고비속Osmunda의 양치식물은 이스타브룩숲의 덤불에서 아직도 우위를 놓치지 않고 있다. 고비는 처음 화석에 모습을 나타낸 뒤 겉모습이 거의 변하지 않았다. 최근 남극의 삼첩기 시대의 바위층에서 발견된 고비의 화석종에는 오스문다 클라이토니이테스Osmunda claytoniites라는 이름이 붙여졌다. 이 화석종의 겉모습이 그 생식기관의 극히 세밀한 부분까지 포함하여 음양고비Osmunda claytoniana라고 알려진 현대 양치식물과 분간할 수 없을 정도로 똑같았기 때문이다.

그러나 이 두 종 식물의 겉모습이 같다고 해서 양치식물이 오랜 시간 진화하지 않고 그 자리에 머물러 있었다는 뜻은 아니다. 오히려 그 반대다. 양치식물은 정신이 아득해질 만큼 먼 과거인 3억7000년 전부터 지구 위에서 살아왔다. 양치식물은 지구상에서 가장 오래된 생물 중 하나이며 또한 진화적으로 가장 성공한 생물 중 하나이기도 하다. 오늘날 모든 관심을 독차지하고 있는 속씨식물은 25만 종이 넘으며 지구 대부분 지역을 뒤덮고 있지만 양치식물 또한 지구상에서 두 번째로 풍부한 식물로서 독립된 종이 1만 종이 넘는다. 1만 종이라면

그리 많지 않은 것 같지만 이는 속씨식물을 제외한 다른 모든 식물을 합친 것보다 네 배나 많은 것이다. 이스타브룩숲의 넓게 펼쳐진 덤불숲을 비롯한 수많은 서식지에서 양치식물은 속씨식물을 제치고 식물상의 우위를 차지하고 가장 번성하며 살아가고 있다. 숱한 다른 원시식물들은 백악기에 등장한 건방진 신참인 속씨식물과의 경쟁에 이기지 못해 모두 흔적도 없이 사라져버리고 말았지만 양치식물만큼은 지금까지 남아 있을 수 있었다. 그렇다면 그 비결은 무엇일까?

지구 위에 살아왔던 동물의 생명을 다룬 고생물학 역사에 대한 보통의 글들을 읽다보면 삼첩기에 공룡이 최초로 등장한 이래 다른 무척추동물이 전부 사라져버렸다는 인상을 받기 쉽다. 마치 이런 글을 쓴 저자들이 "벌레" 말고는 아무것도 없는 지질 시대 전체를 지루하게 훑어오다 마침내 좀더 흥미로운 주제를 찾아내어 마음을 놓기라도 한 것처럼 공룡이 등장한 시점부터는 갑각류나 거미류, 달팽이류에 대해서는 어떤 설명도 찾아보기 어렵다. 물론 이런 편향이 뜻밖의 일이라고는 할 수 없지만 삼첩기 이후로 절지동물이 척추동물보다 훨씬 더 눈부시도록 다양하게 분화해왔다는 사실을 잘 알고 있는 사람으로서는 불공평하다고 생각하지 않을 수 없다. 그러나 나는 고식물학 또한 비슷한 편견에 시달린다는 사실을 알고는 깜짝 놀랐다. 그러므로 양치식물에 대한 언급을 찾아보려면 아마도 수많은 고생물학 책을 뒤지면서 고생깨나 해야 할 것이다. 백악기에 속씨식물이 극적으로 등장해 폭발적이랄 만큼 빠른 속도로 지구

미역고사리 Polypodium virginianum

위에 퍼져나가고 난 뒤 이 식물세계를 점한 새로운 지배자의 그늘 아래서 양치식물 또한 놀라운 발전을 이뤘다. 속씨식물이 등장하기 전에 겉씨식물과 함께 육지를 지배했던 양치식물은 처음에는 새로운 경쟁 상대로부터 커다란 타격을 입었다. 백악기의 화석 기록에서 나타나는 양치식물종의 숫자는 급격하게 줄어들었다. 하지만 이후 뜻밖에도 양치식물은 다시 다양하게 나타나기 시작했다. 수많은 겉씨식물이 충격에서 완전히 회복하지 못했고 몇몇 겉씨식물은 아예 멸종해버리기도 한 반면 양치식물은 회복하여 일어섰다. 그리고 백악기 말 무렵 속씨식물이 대규모 식물 경쟁에서 승리자로 자리를 굳힌 '이후', 양치식물의 새로운 주요 혈통들이 모습을 드러내기 시작했다. 그렇다면 양치식물은 어떻게 이런 일을 해낼 수 있었을까?

양치식물이 식물세계를 지배했던 시기, 데본기에서 쥐라기에 이르는 2억 년이 넘는 기간 동안 양치식물이 살던 환경은 굉장히 단순했다. 양치식물과 함께 살았던 다른 식물은 가늘고 곧은 줄기에 얇고 흔히 바늘처럼 생긴 잎을 하고 있었다. 다시 말해 이런 식물에는 그늘을 드리울 만한 그 무엇도 없었다는 뜻이다. 반면 새로 나타난 속씨식물의 잎은 넓은 데다 커다랄 때도 많았고 줄기에서는 가지가 이리저리 무성하게 뻗어 있었기 때문에 햇빛을 받기 어려운 환경이 조성되었다. 특히 속씨식물 아래쪽에서 자라는 식물에게는 힘겨운 환경이었다. 고생물학과 분자계통학, 식물생리학의 자료를 성공적으로 결합시킨 최근의 연구에서 과학자들은 속씨식물의 폭발적

잎 모양이 현대 양치식물과 흡사해 보이기는 하지만 3억 년 전의 이 화석은 양치종자류Medullosales라고 알려진 수수께끼에 싸인
식물 집단의 일원이다. 양치종자류는 소철류의 조상일 가능성이 높으며 페름기에 멸종했다고 알려져 있다. 이 흠잡을 데 없이 보존된 화석은
화석 기록이 매우 신중하게 해독되어야 한다는 점을 잘 보여주는 사례다. 서로 관계가 없는 생물들도 비슷한 형태학적 특징을
지니는 경우가 많기 때문이다.

인 증가 이후 백악기 양치식물이 새로운 환경에 적응하도록 해준 혁신적이고 결정적인 변화를 짚어낼 수 있었다. 이 혁신적인 변화는 바로 양치식물 세포 내의 피토크롬3phytochrome3, PHY3이라 알려진 광수용기의 진화다. PHY3 덕분에 양치식물은 다른 식물이 이용할 수 없는

햇빛의 파장을 이용할 수 있게 되었으며 자신의 잎과 엽록체를 빛에 맞추는 능력을 키워 햇살이 적은 환경에서도 살아남을 수 있게 되었다. 그 결과 양치식물은 폭이 넓은 잎을 지닌 속씨식물이 우거진 숲지붕 아래 그늘진 숲바닥에서도 살아남을 수 있었다. 속씨식물이 지배하

는 식물군락에서 더 높아진 공간 복합성 또한 양치식물이 새로운 생태적 지위를 개척할 수 있는 기회가 되었다. 양치식물은 나무를 기어올라 속씨식물의 잎과 가지에 기생하는 기생식물이 되었다. 양치식물은 처음의 패배에서 기회를 발견하고 이제 한발 더 나아가 속씨식물들이 새로이 만들어놓은 식물군락의 풍부함과 다양함을 자신의 이익을 위해 이용하기에 이르렀다. 즉 피할 수 없다면 즐기라고 했던가.

이제 다시 한번 남극 대륙의 삼첩기 암석층에서 발견된 양치식물 화석으로 돌아가보자. 이 화석은 오늘날 현생종인 음양고비와 구별할 수 없을 정도로 비슷하기 때문에 음양고비를 "살아 있는 화석"이라고 부르고 싶을 만도 하다. 하지만 PHY3의 발견으로 우리는 현대 양치식물이 조상의 겉모습을 그대로 유지하고 있긴 하나 그 생리와 행동을 완전히 뜯어고쳤다는 사실을 알고 있다. 이를 위해 양치식물은 엄청난 진화적 변화를 감내해야 했다. 실제로 연구에서 밝혀진 바에 따르면 분자 수준에서 양치식물의 진화율은 양치식물보다 훨씬 어린 속씨식물의 진화율을 뛰어넘는다. 유감스러운 점은 이런 사실이 화석으로 남지 않는다는 것이다. 우리가 멸종한 생물에 대해 아는 것은 단지 그 형태뿐이다. 하지만 형태는 그 생물의 생존에 기여하는 수많은 특징 중 하나일 뿐이다. 어느 생물의 몸 형태가 다양한 환경의 변이에도 폭넓게 적응할 수 있도록 진화되었다면 그 생물의 몸 안에서 커다란 생화학적, 생리적 변화가 일어난다 해도 그 형태는 자연선택에 의해 그대로 유지될 가능성이 높다.

여기서 이미 멸종한 조상에서 거의 혹은 전혀 변하지 않은 듯 보이는 생물, 소위 말하는 "살아 있는 화석"의 개념을 둘러싼 문제 하나가 등장한다. 우리는 매우 제한적인 가짓수의 정보, 선사시대 암석층에 어쩌다보니 잘 보존된 화석 기록에만 의존하는 한편 분자 수준에서 이루어진 것이 분명한, 눈에 보이지 않는 무수한 변화에 대해서는 인지하지 못한 채 이 생물이 변화하지 않았다(정체停滯되어 있다)고 판단한다. 역으로 인간을 비롯한 생물 대부분은 생명 그 자체만큼이나 오래된 생화학적 회로와 생리적 기제를 채용하고 있지만 그 조상과 비슷하게 "생기지" 않았다는 이유로 "살아 있는 화석"이란 이름을 얻지 못한다. 오늘날 지구에서 살아가고 있는 생물은 모두 그 겉모습이 오래전에 멸종한 원시 조상과 아무리 닮았다 하더라도 실은 최근까지 진화를 거듭해온, 현대에 속하는 종이다. 우리가 유물생물이라 부르는 생물도 마찬가지다. "유물"생물, 즉 잔존생물은 이 생물이 아주 오래전에 발생한 유전적 혈통의 일원이며 그 형태가 조상의 모습과 아직 비슷하다는 의미에서만 잔존생물이라 불리는 것이다. 이런 유전적(좀더 정확하게는 계통발생적) 혈통은 시간이 흐름에 따라 이울 수도 있으며 넘치는 강물처럼 많던 종이 똑똑 떨어지는 물방울처럼 줄어들었다가 마침내 완전히 사라져버릴 수도 있다. 반면 어떤 혈통들은 양치식물과 마찬가지로 자신의 원시 조상의 겉모습을 간직한 채 다시 한번 힘을 얻어 번성하게 될 수도 있다. 우리는 이런 생물을 통해 원시 생물과 원시 생태계가 어떤 모습을 하고 있었는지, 어떻게 움직이고 있었는지에 대한 단서를 얻는다. 하지만 이런 생물을 "살아 있는 화석"이라고는 할 수 없다.

이스타브룩숲에는 우리 집 개들이 몇 년 동안이나 개구리를 잡아보려고 무던히 애를 썼지만 결국 한 마리도 잡지 못한 좌절의 연못이 있다.(양서류 동물이 보호색과 힘센 다리를 얼마나 능수능란하고 효율적으로 사용하는지를 똑똑히 증명하는 사례다.) 이 작은 연못가에서는 키도 작고 눈에 잘 띄지도 않는 식물이 한때 자신이 번성했던 석탄기 식물군락의 모습을 미약하게나마 재현하며 자라고 있다. 쇠뜨기 혹은 물속새라고 알려진 양치식물이다. 아주 최근까지만 해도 식물학자들은 속새식물과 다른 식물과의 관계를 확실히 파악하지 못했다. 최근에서야 고생물학 자료와 분자 정보 분석에 의해 속새식물은 현대 양치식물의 진화 계보 초기에 파생되어 나온 식물로 자리를 잡았다. 식물학자들이 유절식물강Equisetopsida 으로 분류하는 속새식물은 약 3억8000년 전인 데본기부터 지구에 존재해왔으며, 당시에는 수백 수천 종을 자랑하며 식물상에서 우위를 차지하던 것 중 하나였다. 하지만 수많은 고대 식물과 마찬가지로 속새식물은 속씨식물이 출현한 이후 쇠락의 길을 걸었고 지금은 작은 초본식물로 이루어진 오직 하나의 속만 남아 그 혈통을 이어오고 있다. 이 혈통의 오직 하나 남은 속인 속새속Equisetum 에는 현재 전 세계에 골고루 분포한 15종만이 남아 있을 뿐이다. 그러나 그 전성기 당시 속새식물은 키가 큰 나무로 석탄기의 열대늪지대에서 대규모 숲을 이루어 자랐다. 우리 인간을 산업혁명의 길로 안내하고 현재 우리

일반적인 쇠뜨기Equisetum arvense는 땅속에서 겨울을 난 다음 이른 봄 엽록소가 없는 흰색의 생식줄기를 틔워낸다. 각 생식줄기의 꼭대기에는 포자를 생산하는 포자낭이 달려 있다. 포자를 퍼뜨리고 나면 이 생식줄기는 죽어버리고 그 자리에 광합성을 하는 녹색 줄기가 자라난다.

가 누리는 정교한 기술을 성취할 수 있도록 해준 것은 고대 양치식물, 석송과 더불어 바로 이 속새식물의 화석화된 잔해다. 우리는 이 잔해를 석탄이라 부르고 있다. 석탄은 수억 그루의 죽은 식물이 두꺼운 퇴적층 아래서 3억 년이 넘는 동안 산소 없이 압축된 결과 생산된 산물이다. 원시 속새식물이 없었다면 우리 문명은 현재의 위치까지 오지 못했을 터이다. 그러나 불운하게도 이 아주 오래된 식물의 사체를 파내면서 우리는 또한 무더운 석탄기 기후를 아주 서서히 복원하고 있다. 석탄 한 조각이 연소되면 원시 식물에 의해 석탄기의 대기에서 분리되어 지금까지 땅속에 묻혀 있던 이산화탄소가 지구의 대기로 되돌아가게 된다. 지구 기후 변화 문제에 대해 어떤 입장을 취하는지와는 상관없이 우리는 이 단순한 사실, 우리 지구가 유한한 양의 탄소를 지니고 있으며 이 탄소의 대부분이 지하에 묻혀 있었지만 현재 다시 한번 지구를 둘러싼 대기층의 일부로 돌아가고 있다는 사실을 외면할 수 없다. 그리고 한번 대기로 돌아간 탄소는 태양 복사열을 점점 더 효율적으로 지구 대기층에 가두어두게 된다.

현대 속새식물은 원시 속새식물처럼 인류사에 중대한 영향을 미칠 기회가 없지만 그렇다고 우리에게 전혀 쓸모가 없는 것도 아니다. 속새식물의 흥미로운 특징 중 하나는 속새식물에게 특정 화학 원소, 특히 실리콘을 분리하여 농축하는 능력이 있다는 점이다. 사실상 속새식물은 성장하기 위해 실리콘이 필요한 유일한 식물이며 인간과 다른 척추동물이 칼슘을 사용하는 방식

과 유사한 방식으로 실리콘을 사용한다. 다시 말해 속새식물은 실리콘으로 자신의 뼈대를 구성한다. 그렇다고 우리가 속새의 비어 있는 줄기 안에서 실리콘으로 만들어진 뼈대를 찾아낼 수 있다는 뜻은 아니다. 하지만 속새식물은 실리콘을 기본으로 한 결정 화합물의 가느다란 조각, 즉 실리카를 이용하여 줄기를 지탱한다. 또한 추가적인 혜택으로 실리카는 속새식물을 뜯어먹는 동물의 치아와 턱을 닳게 만드는 역할을 하기도 한다. 그 결과 속새식물을 먹고 사는 동물은 거의 찾아보기 어렵다(속새식물 조직 안에서 자라나는 파리가 몇 종 있기는 하다). 속새식물의 줄기가 단단한 실리카의 알갱이로 덮여 있기 때문에 속새는 금속으로 된 물건을 윤내는 데 아주 적합하다. 세제가 발명되기 전 속새식물의 줄기는 접시를 닦는 데 사용되곤 했다. 더 재미있는 사실은 속새 줄기가 연마제로 어찌나 훌륭했던지 그 유명한 바이올린 제작자인 스트라디바리우스 가에서도 바이올린을 만드는 나무를 윤내는 데 속새 줄기를 사용했다는 점이다. 또한 속새식물은 자신의 조직 안에 금을 축적한다고도 알려져 있다. 그런 까닭에 수십 년 동안 금광 탐사자들은 속새식물을 땅속에 금이 매장되어 있다는 사실을 알려주는 훌륭한 지표로 여겨왔다. 아주 흥미로운 이야기이기는 하지만 이 가설은 엄격한 과학적 기준 앞에서 무너져 내렸다. 연구에 따르면 속새 조직에 축적되는 금의 양은 다른 식물에 비해서 특별히 많다고 할 수 없다. 하지만 이런 전설 뒤에도 어느 정도 합리적인 근거가 있을지 모른다. 밝혀진 바에 따르면 속새식물

은 조직 안에 비소를 축적하며 비소는 금의 매장과 어느 정도 관련이 있다. 그러므로 속새식물이 매장된 금의 존재를 간접적으로나마 알려줄 수 있을지도 모르는 일이다.

이스타브룩숲에 3월의 햇살 좋은 날들이 찾아와 얼어붙은 겨울의 잔해를 녹여버리기 시작할 무렵 또다른 원시 혈통의 일원들은 다시 삶을 향해 위해 뛰어오를 준비를 마친다. 아주 작은 낭포 상태로 낙엽 더미 밑에 숨어 추운 겨울을 난 이 생물들은 깨어나기 위한 신호를 기다리고 있다. 이 생물이 서식하는 곳은 거의 1년 내내 물기가 없다가 마지막 겨울 눈이 녹으면서 낙엽이 쌓인 숲바닥의 움푹 들어간 부분에 잠깐 생겼다가 사라지는 작은 연못이다. 임시 봄못이라 알려진 이 연못은 여름이 올 무렵 사라져버릴 것이다. 하지만 지금 이 연못에는 독특한 수중 생태계가 생겨나 있다. 땅속에 숨어 있던 낭포들은 습기에 자극을 받아 깨어나기 시작한다. 곧 봄못은 수천 마리의 작디작은 동물로, 처음에는 이 문장의 마침표보다 그리 크지 않지만 몇 주 내로 새끼손가락 반절 크기만큼 자라나는 생물들로 채워진다. 연못을 들여다보면 어울리게도 분홍색이나 밝은 갈색을 띠고 커다란 눈을 지닌 이 생물이 야트막한 연못 속의 낙엽 사이를 헤엄쳐 다니는 모습을 볼 수 있다. 풍년새우 *Eubranchipus vernalis*는 현재 이스타브룩숲에 자라고 있는 어떤 관다발식물보다 오래된 혈통의 일원, 갑각류강에서도 새각아강branchiopod에 속하는 동물이다. 새각류는 이미 5억 년 전, 캄브리아기의 바다에서 살고 있었다. 캄브리아기는 아직 어떤 식물도 물을 떠나 육지에서 살아갈 생각조차 하지 않고 있던 시대였다. 풍년새우의 부드럽고 가녀린 몸을 보면 이처럼 외견상으로는 연약해 보이는 동물이 어떻게 그 오랜 시간 생존해올 수 있었는지 상상하기 어렵다. 풍년새우는 물이 없으면 몇 초도 버티지 못하고 죽어버린다. 연못의 산소 농도가 떨어지면 연못에서 서식하는 풍년새우의 개체군 전부가 몰살당한다. 기회만 주어진다면 아마 물고기 한 마리가 단 하루만에 한 연못에 살고 있는 풍년새우 전부를 먹어치울 수 있을 것이다. 하지만 다행히도 1년에 고작 몇 달 동안만 지속되는 임시 봄못에서는 물고기가 살아갈 수 없다. 그렇지만 이토록 연약해 보이는 풍년새우의 겉모습은 완전한 오해다. 자신이 유리한 영역에서 풍년새우는 마치 가죽처럼 끈질기다.

풍년새우가 사는 임시 봄못처럼 지금은 여기 있지만 몇 달 안에 곧 사라져버릴 곳, 언제 생길지 또 얼마 동안 지속될지 알 수 없는 곳에서 살고 있다면 든든한 생존 전략을 세워 삶을 꾸려나갈 필요가 있다. 첫째 적합한 환경이 생겨났을 때에는 환경에 변화가 일기 전에 지체 없이 빠르게 성장하여 성적 성숙에 도달해야 한다. 둘째 살아갈 수 있는 유일한 서식지가 사라졌을 때에도 유전 혈통만큼은 살아남아 보존될 수 있는 방법이 있어야 한다. 셋째 이를테면 새로운 세대를 생산할 준비가 되기도 전에 봄못이 갑작스레 증발하는 것처럼 예상치 못한 대재앙이 닥쳤을 때를 대비해두어야 한다. 이 세 가지 중 하나라도 충족되지 못한다면 그 생물은 한 세

임시 봄못이 생겨나고 몇 주가 지나면 수중 생물이 말 그대로 폭발적으로 증가한다. 풍년새우를 비롯하여 여러 무척추동물은 가장 무서운 수중 포식자인 물고기가 없는 수생 환경을 마음껏 누빈다. 다양한 갑각류 동물과 물벼룩, 물파리, 포식성 물방개에 이르기까지 여러 수중 생물은 이 임시 연못이 사라져버리기 전에 번식할 수 있을 만큼 자라고자 경쟁을 벌인다.

대가 지나기도 전에 멸종하고 말 것이다. 풍년새우는 그 겸손한 외모에도 불구하고 생존에 있어서는 일류의 솜씨를 자랑한다. 풍년새우는 이 세 가지 행동 계획을 흠 없이 완수하면서 가장 불안정하고 살기 어려운 서식지에서도 계속 살아남아왔다.

임시 봄못이 생겨나는 순간 완전히 형태를 갖춘 풍

년새우 배아를 담고 있는 낭포가 깨지고 그 안에서는 아주 작은 유생이 나와 물에서 헤엄치기 시작한다. 유생은 낭포에서 깨어난 순간부터 물에 이미 살고 있는 미세 조류와 세균을 먹기 시작하면서 맹렬하게 성장한다. 처음 며칠 동안 노플리우스[갑각류 발생 초기의 유생]라고 알려진 새끼 풍년새우는 하루가 지날 때마다 몸길이가 3분

풍년새우 수컷의 두 번째 더듬이 쌍은 효과적인 걸쇠 모양으로 변형되어 있다. 수컷은 이 걸쇠 더듬이로 암컷을 단단히 움켜쥐어 다른 수컷과 짝짓기를 못하도록 막는다.

의 1씩 자라고 몸무게는 두 배로 불어난다. 풍년새우가 완전히 다 자라는 데는 한 달이 걸린다. 풍년새우 수컷에게는 짝짓기 상대를 잡아 움켜쥘 수 있도록 커다란 가지뿔처럼 생긴 더듬이가 자라난다. 한편 암컷에게는 복부에 커다란 알주머니가 자라난다. 며칠 후 암컷은 이미 자라기 시작한 배아를 품고 있는 낭포 무더기를 봄못 바

닥에 낳기 시작한다. 알을 낳은 암컷은 얼마 지나지 않아 죽어버린다. 그 후 봄못의 수위가 낮아지고 6월이 오면 한때 활기찼던 수생 생태계는 흔적도 없이 사라져버린다.

그러나 얇은 흙 아래 묻힌 낭포 안에서 풍년새우 배아는 생생하게 잘 살아 있다. 낭포 안에서 아주 서서

히 자라고 있는 배아는 물이 없거나 뜨거운 햇볕에 그을리거나 추위에 얼어붙는 환경에서도 휴면 상태로 수년 동안 살아남을 수 있다. 배아를 둘러싼 껍질은 거의 물을 투과시키지 않으며 매우 끈끈한 물질로 덮여 있다. 껍질이 끈끈하기 때문에 낭포는 새나 다른 동물의 다리에 붙어 옮겨다니다가 물에 고인 낡은 타이어처럼 전혀 뜻밖의 장소에 출현하기도 한다.

그 이듬해 봄, 모든 일이 계획대로 진행된다면 휴면 상태에 빠진 배아는 눈 녹은 물의 습기에 자극받아 잠에서 깨어나고 며칠 후 자신의 자그마한 생존캡슐의 껍질을 깨고 밖으로 나올 것이다. 하지만 모든 알이 다 깨어나는 것은 아니다. 처음 물이 생기기 시작했을 때 반응하는 것은 낭포의 일부에 불과하며 나머지 낭포는 그대로 휴면 상태를 유지한다. 유난히 따뜻한 봄이면 이따금 그렇듯이 만일 봄못이 예상보다 일찍 말라버린다면 처음 부화한 풍년새우는 모두 죽어버리고 만다. 그리고 봄못이 다시 물로 채워졌을 때에야 풍년새우 유생의 두 번째 무리가 모습을 드러낸다. 관찰된 바에 따르면 한 배에서 난 낭포의 일부는 심지어 봄못에 물이 차고 마르는 주기를 여덟 차례 기다리고 나서야 마침내 깨어나기로 결심한다. 자신의 번식 운명을 건 내기에서 이기고자 풍년새우는 이토록 기발한 전략을 진화시켜 변덕스러운 서식지에 적응했고 그 효과를 톡톡히 보고 있다.

풍년새우와 그 사촌들은 세계 다른 어느 곳, 가장 극한의 환경에서도 생존해나갈 수 있다. 한번은 아프리카에서도 가장 혹독한 환경이라 할 수 있는 나미브 사막에서 보기 드문 폭우가 내리는 광경을 본 적이 있었다. 비가 내리고 며칠 뒤 뜨겁게 달아오른 바위 꼭대기에 고인 작은 물웅덩이에는 수천 마리의 풍년새우가 난데없이 불쑥 나타나 있었다. 풍년새우는 빠른 속도로 알을 낳았고 물이 증발하여 사라져버릴 무렵에는 함께 자취를 감추었다. 하지만 풍년새우의 알은 아주 오랫동안 비가 내리지 않는다 해도 바위에 붙거나 바람에 날려간 채 계속해서 번성하며 살아나갈 것이다. 유타 주의 그레이트솔트 호수는 물에 염분이 지나치게 높아 대부분의 생물이 살아갈 수 없는 곳이다. 이 호수에서는 이스타브룩숲에 서식하는 풍년새우의 가까운 사촌인 브라인슈림프가 수조 마리 서식하고 있다. 브라인슈림프는 혈림프의 삼투압을 조절하고 높은 염도로 인한 낮은 산소 농도에 대응하여 헤모글로빈의 수를 증대시킬 수 있는 능력 덕분에 다른 생물이 순식간에 목숨을 잃는 환경에서도 살아갈 수 있다. 브라인슈림프의 알은 끓는 물(섭씨 100도)이나 액체공기(섭씨 영하 194.35도)에 담가도 죽지 않는다. 이 생물이 살 수 있는 온도 범위가 매우 넓은 까닭에 나사NASA에서는 우주 공간에서 생명이 살 수 있는지 시험하는 대상으로 브라인슈림프를 이용하기도 했다. 풍년새우와 브라인슈림프가 속한 혈통이 이토록 오래 살아남은 것도 그리 놀라운 일은 아니다.

공식적인 봄의 시작을 알리는 지난 주말 나는 아내 크리스틴과 함께 우리 집 개들을 데리고 이스타브룩숲을 찾았다. 나무 사이에서 임시 봄못의 수면이 반짝이고 있었고 송장개구리가 시끄럽게 꽥꽥대는 소리가 멀리서 들려왔다. 아내는 바위를 타고 오르는 작은 식물 하나를 가리켰다. "이거 당신이 좋아할 만한 식물 같아요." 그건 지구의 관다발식물에서 가장 오래된 혈통인 석송 문Lycopodiophyta의 석송이었다. 실로 유물생물은 우리 도처에 있는 듯하다.

마크로필라우산목련의 커다랗고 단단한
꽃은 딱정벌레 같은 단순한 형태의
수분충에 잘 맞추어져 있다. 꽃의 꼭대기
부분에는 암생식기관인 암술머리가 있다.
꽃이 피어난 바로 첫날 암술머리는
꽃가루를 받을 준비를 마치고 꽃가루를
묻히고 올지도 모를 나그네를 기다린다.
여기 사진에서는 꽃벼룩붙이 Anaspis rufa(왼쪽)가
꽃을 방문하고 있다. 그다음 날이 되면
암술머리는 수분에 반응하지 않게 되며
대신 꽃 아랫부분에 있는 수술의 일부인
꽃밥에서 꽃가루를 생산하기 시작한다. 이렇게
암술과 수술이 교대로 활성화되기 때문에
자가수분과 동종번식의 위험이 줄어든다.

목련 분포 지역의 중심인 동아시아는
또한 목련의 발생지일 가능성이 높다.
수백 종의 목련이 중국에 서식하고 있으며
오늘날 널리 재배되는 목련 종 또한 모두
중국에서 온 것이다. 도시에서 흔히 볼 수 있는
목련 중 하나는 중국종인 백목련
Magnolia denudata과 자목련Magnolia litiiflora을
인공적으로 교배한 것으로 소울랑기아나목련
Magnolia×soulangeana이라고 알려져 있다.

목련과 가까운 사촌으로는 북아메리카
동부에서 가장 키가 큰 낙엽수인 백합나무
Liriodendron tulipifera가 있다. 백합나무의
다른 종들은 중국에 서식한다. 고생물학적
기록에 따르면 백합나무는 한때 지구 북반구에
있는 광대한 대륙에 끊이지 않고 이어지는
서식지를 형성했다.
백합나무는 그 독특하게 생긴 잎 모양으로
쉽게 알아볼 수 있으며 커다란 튤립처럼 생긴
꽃에서는 엄청난 양의 꿀이 생산된다.
하지만 유감스럽게도 백합나무는 아주 높이
자라기 때문에(백합나무는 42미터까지 자라기도
한다) 그 아름다운 꽃은 우리의 눈이 미치지
못하는 곳에서 피어난다.

우리가 흔히 양치식물이라고 알고 있는 크고 잎이 많은 식물은 유성세대와
무성세대가 세대교번을 하는 양치식물에서 무성세대에 속한 개체다.
무성세대의 개체는 전문 용어로 포자체(포자를 지닌 식물)라 한다.
포자체에서는 잎 아랫면에 붙은 갈색 포자낭에서 미세한 포자가 생산된다.
포자는 땅에 떨어진 뒤 배우체라고 알려진 외형이 일정하지 않은 작은 식물로
발아하고 여기서 정세포와 난세포가 생산된 다음 수정이 이뤄진다.
이 작은 배우체에서 잎 한 장이 돋아나면서 전형적인 양치식물이 자라기 시작한다.
어린잎은 아직 초록색을 띤 엽록소가 없기 때문에 붉은빛을 띠기도 한다.
봄에 고개를 내미는 양치식물의 새순은 새로 피어나는 식물이라기보다는
기존의 식물에서 피어나는 새로운 잎이다. 양치식물의 줄기(뿌리줄기)는 땅속에
숨어 겨울을 견뎌낸다. 대부분의 양치식물에는 독이 있거나 발암물질이 들어 있어
먹으면 위험하지만 몇몇 종의 새순은 먹을 수 있으며 맛도 좋다.

속새Equisetum는 초록 잎을 피워내지 않는 몇 안 되는
식물 중 하나다. 물속새 줄기의 각 마디 아랫부분에서
짙은 색 고리처럼 보이는 것이 퇴화된 잎의 잔재다.
이 퇴화된 잎의 잔재는 새로 싹을 틔우는 식물에서
가장 크게 나타나며 포자낭을 보호하는 역할을 한다.
포자낭은 식물의 포자를 저장하는 원뿔처럼 생긴
기관이다.
속새는 오직 줄기로만 광합성을 하며 몇몇 종에서는
각 마디 아랫부분에 잎이 없는 곁가지가 윤생하면서
광합성의 효율을 높이기도 한다.

쇠뜨기Equisetum arvense가 바람에 흔들리면서 미세한
포자가 포자낭을 떠나고 있다.

약 4억8000만 년 전만 해도 지구의 모든 생명은
대양과 호수에서만 살고 있었다. 생명이 물속에서
살아온 것도 30억 년을 넘기고 있었다.
육지는 불모의 땅으로 누군가 와서 차지해주기만을
기다리고 있었다. 하지만 생물이 물에서 육지로
나가는 데는 오랜 시간이 걸렸다. 당시 육지는 살기에
쾌적하다고는 할 수 없었다. 강렬한 자외선이
지표면에 내리쬐었고 치명적인 방사선을
막아줄 만큼 오존층이 형성되기까지는
좀더 시간이 필요했다.
식물이 최초로 육지에 진출했을 때 식물은 자신의
허약한 몸을 지탱해줄 물이 없다는 사실에
대처할 준비가 되어 있지 않았다. 그 결과 당시의
식물은 오늘날의 식물처럼 하늘로 솟아오르기보다는
땅을 껴안듯이 수평으로 자라날 수밖에 없었다.
또한 당시 식물에게는 몸의 각 부분으로 물과
영양분을 효율적으로 분배해주는 관조직인
관다발계가 없었다. 수중생활을 하는 식물에게는
전혀 문제가 되지 않는 일이었기 때문이다.
관다발계를 진화시켜 그 능력에 힘입어 땅에서 몸을
일으켜 하늘로 높이 솟아오를 수 있었던 최초의
식물은 석송문Lycopodiophyta의 식물이다.
이 식물의 먼 후손은 지금까지도 온대숲과 열대숲의
습한 덤불에서 자라고 있다. 하지만 이는 그 과거의
조상들이 누린 영광의 그림자에 불과하다. 과거
석송은 거의 나무처럼 자라는 거대한 식물이었으며
울창하게 우거진 숲을 형성했다. 원시 양치식물 및
속새식물과 더불어 석송의 화석화된 잔재는 현재
어마어마한 양의 석탄이 되어 땅속에 묻혀 있다.

이스타브룩숲에서는 키가 큰 양치식물과 속씨식물이
숲바닥을 초록 융단으로 두껍게 덮어버리기 전인 이른
봄, 낙엽 사이에서 고개를 비쭉 내미는 몇 종의
석송을 가장 많이 찾아볼 수 있다. 왕자석송Dendroly-
copodium dendroideum 같은 종은 미니어처 나무처럼
보이는 한편 다른 종들은 쓰러진 나무줄기나 바위
위를 기어가듯 길게 자라난다. 양치식물과 마찬가지로
석송 또한 포자를 생성하여 번식한다.
포자는 포자낭이라고 알려진 원뿔처럼 생긴 기관에
모인 잎에서 만들어진다. 석송 포자는 특히 지방이
풍부하여 가연성이 높으며 폭발하기 쉽다. 19세기
사진기의 플래시가 발명되기 전에는 석송자라고
알려진 석송의 포자는 사진을 찍기 위한 최초의
플래시를 터뜨리는 데 사용되기도 했다.

디파시아스트룸 디기타툼Diphasiastrum digitatum과 덴드롤리코포디움 덴드로이데움Dendrolycopodium dendroideum

이스타브룩숲의 임시 봄못은 처음에는 동물이라고는 그 어느 것도 살고 있지 않은 듯 보인다. 그러나 실제로 봄못은 활발하게 살아가는 동물로 넘쳐나고 있다. 풍년새우는 봄못에 가장 처음으로 등장하는 동물 중 하나이며 풍년새우가 나타나기 무섭게 뒤를 이어 다른 갑각류동물과 곤충이 모습을 드러낸다. 그리고 마지막으로 도롱뇽과 개구리 유생이 이 풍성한 수생 생태계에 합류하여 무척추동물을 닥치는 대로 먹어치운다.

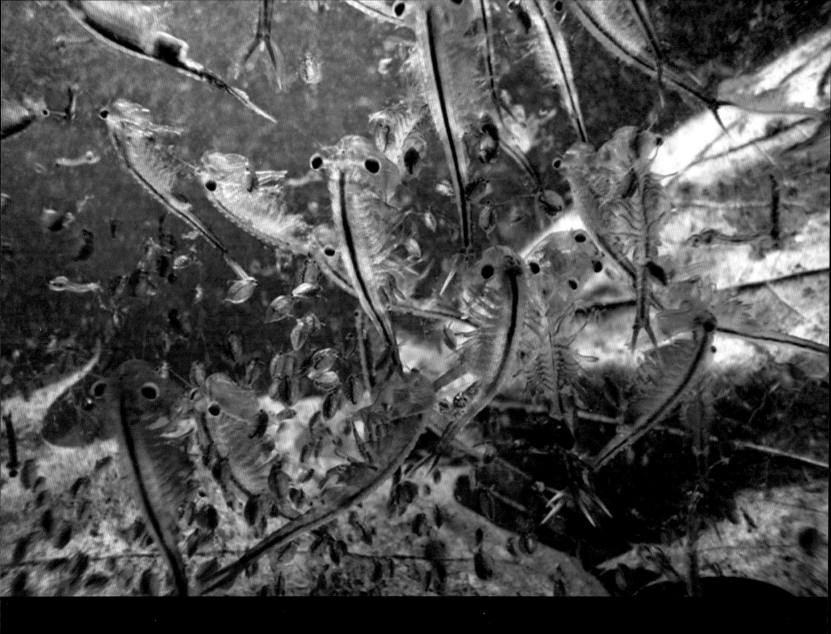

열대지방의 산호초 지대만큼이나 생동감 넘치고 다채로운 뉴잉글랜드의 임시 봄못에서 우리는 육지 생태계에 서식하는 어떤 생물보다도
더 오래된 원시 생명의 모습을 엿볼 수 있다. 풍년새우는 5억 년도 훨씬 더 전인 캄브리아기의 바다에서 번성했던 동물의 후손이다.

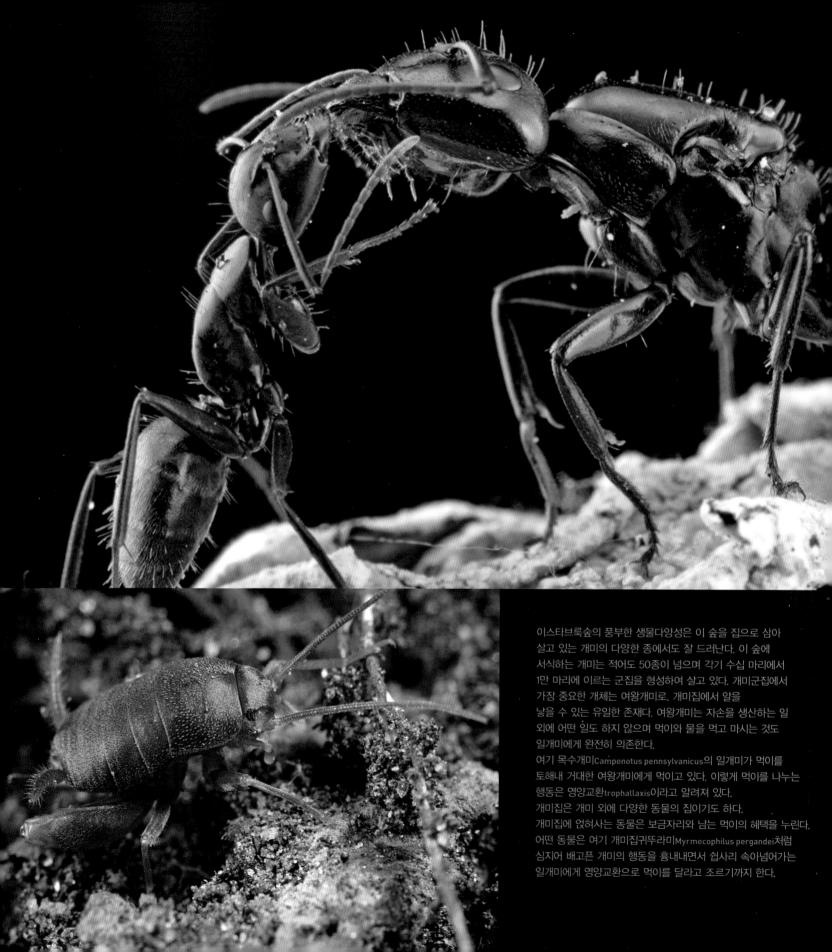

이스타브룩숲의 풍부한 생물다양성은 이 숲을 집으로 삼아 살고 있는 개미의 다양한 종에서도 잘 드러난다. 이 숲에 서식하는 개미는 적어도 50종이 넘으며 각기 수십 마리에서 1만 마리에 이르는 군집을 형성하여 살고 있다. 개미군집에서 가장·중요한 개체는 여왕개미로, 개미집에서 알을 낳을 수 있는 유일한 존재다. 여왕개미는 자손을 생산하는 일 외에 어떤 일도 하지 않으며 먹이와 물을 먹고 마시는 것도 일개미에게 완전히 의존한다.

여기 목수개미Camponotus pennsylvanicus의 일개미가 먹이를 토해내 거대한 여왕개미에게 먹이고 있다. 이렇게 먹이를 나누는 행동은 영양교환trophallaxis이라고 알려져 있다.

개미집은 개미 외에 다양한 동물의 집이기도 하다. 개미집에 얹혀사는 동물은 보금자리와 남은 먹이의 혜택을 누린다. 어떤 동물은 여기 개미집귀뚜라미Myrmecophilus pergandei처럼 심지어 배고픈 개미의 행동을 흉내내면서 쉽사리 속아넘어가는 일개미에게 영양교환으로 먹이를 달라고 조르기까지 한다.

이스타브룩숲에서는 바위를 들어올리면
대개 개미 한 무리가 바쁘게 움직이며
크고 달걀처럼 생긴 것을 옮기는
모습을 볼 수 있다.
이 달걀처럼 생긴 것은 개미가 성충으로
자라기 바로 전 단계인 번데기를 감싸고
있는 비단고치다. 여기 사진의
땅파기개미Formica subsericea 같은
일개미는 번데기의 발달을 촉진하기
위해서 지표면과 가까워 좀더 온도가
높은 개미집의 상층으로 번데기를
계속해서 옮겨주곤 한다.

노랑시트로넬라개미Lasius claviger는
이스타브룩숲에서 매우 흔하지만
완전히 땅속에서만 생활하기 때문에
그 모습을 보기란 좀처럼 어렵다.
노랑시트로넬라개미는 개미집 안에서
먹이를 직접 키우기 때문에 먹이를
찾으러 둥지를 떠날 필요가 없다.
개미의 먹이는 개미둥지 안으로 자라는
나무뿌리를 먹고 사는 땅면충Geoica이다.
그렇다고 개미가 땅면충을 먹는 것은
아니다. 개미가 먹는 것은 이 땅면충이
분비하는 당분이 풍부한 단물이다.
노랑시트로넬라개미는 자신들의
"가축"을 정성껏 돌보아주면서 땅면충을
먹이가 좀더 많은 곳으로 옮겨주곤 한다.

이스타브룩숲은 복잡한 대도시에 가까운 곳에서도 자연이 믿기 힘들 정도로 다양하고 풍성하게 번성할 수 있다는 사실을 참으로 잘 보여주는 곳이다. 그러나 이스타브룩숲은 어떤 면에서도 특별하지 않다. 모든 대도시 근처에서는 이스타브룩숲과 비슷한 자연의 성역을 찾아볼 수 있다. 자연을 보존한 이런 성역에서는 인간이 등장하여 지구 생태계를 이리저리 바꾸기 이전 수백만 년을 거슬러 올라가는 혈통을 지닌 생물들이 살아가고 있다. 이 생물들은 다른 이유를 차치하고 우리보다 먼저 이 지구에서 살고 있었다는 이유만으로도 우리 인간의 존중과 보호를 받을 자격이 있다.

봄전령개구리
Pseudacris cristatus

뿔매미|Entylia carinata

붉은버섯(아마도 꽃버섯속Hygrocybe의 한 종)

점박이도롱뇽Ambystoma maculatum

수정난풀Monotropa uniflora

노란창싸리버섯Clavulinopsis fusiformis

붉은줄매미충Graphocephala coccinea

사 진 에
붙 이 는 말

"**사**진기는 어떤 걸 쓰시나요?" 이 질문은 내가 찍은 사진을 보여주면서 강의를 하거나 발표하는 자리에서 지금까지 가장 많이 들어온 질문이다. 그리고 내 대답은 변함없다. 나는 사진은 장비를 어떤 것을 쓰느냐와는 상관없으며 중요한 것은 그 대상에 대한 지식과 엄청난 인내심, 노출, 피사계 심도, 적합한 조명 원칙에 대한 기본적인 이해라고 답한다. 카메라 장비는 끊임없이 성능이 향상되고 있으며 점점 더 손에 넣기 쉬워지고 있다. 몇 년 전까지만 해도 최신식에 감히 엄두도 못 낼 정도로 비쌌던 기술들이 지금은 2년 약정이면 무료로 받을 수 있는 휴대전화 카메라에 장착되어 있다. 하지만 나는 가끔 이런 식으로 생각하기도 한다. 내 말이 옳기는 하지만 좀더 유익하고 가치 있는 한층 뛰어난 사진을 찍는 데는 기술과 장비의 세부 사항이 필요할 때도 있다. 특히 사진술의 기본을 제대로 이해하고 있는 사람에게는 더욱 그렇다. 나를 비롯한 사진작가들은 대중 앞에서 사진을 어떻게 찍었는지 그 세부 사항을 설명할 시간이 충분치 않기 마련이다. 그 결과 청중은 사진작가가 밝히고 싶지 않은 어떤 비밀스러운 비결이 있을 것이라는 인상을 받기 쉽다. 내 경험에 비추어보면 진실 그 이상의 것은 없다. 무언가 있다고 해도 어느 편인가 하면 사진작가는 자신이 찍은 사진의 세부 사항에 대해 자랑하기를 좋아하는 인종이다. 나 또한 예외는 아니어서 책 말미에 여기 실린 사진 중 특히 마음에 드는 것이나 찍기 어려운 사진 몇 장에 대해 그것을 어떻게 찍었는지 이야기하기로 마음을 먹었다. 이 아름답고 단 하나뿐인 자연세계를 사진으로 포착하기 위해 노력하는 다른 자연 사진작가 동료에게 이 정보가 조금이나마 도움이 될 수 있기를 바라는 마음이다.

여기 코스타리카 열대우림의 나무줄기 위에서 꽃매미Enchophora sanguinea가 단물을 방울방울 배출하는 사진(위)을 찍기 위해서 나는 이 겁 많은 야행성 동물은 물론 초속 2미터의 속도로 날아가는 작디작은 투명한 물방울에도 조명을 비추어야 했다. 나는 물방울을 밝게 하기 위해 플래시(캐논 580EX)를 나무 뒤 삼각대 위에 설치했고 전경 조명을 위한 접사용 플래시(캐논 1Ds MkII 카메라에 장착한 캐논 MT-24EX)와 100밀리미터 접사용 렌즈를 사용해 이 사진을 찍었다. 접사용 플래시는 199헤르츠의 짧은 파장의 빛을 비추도록 설치된 배경 플래시를 작동시키는 주 플래시 역할을 했다.

잎꾼개미Atta cephalotes는 몸집이 작은 데다 재빠르

 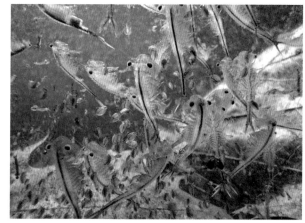

게 움직이기 때문에 개미 개체에 초점을 맞추는 일은 상당히 어려웠다. 잎 조각을 나르는 일개미를 찍기 위해서 나는 개미에 초점을 맞출 수 있는 장소를 찾아야만 했다. 운 좋게도 가느다란 덩굴줄기가 개미가 가는 길 위를 가로지르고 있었고 개미둥지로 돌아가는 개미는 하나도 예외없이 그 덩굴 위를 걸어가야만 했다. 나는 삼각대 위에 설치한 카메라(캐논 MP-E 65밀리미터 접사용 렌즈를 단 캐논 1Ds MkII)로 덩굴의 한 지점에 미리 초점을 맞추어놓고 개미가 지나가는 순간을 기다렸다. 몇 번 잘못 찍은 끝에 나는 이 사진(위 왼쪽)을 찍을 수 있었다. 조명으로는 작은 삼각대 위에 설치한 플래시 세 대를 덩굴가지 주위에 배치해두었다. 각 플래시에는 개미의 반짝이는 몸에서 반사되는 빛을 낮추기 위해 하얀 천으로 된 산광기를 부착했다.

한 개체가 다른 개체에게 먹이를 주는 영양교환은 매우 친밀한 행동으로 야생에서 관찰하기는 어렵다. 이

런 행동이 땅속 깊숙이 있는 둥지에서 일어난다면 더욱 그렇다. 목수개미Camponotus pennsylvanicus(옆쪽)의 영양교환 장면을 포착하기 위해 나는 몇 주 동안 개미집을 우리 집 지하실 탁자 위에 두고 관찰했다. 그리고 산광기가 붙여진 플래시를 주위에 전략적으로 배치해두었다. 이따금 나는 개미집을 덮고 있는 나무 조각을 들어올려 안을 살펴보았고 운이 좋으면 개미의 비밀스러운 활동을 엿볼 수 있었다. 그리고 마침내 내 인내심은 보상을 받았다. 나는 캐논 MP-E 65밀리미터 접사용 렌즈를 단 캐논 1D MkII 카메라로 여왕개미에게 먹이를 먹이는 일개미의 사진을 찍을 수 있었다.

보스턴 근처 임시 봄못에서 풍년새우Eubranchipus vernalis를 찍은 사진(위 오른쪽)은 아마도 이 책에 실린 것 중 기술적으로 가장 찍기 어려웠던 사진일 것이다. 나는 눈에 보이는 그대로 생명의 풍부함을 포착하고 싶었기에 수족관 같은 인공적인 환경이 아닌 바로 그곳, 연

못의 물속에서 사진을 찍기로 결심했다. 나는 내 SLR(일안레플렉스) 카메라(캐논 5D)를 수중보호대(이와-마린 U-BXP100)에 넣어 연못 바닥에 설치했다. 카메라 뷰파인더에는 원격으로 조작할 수 있는 아주 작은 비디오카메라를 설치해두었다.

뷰파인더의 비디오 신호는 긴 전선으로 연결된 작은 모니터(지그뷰 S2)로 전해졌기 때문에 나는 봄못가에 (비교적) 편안히 앉은 채 카메라 렌즈(익스텐션 튜브 EF 12II가 장착된 캐논 15-35밀리미터 렌즈) 앞에서 무슨 광경

이 펼쳐지는지 볼 수 있었다. 조명을 위해서 나는 봄못 주변에 삼각대에 설치된 플래시(캐논 580EX)를 두 대 설치해두었다. 다른 플래시를 작동하는 주 플래시 역할을 하는 세 번째 플래시는 카메라와 함께 수중보호대 안에 있었다. 이를 통해 얼마나 아름다운 장면을 카메라에 담을 수 있었는지 나조차도 깜짝 놀랐을 정도였다.

나는 파푸아뉴기니의 외딴 열대우림의 한복판, 낮게 자라는 식물 위에서 아직 이름이 없는 개구리(오레오프리네Oreophryne속의 한 종) 수컷이 알을 지키고 있는 모

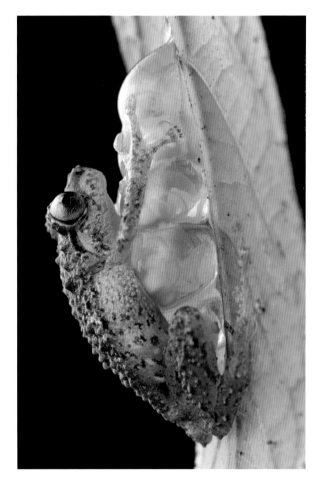

습을 포착했다. 나는 이 작디작은 동물을 놀라게 하지 않기 위해 더 조심스럽게 움직여야 하는 한편 개구리 알의 반투명한 질감을 보여줄 수 있는 부드러운 산광을 얻기 위해 개구리 주변에 플래시 헤드를 여러 개 설치해야 했다. 작은 삼각대에 설치된 플래시(하얀 천으로 된 산광기가 달린 캐논 580EX) 두 대를 개구리 뒤편으로 1미터쯤 떨어진 곳에 설치하고 또다른 플래시 한 대를 개구리

정면으로 1미터쯤 앞에 설치했다. 플래시는 작은 적외선 송신기(캐논 ST-E2)로 작동할 수 있었기 때문에 나는 튀어나온 플래시가 어디에라도 부딪힐 염려 없이 내 카메라(100밀리미터 접사용 렌즈가 장착된 캐논 1Ds MkII)를 자유자재로 움직일 수 있었다.

델라웨어 만의 뉴저지 주 쪽 해안가에서 투구게 Limulus polyphemus의 산란 장면을 찍기 위해 나는 카메라

〈캐논 1Ds MkII〉를 삼각대에 설치하고 GND 필터가 장착된 광각렌즈(캐논 16-35밀리미터)를 사용했다. 이 필터로 나는 전경의 빛을 유지하면서 하늘을 어둡게 만들 수 있었다. 0.5초 노출로 찍은 사진에서 비교적 느리게 움직이는 투구게가 나름대로 선명하게 나온 한편 투구게 주위의 바닷물은 아름답고 부드러운 질감을 보인다.

감사의 말

지난 몇 년 동안 이 책을 준비하고 집필하는 데 여러 면에서 나를 도와준 사람들의 지지와 격려가 없었다면 이 책은 결코 세상의 빛을 보지 못했을 것이다.

첫 독자가 되어주었을 뿐 아니라 편집자로서 통찰력을 발휘해준 내 아내 크리스틴 M. 스미스는 마음 깊은 곳에서 우러나온 감사를 받을 자격이 있다. 아내는 또한 내가 자료를 모으고 책을 집필하는 동안 물리적으로나 정신적으로 집을 자주 비웠을 때에도 불평하지 않고 잘 견뎌내주었다. 또한 원고의 여러 부분을 수정해주고 값을 매길 수 없는 의견을 준 잉기 아그나르손, 리엔 알론소, 코리 베이즐릿, 안젤리카 시브리언, 스테판 커버, 앤 다우너-헤이즐, 롭 던, 지리 훌츠르, 안드리아 러키, 데이비드 렌츠, 스티븐 리처즈, 데릭 사이크스, 데이비드 와그너에게도 감사의 마음을 표한다.

또한 수많은 사람과 단체의 도움이 없었다면 이 책에 소개된 장소를 방문해 일을 할 수 없었을 것이다. 특히 리엔 알론소와 세계보존협회의 신속평가기관의 전현직 직원 일동, 유스터스 알렉산더, 빈센트 프랫, 코리 베이즐릿, 폴 그랜트, 니콜라스 장르, 수전 키일, 에드워드 론즈, 니콜라 넬슨, 니시다 겐지, 대니얼 오트, 이시이 가쓰히코, 요 오세이-오우수, 스티븐 리처드, 데릭 사이크스, 조지프 워펠, 히더 라이트, 가이아나 코나스헨 지역의 와이와이족 마을 사람들에게, 바낙 가무이와 마이클 키글을 비롯한 파푸아뉴기니의 고로카에 위치한 파푸아뉴기니생물연구협회의 훌륭한 분들에게도 감사의 마음을 전한다.

이 책에 나온 동식물의 이름을 확인해준 모든 전문가, 켄 애플린, 카일 암스트롱, 찰스 바틀릿, 딕 브라운, 차바 추즈디, 밀란 얀다, 아다 칼리스제브스카, 아담 D. 레체, 웨인 매디슨, 필립 마니앙, 스튜어트 매카미, 제프 몬테이스, 니시다 겐지, 대런 폴록, 스티븐 리처즈, 니콜라이 샤르프, 테드 슐츠, 켈시 세나리스, 그레고리 P. 세틀리프, 빌 시어, 웨인 다케우치, 마이클 월에게도 감사한다.

또한 내가 훌륭한 목련나무 수집품을 찍을 수 있도록 허락해준 로즈마리 모나한과 스테판 코버에게도 감사하는 마음을 전한다. 더불어 박물관 소장품인 투구게 화석 표본을 사진 찍어 이 책에 싣도록 허락해준 찰스 마셜과 하버드대학교 비교동물학박물관에도 감사의 뜻을 전한다.

마지막으로 나는 이 책을 위해 일하는 동안 걸렸던 온갖 열대 질병(마지막으로 세었을 때 각기 다른 다섯 종류의)에서 회복할 수 있도록 도와준 매사추세츠 주 벌링턴에 위치한 라헤이병원의 여행 및 열대질병병동의 위니 우이 박사와 직원 여러분에게도 감사의 마음을 전하고 싶다.

주 註

예기치 못한 것들의 땅

35쪽: 파푸아뉴기니에서의 생물학 탐사의 역사를 비롯하여 지질학적, 생물학적 역사를 포괄적으로 다루는 아주 뛰어난 책으로 앤드류 J. 마셜Andrew J. Marshall과 브루스 M. 비흘러Bruce M. Beehler가 편찬한 기념비적인 저서인 『파푸아의 생태The Ecology of Papua』가 있다(싱가포르, Periplus Editions, 2007). 이 두 권짜리 책은 뉴기니 섬의 인도네시아령에 주로 초점을 맞추고 있지만 책에 나온 정보의 대부분은 파푸아뉴기니령에도 적용된다. 이 책보다 철저하지는 않지만 파푸아뉴기니에서의 생물학자의 일과 삶을 다룬 훨씬 재미있는 책으로 나는 보이테흐 노보트니Vojtech Novotny의 『뉴기니에서의 일기Notebooks from New Guinea』보다 더 나은 책은 없다고 생각한다(옥스포드, Oxford University Press, 2009).

38쪽: 이 지구상에 존재하는 생물종의 수는 생물학자 사이에서도 여전히 해결되지 않은 논쟁거리다. 학계에 공식적으로 알려진 생물종은 170만여 종에 불과하다. 1982년 미국 곤충학자 테리 어윈Terry Erwin은 열대우림 숲지붕에서의 딱정벌레 연구에 기반하여(「열대우림에서의 딱정벌레와 다른 절지동물의 풍부도」, 『딱정벌레 연구가 회보Coleopterists Bulletin』 36호, 74~75쪽, 1982) 처음으로 3000만여 종이라는 매우 높은 추정치를 제시했다. 어떤 과학자들은 1000만 종이 넘는 바다의 선충만 따져봐도 우리와 지구를 함께 쓰는 생물종은 1억여 종에 달할 것이라 주장하기도 한다. 그러나 노보트니와 그 동료들은 「열대우림에서 초식곤충의 낮은 베타 다양성」(보이테흐 노보트니, 스코트 E. 밀러Scott E. Miller, 지리 훌츠르Jiri Hulcr 외, 『네이처Nature』 488호, 692~695쪽, 2007)에서 이 엄청난 추정치에 제동을 걸고 나섰다. 하지만 설사 노보트니가 옳지 않아 현재 지구에 살고 있는 종의 수가 아주 많다고 해도 문제없다. 인간 활동으로 인한 멸종률 덕분에 이 불편한 과잉 상태는 머지않아 해결될 것으로 보인다.

38쪽: 보이테흐 노보트니, 이브 바셋Yves Basset, 스코트 E. 밀러, 조지 D. 웨이블린George D. Weiblen, 비르지타 브리머Birgitta Bremer, 루카스 치젝Lukas Cizek, 파벨 드로즈드Pavel Drozd, 「열대우림에서 초식동물의 낮은 숙주특이성」, 『네이처』 416호, 841~844쪽, 2002.

49쪽: 대니얼 잰즌의 논문 「열대지역에서 산이 더 높아지는 이유」(『미국 박물학자American Naturalist』 101호, 233~249쪽, 1967)가 발표된 이후 이 흥미로운 가설을 시험하기 위한 다양한 연구가 이뤄졌다. 카메론 K. 갈람보르Cameron K. Ghalambor, 레이몬드 B. 휴이Raymond B. Huey, 폴 R. 마틴Paul R. Martin, 조슈아 J. 턱스베리Joshua J. Tewksbury, 조지 왕George Wang의 최근 검토(「열대지역에서 산이 더 높아지는가? 잰즌 가설을 재고하다」, 『통합비교생물학Integrative and Comparative biology』 46호, 5~17쪽, 2006)에서는 잰즌의 가설 중 많은 부분이 사실로 확인되었다.

중간계로의 여행

89쪽: 현대 파충류에서 악어에게는 두개골에 아직 측두공(천공)이 쌍으로 남아 있으며 대부분의 도마뱀에게는 두개골 윗부분에 쌍으로 난 구멍이 남아 있다(분류학적으로 도마뱀과 같은 유린목에 속하는 뱀에게는 두 구멍이 모두 사라져버리고 없다). 하지만 투아타라만큼 두 쌍의 구멍이 잘 남아 있는 동물은 없다.

97쪽: 제니퍼 M. 헤이Jennifer M. Hay, 스티븐 D. 사르Stephen D. Sarre, 데이비드 M. 램버트David M. Lambert, 프레드 W. 알렌도르프Fred W. Allendorf, 찰스 H. 도허티Charles H. Daugherty, 「유전적 다양성과 분류: 투아타라(스페노돈, 파충강) 종 구분의 재평가」, 『보존유전학Conservation Genetics』 11호, 1063~1081쪽, 2010.

98쪽: 니콜라 J. 미첼Nicola J. Mitchell, 프레드 W. 알렌도르프,

수전 N. 케알Susan N. Keall, 찰스 H. 도허티, 니콜라 J. 넬슨Nicola J. Nelson, 「기온 의존성 성결정의 인구학적 영향: 지구온난화에서 투아타라가 생존할 수 있는가?」, 『글로벌 체인지 바이올로지Global Change Biology』 16호, 60~72쪽, 2010.

99쪽: 롭 B. 알렌Rob B. Allen, 윌리엄 G. 리William G. Lee가 편집한 『뉴질랜드에서의 생물 침입Biological Invasions in New Zealand』(베를린, Springer, 2006)은 뉴질랜드에서의 침입종 문제를 가장 포괄적으로 다룬 책이다.

101쪽: 실패로 돌아간 휘태커도마뱀의 복구 사례를 비롯하여 뉴질랜드 침입종을 제거하기 위해 노력하는 환경주의자들이 마주한 문제에 대해서는 데이비드 A. 노튼의 「종 침입과 복원에의 한계, 뉴질랜드의 경험에서 배우기」(『사이언스Science』 325호, 569~571쪽, 2009)에 잘 나와 있다.

103쪽: MAF 생물 검역 기관이 만들어진 것은 생물학적 위해 요소 검역을 처리하는 두 가지 서비스 체계가 통합된 이후인 2007년의 일이다. MAF의 역할은 바람직하지 않은 새로운 생물학적 매개체가 뉴질랜드에 들어오는 것을 막는 한편 이미 뉴질랜드에 정착한 침입종에 대처하는 정책과 방법을 개발하는 것이다. MAF 생물 검역 기관에서는 1000여 명의 직원이 근무하고 있으며 연간 5억 뉴질랜드 달러(3억5500만 달러)의 예산이 책정되어 있다.

바퀴벌레의 모성

130쪽: 꽃매미가 생산하는 단물을 이용하는 동물은 비단 바퀴벌레뿐만이 아니다. 나방이나 개미, 달팽이 같은 다른 동물들도 당분이 풍부한 꽃매미의 분비물을 먹으러 찾아온다(피오트르 나스크레츠키와 니시다 겐지Kenji Nishida, 「꽃매미(곤충강, 매미아목, 꽃매밋과)의 새로운 영양적공동성 상호작용」, 『자연사 저널

Journal of Natural History』 41호, 2397~2402쪽, 2007).

남부의 왕국

139쪽: 남아프리카 식물군락의 포괄적인 개요와 분류에 대한 가장 최근의 정보는 라디슬라프 무시나Ladislav Mucina와 마이클 C. 러더포드Michael C. Rutherford의 「남아프리카공화국, 레소토, 스와질란드의 초목」(『극락조 19Strelitzia 19』, 프레토리아, 남아프리카국립생물다양성협회, 2006)에서 찾아볼 수 있다.

140쪽: 케이프식물구계계에서 상대적으로 적은 식물 집단이 식물상을 지배하고 있는 흥미로운 사례는 피터 골드블래트Peter Goldblatt, 존 C. 매닝John C. Manning의 「남아프리카의 케이프 지역에서의 식물 다양성」(『미주리식물원기록Annals of the Missouri Botanical Garden』 89호, 281~302쪽, 2002)에서 논의되고 있다.

141쪽: 남아프리카 식물군락의 기원에 대한 분석은 『분자계통학과 진화Molecular Phylogenetics and Evolution』의 '생물다양성 중심지의 기원과 진화, 아프리카 케이프식물구계계의 식물상'이라는 제목의 특별호에 실린 일련의 논문들에서 찾아볼 수 있다(51호, 2009).

143쪽: 핀보스 초목의 기원에 대한 '백지 상태' 가설과 다른 대안 가설들은 H.P. 린더H.P. Linder와 C.R. 하디C.R. Hardy의 「케이프식물구계계에서의 종풍부도의 진화」(『왕립사회학보Philosophical Transactions of the Royal Society』 B 359호, 1623~1632쪽, 2004)에서 논의되고 있다.

145쪽: 핀보스 초목 지대에서의 식물과 곤충의 높은 종 풍부도의 상관관계에 대한 개략적인 내용은 세르반 프로세Serban Proches와 리처드 M. 카울링Richard M. Cowling의 「케이프 핀보스 지대와 남아프리카 인접 초목 지대의 곤충 다양성」(『지구생태와 생물지리Global Ecology and Biogeography』 15호, 445~451쪽,

2006)에서 찾아볼 수 있다.

148쪽: 시더버그동굴여치Cedarbergeniana imperfecta는 동굴에서 집단으로 살아간다고 알려진 유일한 여치다. 그러나 동굴 바깥에서 군집생활을 하는 여치는 몇 종이 더 있다. 멕시코의 에레모페데스 콜로니알리스Eremopedes colonialis는 커다란 덤불한 그루에 최대 50마리에 이르는 군집을 형성하며 사는 것으로 알려져 있다. 한편 몰몬귀뚜라미Anabrus simplex는 이따금 이주를 위해 수천 마리에 이르는 거대한 집단을 이룬다(오해의 소지가 있는 일반명과는 달리 이 곤충은 귀뚜라미가 아니라 여치다).

152쪽: 남아프리카국립생물다양성협회의 웬디 포든Wendy Foden과 동료들은 기후 변화가 퀴버나무에 미치는 영향에 대한 내용을 발표했다. 웬디 포든, 가이 F. 미드글리Guy F. Midgley, 그레그 휴스Greg Hughes, 윌리엄 J. 본드William J. Bond, 윌프레드 튈러Wilfried Thuiller, M. 팀 호프만M. Timm Hoffman, 프린스 칼레메Prince Kaleme, 레즈 G. 언더힐Les G. Underhill, 앤터니 리벨로Anthony Rebelo, 리 한나Lee Hanna, 「기후 변화를 원인으로 한 개체수 감소와 분산 지체로 인한 나미브사막의 알로에나무의 지리 영역의 약화」, 『다양성과 분포Diversity and Distribution』 13호, 645~653쪽, 2007.

156쪽: 본래 선인장은 북아메리카와 남아메리카의 덥고 건조한 지역 바깥에서는 자연적으로 서식하지 않지만 인간의 간섭으로 인해 선인장 몇 종이 다른 대륙에도 정착하게 되었다. 현재 부채선인장Opuntia은 아프리카와 호주 대륙뿐 아니라 심지어 유럽 대륙의 따뜻한 지역에서도 흔히 찾아볼 수 있다.

비의 여왕이 다스리는 숲

195쪽: 앤 존스Ann Jones의 『러브두를 찾아—한 여자의 아프리카 여행』(뉴욕, Vintage, 2002)에서는 비 내리는 여왕의 역사는 물론 다섯 번째 여왕의 개인적인 이야기를 읽을 수 있다.

199쪽: 데이비드 L. 존스David L. Jones의 『세계의 소철나무』(워싱턴 DC, Smithsonian Books, 2002)는 전 세계에 분포한 소철류의 아름다운 그림과 함께 소철나무를 훌륭하게 소개하고 있다.

200쪽: 딱정벌레에 의한 소철나무의 수분을 설명하는 논문은 상당히 많이 나와 있다. 디트리히 슈나이더Dietrich Schneider, 마이클 윙크Michael Wink, 프랭크 스포러Frank Sporer, 필립 라우니보스Philip Lounibos의 「소철나무, 그 진화와 독성, 초식동물과 수분충」(『자연과학Naturwissenschaften』 89호, 281~294쪽, 2002)에서는 소철나무의 수분충에 대한 개요를 소개하고 있다.

201쪽: 소철나무의 '밀고 당기는 수분'이라는 흥미로운 사례는 아이린 테리Irene Terry, 기미 H. 월터Gimme H. Walter, 크리스 무어Chris Moore, 로버트 뢰머Robert Roemer, 크레이그 훌Craig Hull의 「소철나무에서 향기를 매개로 한 밀고 당기는 수분」(『사이언스』 318호, 70쪽, 2007)이라는 논문에서 처음으로 서술되었다.

206쪽: 신경학자인 올리버 색스Oliver Sacks는 『색맹의 섬』(뉴욕, Vintage Books, 1997)에서 괌의 차모로족과 그 불가사의한 질병에 대해 분석했다. 그로부터 몇 년 뒤 색스와 민속식물학자인 폴 콕스Paul Cox는 차모로족의 질병이 신경독소인 BMAAβ-methylamino propionic acid를 몸에 축적하고 있다고 밝혀진 과일박쥐의 섭취와 관련이 있다는 가설을 제안했다(「괌의 소철나무 신경독소, 과일박쥐 섭취, ALS-PDC 질병」, 『신경학Neurology』 58호, 956~959쪽, 2002). 이 가설이 발표된 이후 몇 년 동안 논의가 이뤄지고 있지만 소철나무와 차모로족의 질병 관계를 증명하는 결정적인 증거는 아직 나오지 않고 있다. 존 스틸John Steele과 패트릭 맥그리어Patrick McGreer는 최근 "이 가설은 앞으로의 신중한 고려에 필요한 최소 기준에 미치지 못한다"(「괌의 ALS/PDC 신드롬과 소철류 가설」, 『신경학』 70호, 1984~1990쪽, 2008)고 주장했다. 하지만 그렇다고 해서 모든 소철나무가 극히 유독하며 섭취해서는 안 된다는 사실이 변하지는 않는다.

208쪽: 소철나무를 밀매하는 국제적인 밀수단을 와해시키기 위해 미국 어류 및 야생동물 관리국이 실시한 '식물학 작전' 결과 롤프 바우어Rolf Bauer와 얀 반 뷔렌Jan Van Vuuren, 피터 헤이블룸Peter Heibloem이 체포되었고 공모와 밀수, 위증죄로 기소당했다. 세 사람은 그리 많지 않은 벌금형과 재판 전 구금 기간을 인정한 보호관찰에 처해졌다. 헤이블룸은 소철류에 대해 저명한 전문가로 중앙아프리카 소철류에 대한 최고의 도감을 쓴 저자다. 헤이블룸의 사례에서는 멸종 위험에 처한 생물종의 밀거래를 처벌하기 위해 국제법을 적용하는 일이 얼마나 어렵고 제대로 이루어지지 않는지가 분명하게 드러난다. 소철류 전문가이자 종묘상으로서 헤이블룸은 소철류의 생존과 번식에 관심을 갖고 있다는 점에서 멸종 위기에 처한 눈표범 가죽이나 다른 동물 제품을 밀수하기 위해 생물을 죽이다 잡힌 밀수꾼과는 다르다. 하지만 헤이블룸의 행동 역시 불법이다. 또한 이런 광적이며 법을 우습게 아는 애호가들이 자연서식지가 모두 사라져버린 생물종의 마지막 피난처를 제공하게 될지도 모른다는 골치 아픈 가능성도 존재한다. 3200마리밖에 남지 않은 야생의 호랑이는 이제 곧 모습을 감추게 될 것이다. 하지만 현재 사육되고 있는 호랑이가 미국에서만 적어도 5000마리가 넘기 때문에 호랑이종의 유전적 생존은 보장되어 있다. 그럼에도 불구하고 가장 비극적인 사실은 우리가 이 호랑이들을 야생에 풀어놓아도 이 동물들이 살아가기에 충분한 야생 서식지가 아마도 남아 있지 않을 것이라는 점이다. 소철나무 또한 곧 같은 운명에 처해질 수 있다.

221쪽: 인간 건강에 대한 은행나무의 효능에 대해서는 아직도 검증 작업이 진행 중이다. 매년 임상실험에서는 새롭고 서로 모순되는 결과를 쏟아놓는다. 베스 E. 스니츠Beth E. Snitz, 엘렌 S. 오메라Ellen S. O'Meara, 미셸 C. 칼슨Michelle C. Carlson, 앨리스 M. 아놀드Alice M. Arnold, 다이앤 G. 아이브스Diane G. Ives, 스티븐 R. 랍Stephen R. Rapp, 주디스 색스톤Judith Saxton, 오스카 L. 로페즈Oscar L. Lopez, 레슬리 O. 던Leslie O. Dunn, 케이시 M. 싱크Kaycee M. Sink, 스티븐 T. 디코스키Steven T. DeKosky가 실행한 제약회사의 지원을 받지 않은 독립 연구에서는 은행잎 추출물이 인간 기억력을 향상시키는 데 별다른 효과가 없다는 결론이 나왔다(노인층 인지기능 저하에 은행나무Ginkgo biloba가 미치는 영향—무작위 연구」, 『JAMA』 302호, 2663~2670쪽, 2009). 얼마 지나지 않아 이 연구 결과에 대응하여 큰 은행나무 보충제 회사 두 곳에서 연구 자금을 낸 연구에서는 은행나무 추출물의 효능에 대해 긍정적인 결론을 내놓았다(조셉 A. 믹스Joseph A. Mix, W. 데이비드 크루스W. David Crews, 「인지능력에 문제가 없는 노인층을 대상으로 한 은행나무 EGb 7611의 무작위 이중맹검 위약대조 시험—신경심리 결과」, 『정신약리학: 임상과 실험Human Psychopharmacology: Clinical and Experimental』 17호, 267~277쪽, 2002). 은행나무 추출물이 기억력에 미치는 영향에 대한 내 경험에 비추어 볼 때 나는 전자의 연구 결과를 지지한다.

아트와

227쪽: 현재 지구는 마지막 빙하주기에서 점점 더워지는 시기에 있지만 그렇다고 해서 지금 우리가 겪는 기후 변화가 완전히 자연스러운 현상이라는 뜻은 아니다. 인간이 만든 온실가스 때문에 온난화 과정이 극적으로 가속화되고 있기 때문이다. 빙하주기에서 온난화 과정은 일반적으로 지구 표면에 닿는 태양복사열의 양이 자연적으로 변화하는 결과이며, 그보다 영향은 적지만 지구 지각활동에서 부수적으로 영향을 받은 결과다. 지난 빙하주기에 대한 연구에 바탕을 두고 우리는 언제 어디서 기후 변화가 일어날 것인지 예측할 수 있어야 한다. 그러나 인간이 생산한 이산화탄소와 메탄을 비롯한 다른 가스는 본래 그래야 하는 것보다 더 많은 양의 태양에너지를 대기에 가두어두며 지구의 자연스러운 열평형을 망가뜨린다. 그 결과 지구는 한층 더 빠르게 더워지며 그 더워지는 양식 또한 점점 더 예측할 수 없게 된다. 급격한 기후 변화를 다룬 최근의 과학적 연구 결과들을 보려면 국제연합의 기후변동에 관한 정부 간 토론회 사이트(www.ipcc.ch)를 참조할 수 있다.

231쪽: 아트와의 역사와 우리 조사진의 조사 결과에 대해 좀더 자세한 기록은 제니퍼 매컬러프Jennifer McCullough, 리엔 E. 알론소Leeanne E. Alonso, 피오트르 나스크레츠키, 히더 E. 라이트Heather E. Wright, 요 오세이-오우수Yaw Osei-Owusu의 「가나 동부의 아트와숲보호지구에 대한 생물학적 신속평가」, 『생물학 평가 RAP 회보RAP of Biological Assessment』 47호(버지니아 알링턴, 세계보존협회, 2007)에서 찾아볼 수 있다.

232쪽: 고기를 먹기 위한 야생동물 사냥은 아프리카, 남아메리카, 아시아의 열대 지방에서 수많은 멸종 위기에 처한 포유동물과 다른 동물을 위협하는 심각한 문제다. 사냥꾼은 흔히 서식지 손실로 이미 그 개체수가 심각하게 줄어들어 국제법과 국내법으로 보호받고 있는 생물종을 사냥한다(그 한 예가 중앙아프리카의 유인원이다). 앤서니 L. 로즈Anthony L. Rose, 러셀 A. 미터마이어Russell A. Mittermeier, 올리비에 랭그랑Olivier Langrand, 오키암 암파두-예게이Okyeame Ampadu-Agyei, 토머스 M. 부틴스키Thomas M. Butynski의 『자연을 먹다』(팔로스 베르데스, Altisma, 2003)는 아프리카에서 일어나는 야생동물 사냥에 대한 적나라하고 생생한 사진 에세이 책이다. 야생동물 사냥과 이 사냥이 세계 각지 숲의 생물다양성에 미치는 영향에 대한 정보는 야생동물고기 프로젝트 사이트(http://bushmeat.net)에서 찾아볼 수 있다.

기아나 순상지

270쪽: 코나스헨 마을 소유의 보호지구에 대한 설명과 역사를 비롯하여 와이와이족과 함께 한 우리 조사진의 조사 결과는 리엔 E. 알론소, 제니퍼 매컬러프, 피오트르 나스크레츠키, 유스터스 알렉산더Eustace Alexander, 히더 E. 라이트의 「가이아나 남부, 코나스헨 공동체 소유 보호지구의 생물학적 신속평가」, 『생물학 평가 RAP 회보』 51호(버지니아 알링턴, 세계보존협회, 2008)에서 찾아볼 수 있다.

275쪽: 『기아나 순상지의 지질학』, 앨런 K. 깁스Allen K. Gibbs, 크리스토퍼 N. 배런Christopher N. Barron, 옥스포드, Oxford University Press, 1993.

귀뚜라미붙이의 음양

297쪽: 이 매혹적인 곤충에 대해 좀더 알고 싶은 사람들은 나온 지 오래되기는 했지만 여전히 유익한 정보를 제공해주는 안도 히로시Ando Hiroshi의 『귀뚜라미붙이, 노톱테라의 생리』(나가노, Kashiyo-Insatsu, 1982)에서 얼음벌레의 생리와 행동을 다룬 다양한 논문을 찾아볼 수 있다. 귀뚜라미붙이의 계통발생 관계를 다룬 가장 최근의 자료를 보려면 칼 J. 자비스Karl J. Jarvis, 마이클 F. 화이팅Michael F. Whiting의 「여섯 가지 분자 위치에 기반한 얼음귀뚜라미붙이(곤충강, 얼음귀뚜라미붙이과)의 계통발생과 생물지리, 얼음귀뚜라미붙이과에 속한 종의 보호 상태를 결정하다」(『분자계통학과 진화』 41호, 222~237쪽, 2006)를 참고하면 좋다.

298쪽: 만토파스마토다이목이 처음 발견되었을 때 가장 흔히 사용된 일반명은 현재 인정받는 '뒷굽귀뚜라미붙이'가 아니라 '글래디에이터벌레'였다. 사람들은 대부분 글래디에이터라는 이름이 이 포식곤충의 흉포한 성질 때문일 것이라고 생각했지만 이 이름이 탄생하게 된 실제 배경은 이보다 통찰력이 떨어지는 것이다. 나는 올리버 좀프로Oliver Zompro, 이 곤충을 발견하고 글래디에이터벌레라는 이름을 붙인 독일 과학자에게 그 이름을 붙인 이유를 물었다. 그는 이렇게 대답했다. "나는 러셀 크로우가 주연한 영화 「글래디에이터」를 본 참이었습니다. 그리고 '글래디에이터'가 곤충에게 멋진 이름이 될 것이라고 생각했습니다. 하지만 이 벌레의 행동과는 전혀 상관이 없었습니다. 그때 나는 살아 있는 벌레를 한 번도 보지 못했으니까요."

대양 대탈출

315쪽: 델라웨어 주는 북아메리카에서 투구게의 가장 큰 개체군을 볼 수 있는 곳이지만 실제로 투구게의 산란 행동은 캐나다의 노바스코샤 주에서 멕시코 만에 이르기까지 북아메리카 대륙의 동부 해안이라면 어디서나 관찰할 수 있다. 투구게를 볼 수 있는 가장 좋은 장소는 모래 해변이 그대로 남아 있는 해안가이며 야트막한 해안 늪지대 근처면 더 좋다. 투구게가 가장 많이 산란하러 올라오는 시기는 5월과 6월의 초승달과 보름달이 뜨는 밤이다. 투구게를 보러 간다면 그 지역의 만조 시간이 언제인지 조수표를 미리 확인하는 편이 좋다. 인터넷에는 투구게 산란 장면을 볼 수 있는 장소를 찾기 쉽게 해주는 자료가 숱하게 있다. 가장 처음 방문하면 좋은 사이트는 비영리 투구게 보호기관인 생태연구및발전협회가 운영하는 사이트 http://www.horseshoecrab.org다.

320쪽: 타이에서 투구게 식중독이 급속하게 퍼진 사례는 지라삭 칸차나퐁쿨Jirasak Kanchanapongkul의 「투구게의 유독한 알 섭취 후 테트로도톡신 중독: 1994년에서 2006까지의 임상 사례 연구」(『열대의학과 공중보건의 동남아시아저널Southeast Asian Journal of Tropical Medicine and Public Health』 39호, 303~306쪽, 2008)에서 찾아볼 수 있다.

322쪽: 투구게 비료 산업에 대한 광범위한 개요를 비롯해 투구게의 생리와 생태에 관한 풍부한 정보는 칼 N. 슈스터 주니어Carl N. Schuster Jr, H. 제인 브록맨H. Jane Brockmann, 로버트 B. 발로우Robert B. Barlow의 『미국 투구게』(매사추세츠 케임브리지, Harvard University Press, 2004)에 잘 나와 있다.

323쪽: 윌리엄 사전트William Sargent의 『게전쟁―투구게, 생물 테러, 인간 건강을 둘러싼 이야기』(뉴햄프셔, 레바논, University Press of New England, 2006)에서는 선입견이 전혀 없다고는 할 수 없지만 투구게 혈액에서 리물루스변형세포용해물limulus amoebocyte lysate, LAL을 생산하는 산업에서 일하는 내부자의 시선으로 바라본 흥미로운 이야기를 읽을 수 있다.

산쑥 덤불에서

341쪽: 잘 보존된 화석 표본을 근거로 제스 러스트Jes Rust, 안드레아스 스텀프너Andreas Stumpner, 조헨 고트왈드Jochen Gottwald는 「삼첩기 덤불귀뚜라미의 소리와 청각」(『네이처』 399호, 350쪽, 1999)이라는 논문에서 5500만 년 전 여치가 내는 소리의 주요 주파수를 재구성했다.

347쪽: 산쑥메뚜기의 번식 행동과 양육 투자를 다룬 논문은 폭넓게 나와 있다. 동정인 수컷을 선호하는 암컷의 행동을 분석한 논문에는 J. 채드윅 존슨J. Chadwick Johnson, 트레이시 M. 아이비Tracy M. Ivy, 스콧 K. 사칼룩Scott K. Sakaluk의 「교미 중 동종포식에 따른 산쑥메뚜기Cyphoderris strepitans 암컷의 재교미 경향―암컷 선택의 메커니즘」(『행동생태학Behavioral Ecology』 10호, 227~233쪽, 1999)이 있다.

이스타브룩숲에서의 산책

357쪽: 생물다양성의 날에 대해서는 http://www.waldenbiodi-versity.com에서 더 자세한 정보를 얻을 수 있다.

358쪽: 속씨식물의 기원에 얽힌 수수께끼를 풀기 위한 방대한 양의 연구가 쏟아져 나왔다. 속씨식물의 기원에 대해 현재까지 밝혀진 사실은 『미국식물학저널American Journal of Botany』(96호, 2009)의 다윈 200주년 기념 특별호인 '지독한 수수께끼'에 잘 요약되어 있다.

363쪽: 속씨식물의 방산에 대한 대안적인 설명은 프랭크 베렌데스Frank Berendes, 마튼 셰퍼Marten Scheffer의 「속씨식물 방산의 재검토, 다윈의 '지독한 수수께끼'의 생태학적 분석」(『생태학 편지Ecology Letter』 12호, 865~872쪽, 2009)에서 제안되었다.

366쪽: 양치식물의 진화에서 PHY3의 역할은 해럴드 슈나이더 Harald Schneider, 에릭 슈트펠츠Eric Shuettpelz, 캐슬린 M. 프라이어Kathleen M. Pryer, 레이먼드 크랜필Raymond Cranfill, 수잔나 마갤런Susana Magallon, 리처드 루피아Richard Lupia의 「속씨식물의 그늘에서 다양화한 양치식물」(『네이처』 428호, 553~557쪽, 2004)에서 찾아볼 수 있다.

370쪽: 속새식물과 금광의 상관관계는 R.R. 브룩스R.R. Brooks, J. 홀츠베허J. Holzbecher, D.E. 라이언D.E. Ryan의 「속새식물Equisetum, 금의 광화작용의 간접적 지표」(『지화학탐사저널Journal of Geochemical Exploration』 16호, 21~26쪽, 1981) 연구에서 평가되었다.

이 책에 등장하는 동식물

대분류	소분류	학명	영어명	일반명
동물	갑각류	−	amphipod crustacean	단각류동물
동물	조류	−	black sicklebill	긴꼬리낫부리극락조
동물	수생동물	−	brine shrimp	브라인새우
동물	포유류	−	brushtail possum	주머니여우
동물	곤충	−	camel cricket	꼽등이
식물	곰팡이/버섯	−	chytrid fungi	항아리곰팡이
동물	포유류	−	cuscus	쿠스쿠스
곤충	곤충	−	giant cricket	거대귀뚜라미
동물	곤충	−	goliath beetle	아프리카골리앗꽃무지
동물	조류	−	honeyeater	꿀빨이새
동물	곤충	−	orhopteriod	메뚜기목
동물	곤충	−	parasite bat fly	박쥐거미파리
식물	식물	−	protea	프로테아
곤충	곤충	−	pygmy grasshopper	모메뚜기
식물	식물	−	pygmy rhododendron	난쟁이진달래속
동물	조류	−	raggiana bird-of-paradise	라기아나극락조
동물	거미	−	schizomiid	스키조미드거미
동물	곤충	−	spoon wing lacewing	숟가락날개풀잠자리
동물	곤충	−	thread wing lacewing	실날개풀잠자리
동물	포유류	−	tree kangaroo	나무타기캥거루
동물	포유류	−	tree shrew	나무땃쥐
동물	거미	−	vinegaroon	식초전갈
동물	조류	−	wren	뉴질랜드굴뚝새
동물	벌레	Acanthodrilidae	−	아칸토드릴리다이
곤충	곤충	Acanthoproctus cervinus	Karoo armored katydid	카루갑옷여치
곤충	곤충	Acanthops	dead leaf preying mantis	죽은잎사마귀
곤충	곤충	Acanthopsfuscifolia	dead leaf preying mantis	죽은잎사마귀
곤충	곤충	Acanthops soukana	dead leaf preying mantis	죽은잎사마귀
곤충	곤충	Acrocinus longimanus	harlequin beetle	롱기마누스앞장다리하늘소
곤충	곤충	Acromyrmex coronatus	−	아크로미르멕스 코로나투스
곤충	곤충	Acromyrmex sp.	−	가위거미
동물	거미	Aetrocantha falkensteini	button spider	아이트로칸타 팔켄스테이니

동물	양서류	Afrixalus nigeriensis	Nigerian tree frog	나이지리아긴발가락개구리
동물	양서류	Afrixalus vibekensis	yellow-spotted tree frog	노란점긴발가락개구리
동물	파충류	Agama aculeata	ground agama lizard	땅아가마도마뱀
동물	파충류	Agamidae	—	아가미다잇과
동물	양서류	Allophryne ruthveni	Tukeit Hill frog	투케이트언덕개구리
식물	식물	Aloe dichotoma	quiver tree, kokerboom	퀴버나무
식물	식물	Aloe pearsonii	red pearson aloe	붉은피어슨알로에
식물	식물	Aloe succotrina	—	알로에 수코트리나
동물	포유류	Alouatta seniculus	red howler monkey	붉은짖는원숭이
곤충	곤충	Amblyopone	dracula ant	톱니침개미
식물	식물	Amborella	—	암보렐라
식물	식물	Amborellaceae	—	암보렐라케아이
동물	양서류	Ambystoma maculatum	spotted salamander	점박이도롱뇽
동물	양서류	Ameerega trivittata	three-striped poison frog	세줄독개구리
동물	파충류	Amphisbaena sp.	—	지렁이도마뱀
곤충	곤충	Anabrus simplex	Mormon cricket	몰몬귀뚜라미
곤충	곤충	Anaspis rufa	—	꽃벼룩붙이
곤충	곤충	Anostostomatidae		웨타아과
식물	식물	Apocynaceae	—	협죽도과
곤충	곤충	Aptera fusca	Table Mountain Blattodean	테이블마운틴바퀴벌레
동물	거미	Arachnobas nr. Granulpennis	spider weevil	거미바구미
동물	거미	Aranoethra cambridgei	—	아라노이트라 캄브리드게이
동물	포유류	Arctocephalus forsteri	fur seal	뉴질랜드물개
식물	식물	Artemisia sp.	sagebrush	산쑥
식물	곰팡이/버섯	Aseroe sp.	sea anemone fungus	바다말미잘버섯
식물	식물	Asplenium flaccidum	epiphytic spleenwort, prickly pear	플라키둠아스플레니움
식물	식물	Asteraceae		국화과
동물	양서류	Atelopus	harlequin toad	어릿광대두꺼비
동물	양서류	Atelopus spumarius	stubfoot harlequin toad	몽당발어릿광대두꺼비
동물	파충류	Atherischlorechis	western bush viper	서아프리카수풀살무사
곤충	곤충	Atta cephalotes	leaf-cutter ant	잎꾼개미
곤충	곤충	Attini	fungus growing ant	잎꾼개미
동물	곤충	Auchenorrhyncha	—	매미아목
식물	식물	Austrobaileyales	—	아우스트로바일레얄레스목
식물	식물	Banksia integrifolia	—	인테그리폴리아방크시아
동물	거미	Bathippus	long jawed jumping spider	큰턱깡충거미

곤충	곤충	Batrachornis perloides	Toad hopper	두꺼비메뚜기
동물	파충류	Bitis nasicornis	West African horned viper	서아프리카뿔살무사
곤충	곤충	Blaberus giganteus	giant blattodean	자이언트바퀴벌레
곤충	곤충	Boreidae	snow scorpionfly	눈밑들이
곤충	곤충	Boreus brumalis	snow scorpionfly	눈밑들이
동물	포유류	Bradypus tridactylus	three toed sloth	세발가락나무늘보
동물	수생동물	Branchiopoda	–	새각아강/새각류
식물	식물	bulbophyllum	–	콩짜개난속
식물	식물	bulbophyllum cimicinum	–	블보필룸 키미키눔
곤충	곤충	Bullacris sp.	bladder grasshopper	방광메뚜기
곤충	곤충	Caedicia	pink eyed Katydid	분홍눈여치
동물	거미	Caerostris sexcuspidata	two-horned spider	쌍뿔머리거미
동물	조류	Calidris canutus rufa	red knot	붉은가슴도요
곤충	곤충	Camponotus pennsylvanicus	carpenter ant	목수개미
동물	수생동물	Carcinoscopius rotundicauda	mangrove horseshoe crab	맹그로브투구게
동물	곤충	Cedarbergeniana imperfecta	–	시더버그동굴여치/ 케다르베르케니아나 임페르펙타
동물	양서류	Centrolenidae, family	grass frog	유리개구릿과
동물	양서류	Ceratophrys cornuta	Surinam horned frog	수리남뿔개구리
동물	파충류	Chamaeleo dilepis	flap-neck chameleon	딜레피스카멜레온
동물	파충류	Chamaeleo gracilis	forest chameleon	숲카멜레온
곤충	곤충	Chionea valga	snow fly	눈각다귀/키오네아 발가
동물	양서류	Choerophryne	–	코에로프리네
곤충	곤충	Chrysosoma	insect-hunting fly	곤충사냥파리/크리소소마목
곤충	거미	Cladomelea ornata	bola spider	클라도멜레아 오르나타
곤충	곤충	Cladonotaridicula	treehopper	뿔매미
식물	곰팡이/버섯	Clavulinopsis fusiformis	coral fungus	노란창싸리버섯
동물	파충류	Clemmys guttata	spotted turtle	점박이거북
곤충	곤충	Clonia	–	포식성베짱이
곤충	곤충	Clonia melanoptera	–	클로니아 멜라놉테라
동물	거미	Coccorchestes sp	–	콧코르케스테스
동물	곤충	Limoniidae	–	애기각다귓과
곤충	곤충	Collembola	–	톡토기목
동물	양서류	Conraua derooi	stream frog	시내개구리
곤충	곤충	Cordylidae	–	갑옷도마뱀과
곤충	곤충	Cordylochernes scorpiodes	pseudoscorpion	의갈류

곤충	곤충	Cosmopsaltria sp.	cicada	매미
동물	벌레	Crangonyx aberrans	Mystic Valley amphipod	신비골짜기새우류
곤충	곤충	Crematogaster, genus	−	꼬리치레개미속
동물	포유류	Crocidura	shrew	땃쥐
곤충	곤충	Cryptocercus	−	갑옷바퀴과/크립토케르쿠스
곤충	곤충	Cryptocercus relictus	−	크립토케르쿠스 렐리크투스
곤충	곤충	Cubitermes, genus	−	쿠비테르메스속
식물	식물	Cyathea manniana	tree fern	나무고사리
식물	식물	Cycadothrips chadwicki	thrip	총채벌레
식물	식물	Cycas revoluta	cycad	소철
동물	파충류	Cyclodina whitakeri	Whitaker's skink	휘태커도마뱀
곤충	곤충	Cyclommatus eximius	stag beetle	엑시미우스가위사슴벌레
곤충	곤충	Cymatomera chopardi	bark katydid	나무껍질여치
곤충	곤충	Cyphoderris strepitans	sagabrush grig	산쑥메뚜기/흑날개귀뚜라미
곤충	곤충	Cyphomyrmex faunulus	−	키포미르멕스 파우눌루스
식물	식물	Dawsonia sp.	−	다우소니아
곤충	곤충	Deinacrida heteracantha	giant weta	자이언트웨타
동물	양서류	Dendrobates tinctorum	Blue poinson arrow frog	푸른독화살개구리
동물	양서류	Dendrobatidae	poison arrow frog	독화살개구리
식물	식물	Dendrobium aff. brachiatum	−	덴드로비움 브란키아툼 유사종
식물	식물	Dendrobium cuthbertsonii	−	덴드로비움 쿠트베르트소니
식물	식물	Dendrobium, section Oxyglossum	−	덴드로비움속 오시글로숨절
식물	식물	Dendrolycopodium dendroideum	−	덴드롤리코포디움 덴드로이데움
식물	식물	Dendrolycopodium dendroideum	prince's pine	왕자석송
곤충	곤충	Deropeltis erythrocephala	red−headed blattodean	붉은머리바퀴벌레
곤충	곤충	Dictyophorus spumans	foam grasshopper	거품메뚜기
동물	거미	Diolenius sp.	−	디오레니우스
식물	식물	Dioon edule	Chestnut dioon	밤나무소철
식물	식물	Dioon mejiae	teocinte	테오신테
식물	식물	Diphasiastrum digitatum	−	디파시아스트룸 디기타툼
곤충	곤충	Diploptera punctata	Pacific blattodean	태평양바퀴벌레
동물	벌레	Diplura	−	좀붙이류
동물	곤충	Dolichopodidae	−	장다리파릿과

식물	식물	Drosanthemum	–	드로산테뭄
식물	식물	Encephalartos arenarius	Alexandria cycad	알렉산드리아소철
식물	식물	Encephalartos frederici-guiliemi	–	엔케팔라르토스 프레테리키-구일리에미
식물	식물	Encephalartos horridus	Eastern Cape blue cycad	이스턴케이프푸른소철
식물	식물	Encephalartos latifrons	–	엔케팔라르토스 라티프론스
식물	식물	Encephalartos tranvenosus	Modjadji cycad	모자지소철
식물	식물	Encephalartos villosus	poor man's cycad	빈민소철나무/ 엔케팔라르토스 빌로수스
곤충	곤충	Enchophora sanguinea	lantern bug	꽃매미
곤충	곤충	Entylia carinata	treehopper	뿔매미
식물	식물	Equisetopsida	–	유절식물강
식물	식물	Equisetum	–	속새속
식물	식물	Equisetum arvense	field horsetail fern	쇠뜨기
식물	식물	Equisetum fluviatile	horsetail fern	물속새
동물	곤충	Eremopedes colonialis	–	에레모페데스 콜로니알리스
식물	식물	Erica, genus	–	에리카속
식물	세균	Escovopsis	–	에스코봅시스
동물	수생동물	Eubranchipus vernalis	fairy shrimp	풍년새우
식물	식물	Euphorbiaceae	–	대극과
곤충	곤충	Euphyllodromia angustata	–	에우필로드로미아 안구스타타
곤충	곤충	Eurycotis sp.	–	에우리코티스속
곤충	벌레	Flatidae	flatid planthopper	선녀벌렛과
곤충	곤충	Formica subsericea	digging ant	땅파기개미
곤충	곤충	Frontifissia elegans	–	프론티피시아 엘레간스
동물	곤충	Fulgoridae	–	꽃매밋과
곤충	곤충	Galloisiana nipponensis	Garoamushi	가로아무시/ 일본얼음귀뚜라미붙이/ 갈로이시아나 니폰네시스
동물	거미	Gasteracantha	–	가시거미속
동물	거미	Gasteracantha sapperi	–	사페리가시거미
동물	거미	Gasteracantha taeniata	–	타이니아타가시거미
곤충	곤충	Geloiomimus nasicus	Twig grasshopper	잔가지메뚜기
곤충	곤충	Geoica	white aphid	땅면충
동물	벌레	Geometridae	inch-worm caterpillar	자나방 애벌레
식물	식물	Ginkgo biloba	Ginko	은행나무

식물	식물	Ginkophyta	–	은행나무문
곤충	곤충	Goetia galbana	Goete's katydid	괴테여치
곤충	곤충	Graphocephala coccinea	red-banded leafhopper	붉은줄매미충
곤충	곤충	Grylloblatta campodeiformis	–	그릴로블라타 캄포데이포르미스/ 얼음귀뚜라미붙이
곤충	곤충	Grylloblatta campodeiformis	ice crawler/grylloblattid	얼음귀뚜라미붙이
곤충	곤충	Grylloblattodea, family	–	얼음귀뚜라미붙이과
곤충	곤충	Gymnoplectron edwardsii	cave weta	동굴웨타
곤충	곤충	Hemideina crassipes	tree weta	나무웨타
곤충	곤충	Hemihetrodes bachmanni	Bachmann's katydid	바흐만여치
동물	양서류	Hemisus marmoratus	shovel-nosed frog	뾰족코개구리
곤충	곤충	Hetrodinae	Koringkrieke	헤트로디나이/코링크리케
동물	박쥐	Hipposideros cervinus	leaf-nosed bat	잎코박쥐
동물	거미	Holothyridae	–	홀로티리다잇과
식물	식물	Hoodia alstonii	hoodia	후디아
식물	식물	Hydnophytum	ant plant	개미식물
식물	곰팡이/버섯	Hygrocybe sp.	Red mushroom	붉은버섯/꽃버섯
곤충	곤충	Hypogastrura harveyi	snow springtail	눈톡토기
동물	파충류	Hypsilurus	forest dragon	숲도마뱀
동물	파충류	Hypsilurus dilophus	Papuan forest dragon	파푸아숲도마뱀
동물	파충류	Hypsilurus modestus	green forest dragon	초록숲도마뱀
동물	곤충	Ingrischia macrocephala	seed eating katydid	씨앗여치
식물	식물	Iridaceae	–	붓꽃과
동물	양서류	Kassina arboricola	leopard frog	레오파드개구리
곤충	곤충	Lachnocnema bibulus	common woolly legs	털다리부전나비
동물	조류	Lanius collaris	fiscal shrike	때까치
곤충	곤충	Lasius claviger	yellow citronella ant	노랑시트로넬라개미
동물	양서류	Lechriodus aganoposis	–	레크리오두스 아가노포시스
곤충	곤충	Lentula obtusifrons	–	렌툴라 옵투시프론스
곤충	곤충	Lentula sp.	–	렌툴라
동물	양서류	Leptopelis occidentalis	West African tree frog/ Tai Forest tree frog	남아프리카긴발가락개구리
곤충	벌레	Limacodid	slug caterpillar	쐐기나방과
동물	벌레	Limacodidae, family	slug caterpillar	쐐기나방과
동물	수생동물	Limulus polyphemus	horseshoe crab	투구게/아메리카투구게/ 리물루스 폴리페무스

식물	식물	Liriodendron tulipifera	tulip tree	백합나무
동물	양서류	Litoria sp. n.	gliding frog	활공개구리
곤충	곤충	Locustana pardalina	–	로쿠스타나 파르달리나
곤충	곤충	Lophothericles sp.	Fynbos grasshopper	핀보스메뚜기
동물	수생동물	Lunataspis aurora	–	루나타스피스 아우로라
곤충	곤충	Lutzomyia	sand fly	모래파리
동물	파충류	Lycophidion nigromaculatum	wolf snake	늑대뱀
식물	식물	Lycopodiophyta	–	석송문
식물	식물	Macrozamia lucida		마크로자미아 루키다
식물	식물	Magnolia denudata	–	백목련
식물	식물	Magnolia liliflora	–	자목련
식물	식물	Magnolia macrophylla	bigleaf magnolia	마크로필라우산목련
식물	식물	Magnolia tripetala	Umbrella magnolia	우산목련/트리페탈라우산목련
식물	식물	Magnolia x soulangeana	saucer magnolia	소울랑기아나목련
곤충	곤충	Mantophasmatodea	heelwalker	만토파스마토다이/ 뒷굽귀뚜라미붙이
식물	식물	Marantaceae	–	마란타과
곤충	곤충	Mecoptera	–	밑들이류
식물	식물	mediocalcar	–	메디오칼카르속
식물	식물	Medullosales	–	양치종자류
곤충	곤충	Megacrania nigrosulfurea	Indigo walking stick	인디고대벌레
곤충	곤충	Meloidae	Blister beetle	가룃과
동물	수생동물	Mesolimulus walchi	–	메솔리뮬루스 발키
식물	식물	Metroxylon sagu	sago palm	사고야자
식물	식물	Microsorum pustulatum	kowaowao	코와오와오양치
식물	식물	Monotropa uniflora	Indian pipe	수정난풀
곤충	곤충	Morpho		모르포나비
곤충	곤충	Morpho menelaus	–	모르포 메넬라우스
곤충	곤충	Mossula	mossy katydid	이끼여치
곤충	곤충	Mustius afzelii	Afzelius' katydid	아프젤리우스여치
식물	식물	Mycena chlorophos	bioluminescent mushroom	받침애주름버섯
곤충	곤충	Mylabris sp.	Blister beetle	밀라브리스속
동물	박쥐	Myonycteris torguata	collard fruit bat	깃과일박쥐
곤충	곤충	Myrmecophilus pergandei	–	개미집귀뚜라미
곤충	곤충	Myrmeleontidae	antlion	명주잠자릿과
곤충	곤충	Nemia costalis	–	네미아 코스탈리스

곤충	곤충	Nemopteridae	–	풀잠자릿과
곤충	곤충	Neophisis brachyptera		네오피시스 브라킵테라
식물	식물	Nepenthes mirabilis	pitcher plant	벌레잡이통풀
동물	거미	nephilamaculata	Giant orb weaver	왕무당거미
동물	조류	Nestormeridionalis	Kaka	카카새
식물	식물	Nothofagus	southern beech	남너도밤나무
곤충	곤충	Notoptera	Notoptera	귀뚜라미붙이목/갈르아벌레목
동물	박쥐	Nycteribiidae	–	거미파릿과
곤충	곤충	Nyctibora sp.	–	니크티보라
동물	박쥐	Nyctimene sp.	tube-nosed fruit bat	관코과일박쥐
식물	식물	Nymphaea odorata	–	오도라타수련
식물	식물	Nymphaeales	–	님파이아알레스목
곤충	곤충	Odontomachus	trap-jawed ant	집게턱개미
곤충	곤충	Odontomachus papuanus	trap-jawed ant	집게턱개미
동물	벌레	Onychophora	velvet worm	벨벳벌레
식물	식물	Opuntia	–	부채선인장
곤충	곤충	Oreophasma sp.	stick insect	대벌레
동물	양서류	Oreophryne	–	오레오프리네속
식물	식물	Osmunda	–	고비
식물	식물	Osmunda claytoniana	–	음양고비
식물	식물	Osmunda claytoniites	–	오스문다 클라이토니이테스
곤충	곤충	Pachycondyla sp.	Matabele	마타벨레개미
동물	파충류	Paleosuchus trigonatus	smooth fronted caiman	난쟁이카이만
곤충	곤충	Palparellus	–	팔파렐루스
곤충	곤충	Palparellus pulchellus	–	팔파렐루스 풀켈루스
곤충	곤충	Palpares sp.	–	팔파레스
식물	식물	Pandanus	pandanus	판다누스
곤충	벌레	Pentatomidae	–	노린잿과
동물	벌레	Peripatoides novaezealandiae	stink bug	페리파토이데스 노바이제알란디아이
동물	벌레	Peripatopsidae	–	페리파톱시다잇과
동물	곤충	Perisphaerus		페리스파이루스속
곤충	곤충	Perisphaerus lunatus	ball blattodean	공바퀴벌레
곤충	곤충	Phaneropterinae	leaf katydid	실베짱이아과
곤충	곤충	Phasmida	phasmid	대벌레목
곤충	곤충	Phoridae	–	벼룩파릿과

곤충	곤충	Phyllium	leaf insect	가랑잎벌레
동물	양서류	Phyllomedusa	white-lined monkey frog	흰줄원숭이개구리
동물	양서류	Phyllomedusa bicolor	giant leaf frog	큰잎개구리
동물	양서류	Phyllomedusa tomopterna	barred monkey frog	가로줄원숭이개구리
동물	양서류	Phyllomedusa vaillanti	white-lined monkey frog	흰줄원숭이개구리
곤충	곤충	Phyllophora	box katydid	상자여치
곤충	곤충	Phyllophorinae	helmeted katydid	투구여치
동물	곤충	Phymateus morbillosus	bush hopper	덤불메뚜기
식물	식물	Pinus strobus	–	스트로브잣나무
동물	양서류	Pipa pipa	Surinam toad	피파개구리
동물	양서류	Platymantis boulengeri	–	플라티만티스 보울렌게리
동물	양서류	Platymantis mamusiorum	Nakanai winkled bamboo frog*	나카나이주름대나무개구리/ 플라티만티스 마무시오룸
동물	양서류	Platymantis nakanaiorum	–	플라만티스나카나이오룸
동물	파충류	Platysaurus capensis	–	케이프납작도마뱀
동물	파충류	Plica plica	Tree runner lizard	나무달리기도마뱀
곤충	곤충	Pneumoridae, family	bladder grasshopper	방광메뚜기과
식물	식물	Podocarpus	–	죽백나무속
식물	식물	Podocarpus brassii var. humilis	–	포도카르푸스 브라씨 변종 후밀리스
식물	식물	Polypodium virginianum	common polypody	미역고사리
곤충	곤충	Porthetis carinata	Karoo rockhopper	카루바위메뚜기
곤충	곤충	Prophalangopsidae, family	–	프로팔란곱시다잇과
곤충	곤충	Prophalangopsis obscura	–	프로팔란곱시스 옵스쿠라
동물	양서류	Pseudacriscristatus	spring peeper	봄전령개구리
동물	파충류	Pseudocordylus microlepidotus	Cape crag lizard	케이프바위도마뱀
식물	세균	Pseudonocardia, genus	–	프세우도노카르디아
곤충	곤충	Pterochroza occellata	peacock katydid	공작여치
동물	곤충	Pyralidae	–	명나방과
동물	포유류	Rattus exulans	Pacific rat	태평양쥐
곤충	곤충	Reduviidae	–	참노린잿과
식물	식물	Restionaceae	–	레스티오과
곤충	곤충	Rhaphidophoridae	–	꼽등잇과
식물	식물	Rhipsalis baccifera	–	르힙살리스 박키페라
식물	식물	Rhizophora	–	맹그로브나무/리조포라과
곤충	곤충	Rhopalotria mollis	–	르호팔로트리아 몰리스

곤충	곤충	Ricaniidae	–	큰날개매미충과
곤충	거미	Ricinoides atewa	Atewa dinospider	아트와공룡거미
곤충	곤충	Saginae	–	포식성베짱잇과
동물	포유류	Saimiri sciureus	Squirrel monkey	다람쥐원숭이
곤충	곤충	Salomona bispinosa	Solomon katydid	솔로몬여치
동물	거미	Salticidae	jumping spider	깡충거밋과
곤충	곤충	Sasima sp.	helmeted katydid	투구여치
곤충	곤충	Sclerophasma kudubergense	hillwalker	뒷굽귀뚜라미붙이
곤충	곤충	Scudderia furcata	fork-tailed bush katydid	뾰족꼬리덤불여치
동물	거미	Scytodidae	spitting spider	가죽거미
동물	거미	Sopugidae	Solpugid, red roman	낙타거미
식물	식물	Sphagnum sp.	–	물이끼
동물	파충류	Sphenodon	tuatara	스페노돈/옛도마뱀
동물	파충류	Sphenodon guntheri	tuatara	스페노돈 군테리
동물	파충류	Sphenodon punctatus	tuatara	투아타라/스페노돈 푼크타투스
동물	파충류	Sphenodontia	tuatara	옛도마뱀목
동물	수생동물	Tachypleus tridentatus	Japanese horseshoe crab	타키플레우스 트리덴타투스
곤충	곤충	Tessarotomidae	flat bug	납작벌레/테사로토미다이
곤충	곤충	Thaumatobactron sp.	pandanus walking stick	판다누스대벌레
곤충	곤충	Theopompella heterochroa	tree mantid	나무사마귀
동물	거미	Theraphosa blondi	goliath tarantula	골리앗타란툴라
곤충	곤충	Thericlesiella sp.	–	테리클레시엘라
동물	거미	Thonius sp.	Daddy longlegs mite	긴다리진드기
곤충	곤충	Thoracistus viridifer	Shield-back katydid	방패등여치
동물	전갈	Tityus sp.	–	티티우스
식물	식물	Trichomanes reniforme	kidney fern	콩팥양치
곤충	곤충	Tyrannophasma gladiator	–	티란노파스마 글라디아토르
동물	파충류	Uranoscodon superciliosum	brown tree climber	갈색나무타기도마뱀
곤충	곤충	Williamsonia lintneri	ringed boghaunter	늪유령잠자리
식물	식물	Zamia furfuracea	Cardboard cycad	멕시코소철
식물	식물	Zamia integrifolia	Coontie cycad	쿤티소철

옮긴이의 말

살아 있는 것들을 좋아한다. 움직이거나 움직이지 않거나, 다리가 네 개이거나 여섯 개이거나, 털이 나 있거나 가시가 나 있거나, 어쨌든 숨을 쉬며 살아가고 있는 것들을 좋아한다. 특히 좋아하는 것은—문명인의 '편향된 감수성'에 따라—털이 북슬북슬하고 보는 사람의 마음을 비춰내는 눈을 한 녀석들이다. 그중에서도 생김새가 약간 엉성하고 겅중거리며 뛰어다니는 녀석들에게는 그야말로 마음을 몽땅 갖다 바쳐버리고 만다. 하지만 좋아한다고 해서 반드시 그 마음이 통한다고는 할 수 없다. 이를테면 골목을 걷다 담벼락을 산책 중인 길고양이를 만나면 나는 섣불리 말을 걸거나 손을 뻗지 못하고 눈치를 보며 망설인다. 무섭기 때문이다. 저 고양이가 혹시 나를 먹잇감으로 노리고 있지나 않을까, 내가 발톱질 한 번에도 도망가버릴 만큼 약한 존재라는 사실을 눈치챈 것은 아닐까. 무서운 까닭은 저기 숨을 쉬고 살아 있는 나와 다른 고양이라는 생명이 무슨 생각을 하고 있는지 알지 못하기 때문이리라. 고양이가, 귀뚜라미가, 지네가 생명을 이어가는 방식은 인간인 나로서는 도무지 짐작하지 못하는 것임이 분명하다. 그래서 나는 고양이를, 귀뚜라미를, 지네를 무서워한다. 그리고 좋아한다.

무서워하고 좋아하는 서로 다른 감정 뒤에는 사실 공통된 원인이 있을지도 모른다. 우리가 알지 못하는 생명에 대한 경탄과 호기심이다. 이 지구 위에서 생명은 우리 인간의 지식에서 벗어난 채로도 각기 다양한 방식으로 유기적으로 연결되어 씩씩하게 살아가고 있을 게다. 나와 다르고 내가 모르니까 무섭지만 다르고 모르니까 좋을 수도 있다. 모르는 것에 대한 호기심, 알고 싶은 욕구와 함께 지금 나처럼 살아 있지만 나와는 다른 방식으로 살아가는 생명에 대한 경탄과 경의. 그 마음을 어쩌면 인간을 인간답게 하는 특징이라고 말할 수 있지 않을까.

이 책은 이런 생명에 대한 경탄과 호기심, 그중에서도 이미 오래전에 사라져버린 생명에 대한 경탄과 호기심에서 시작된다. 어쩌면 지금 지구에 존재하는 생명 중에서 가장 다를지도, 가장 알려지지 않았을지도 모르는 유물생물들이다. 저자는 전 세계 오지 곳곳을 탐험하며 오래전에 잊혔다고 여겨지던 원시세계의 조각들을 찾아 모은다. 지난 시대의 남은 조각, 하지만 놀라울 만큼 생명이 넘쳐나는 그 조각들은 뛰어난 사진작가의 기술과 인내심, 목적의식에 힘입어 책갈피마다 생생하게 빛나며 '살아 숨 쉬고 있다.' 사진의 힘은 그 사진을 찍는 이의 목적의식에서 비롯된다지만 사실은 사진을 찍는 대상에 대한 애정에서 나오는 것이 아닐까. 저자는 자신이 좋아하는 여치 이야기가 나오면 신이 나서 목소리에 한층 더 힘이 들어가고 사진을 찍기까지의 어렵고 힘든 고생담을 늘어놓기보다는 위대한 자연과 생명의 힘을 목도한 순간의 경탄과 환희에 대해서 이야기한다. 그리고 이런 애정은 생생한 이미지의 힘을 빌려 강한 전염력으로 퍼져나간다. 이를테면 나는 이 책을 번역하면서 우리 주위에 살고 있는 다리 여섯 달린 작은 친구들을 좀더 애정 어린 마음으로 관찰하게 되었다. 우리 집에 무단 침입한 귀찮고 징그러운 해충이 아니라 지구에서 함께 살아가는 동반자로서의 벌레들. 그 작은 몸 안에 우리 지구 진화의 역사, 생명의 신비를 품고 있을지도 모르는, 나와는 다르고 내가 알지 못하는 방식으로 살아가지만 바로 그 '다름'으로 얼기설기 얽힌 생태계의 한 축을 지탱하고 있는 생명이다. 그리고 바로 이 각기 다른 '다양함'과 '풍부함'이야말로 우리 지구를 한층 더 건강하고 아름답게 만들어주는 열쇠인지도 모른다.

이 책은 마음이 있다 해도 쉽사리 가볼 수 없는, 정말 소수의 사람에게만 허락된 세계로 우리를 안내한다. 하지만 다행인 것은 저자의 말마따나 꼭 그런 곳에서만 지구가 남긴 유산, 자연의 유물을 만날 수 있는 것은 아니라는 점이다. 좀 더 크게 뜬 눈, 호기심 어린 마음만 있다면, 그리고 약간의 지식으로 무장하기만 하면 우리는 주위에서도 얼마든지 신비로운 자연의 유물과 대면할 수 있다.

독자들 또한 자신만의 이스타브룩숲을 찾아보기를 바라는 마음이다.

가장 오래 살아남은 것들을 향한 탐험

1판 1쇄 2012년 11월 12일
1판 2쇄 2013년 2월 15일

지은이 피오트르 나스크레츠키
옮긴이 지여울
펴낸이 강성민
편집 이은혜 박민수 김신식
독자 모니터링 황치영
마케팅 최현수
온라인 마케팅 김희숙 김상만 이원주 한수진

펴낸곳 (주)글항아리
출판등록 2009년 1월 19일 제406-2009-000002호

주소 413-756 경기도 파주시 문발동 파주출판도시 513-8
전자우편 bookpot@hanmail.net
전화번호 031-955-8891(마케팅) 031-955-2670(편집부)
팩스 031-955-2557

ISBN 978-89-6735-027-7 03400

· 글항아리는 (주)문학동네의 계열사입니다.
· 이 도서의 국립중앙도서관 출판시도서목록(CIP)은 e-CIP홈페이지(http://www.nl.go.kr/ecip)와
국가자료공동목록시스템(http://www.nl.go.kr/kolisnet)에서 이용하실 수 있습니다.
(CIP제어번호: CIP2012004877)